Georg Breuer
Wetter nach Wunsch?

Georg Breuer

Wetter nach Wunsch?

Perspektiven und Gefahren der künstlichen Wetterbeeinflussung

Deutsche Verlags-Anstalt

Die Bücher der Öffentlichen Wissenschaft
entstehen in enger Zusammenarbeit mit der
Redaktion der Zeitschrift *Bild der Wissenschaft*
im Verlagsbereich Öffentliche Wissenschaft

ISBN 3-421-02697-1

Umschlagentwurf: Dieter Frey, Stuttgart
Gesamtherstellung: Brönner & Daentler KG, Eichstätt
Printed in Germany

5678089764321

Inhalt

III Probleme und Gefahren

Anhang

Wetter auf Bestellung

„So taten sich die Gerstebauern des San Luis Valley zusammen und engagierten eine Wettermacherfirma mit dem Auftrag, in der Wachstumsperiode der Gerste im Frühling für vermehrten Niederschlag zu sorgen, während sie in der Reifezeit im Hochsommer den Hagel und in der Erntezeit auch den Regen unterdrücken sollte. Dadurch sollte die Produktion von Gerste erster Qualität gesichert werden, für die die Brauerei eine Sonderprämie zahlen würde.
In der Folge bildete sich jedoch eine lautstarke Opposition von Viehzüchtern, Salat- und Kartoffelbauern, die behaupteten, daß durch das Wolkenimpfen die Niederschlagsmenge verringert worden sei. Sie wandten sich an den Gouverneur und andere hochgestellte Persönlichkeiten und erwirkten die Verabschiedung eines neuen Wetterbeeinflussungsgesetzes durch die Volksvertretung des Bundesstaates. Auf den Wagen mit den Geräten der Wettermacher wurde ein Bombenanschlag verübt; die Täter konnten nicht ausfindig gemacht werden. Eine Volksbefragung im San Luis Valley ergab schließlich eine Mehrheit von 4 zu 1 gegen die Anwendung von Wettermacherei in diesem Tal."

Dieses Zitat stammt nicht aus einem Science Fiction Roman und auch nicht aus der Vorausschau eines Zukunftsforschers. Es ist vielmehr die zusammenfassende Wiedergabe eines Berichts des amerikanischen Soziologen J. Eugene Haas über Reaktionen der Bevölkerung auf die Tätigkeit von Wettermachern[1]. Die hier geschilderten Vorgänge spielten sich im amerikanischen Bundesstaat Colorado um das Jahr 1970 ab. Die Heftigkeit der Auseinandersetzung wird vielleicht besser verständlich, wenn man erfährt, daß die Brauerei, für die die Gerste produziert wurde, massiven Druck auf die Farmer ausübte. Wenn man ihr nicht die Durchführung eines angemessenen „Wettermanagementprogramms" zusichern könne, erklärte sie in einem Brief an die Gerstebauern, würde sie sich gezwungen sehen, das Ausmaß ihrer Gerstekäufe im San Luis Valley im kommenden Jahr um 20 Prozent und in weiteren Jahren noch weiter zu reduzieren, denn sie sei nicht bereit, „sich den Launen der natürlichen Elemente auszusetzen, die uns nach unseren Erfahrungen nur einmal in zwanzig Jahren eine Ernte von guter Qualität geben«[2].

Tatsächlich gibt es in den USA schon seit mehr als einem Vierteljahrhundert eine ganze Anzahl von Privatunternehmern, die behaupten, daß sie das Wetter – in bestimmten Grenzen, versteht sich – entsprechend den Bestellungen ihrer Auftraggeber beeinflussen könnten. Der Gesamtumsatz dieser Firmen beläuft sich auf ein bis zwei Millionen Dollar im Jahr, und unter ihren Kunden findet man nicht nur Farmer aus den verschiedensten Teilen der USA und Plantagenbesitzer in Lateinamerika, Afrika und Asien, sondern auch Institutionen wie die Edison-Kraftwerke von Südkalifornien, für die seit 1950 jeden Winter ein Projekt zur Niederschlagsvermehrung im San Joaquin Valley betrieben wird, oder die Wasserwerke von New York, die 1949/50 eine Verbesserung der in eine kritische Lage geratenen Wasserversorgung der Zehnmillionenstadt durch Regenmacherei zu erreichen suchten[3].

Der Aufwand für Forschungs- und Entwicklungsarbeiten auf dem Gebiet der Wetterbeeinflussung ist im Budget der USA von 2,7 Millionen Dollar im Haushaltsjahr 1963 auf über 25 Millionen Dollar im Haushaltsjahr 1973 angestiegen[4]. Darüber hinaus werden vom Verteidigungsministerium wahrscheinlich noch beträchtliche Summen für geheime Aktivitäten in diesem Bereich ausgegeben[5]. Die Operationen kommerzieller und sonstiger nicht von den Bundesbehörden beauftragter Wettermacher erstreckten sich in den USA 1973 über eine Fläche von rund 350 000 Quadratkilometer – das ist etwa soviel wie die Fläche der Bundesrepublik und der DDR zusammengenommen. Es handelte sich dabei um 67 Projekte, von denen 55 von kommerziellen Wettermachern, die übrigen 12 von Gemeinden, Genossenschaften usw. in eigener Regie durchgeführt wurden. Auftraggeber waren Flugplätze und Hafenverwaltungen (Nebelauflösung), Kraftwerke und Wasserwerke (Niederschlagsvermehrung), landwirtschaftliche Großbetriebe oder Genossenschaften (Hagelschutz, Regenvermehrung), Gemeinden, Bezirke und größere Verwaltungseinheiten (meist Aufträge im Interesse der Landwirtschaft); ein Wintersportort bestellte sich von den Wettermachern mehr Schnee[6].

In der Sowjetunion hatten die durch Hagelbekämpfungsmaßnahmen geschützten Landwirtschaftsgebiete zu Beginn der siebziger Jahre eine Fläche von insgesamt 4 Millionen Hektar – etwa so viel wie die Fläche der Schweiz. Auf vielen Flugplätzen wird Nebelauflösung routinemäßig betrieben, und es werden auch Experimente zur Vermehrung der Niederschläge durchgeführt[7]. In Australien und in Israel arbeitet man schon seit langer Zeit an Versuchsprogrammen zur Regenvermehrung, und auf dem Pariser Flugplatz Orly hat man nach bahnbrechenden Entwicklungsarbeiten ständige Anlagen zur Bekämpfung von Nebel installiert[8]. Auch in einer Anzahl von Ländern der Dritten Welt

sind Methoden zur künstlichen Wetterbeeinflussung weiter verbreitet als bei uns in Mitteleuropa, wo man diesen Techniken bisher nur geringes Interesse entgegengebracht hat.
Die theoretischen Grundlagen, auf denen die Tätigkeit der Wettermacher kurz nach dem Ende des Zweiten Weltkrieges aufbaute, waren zunächst ziemlich dürftig, und bisher gibt es nur eine Form der Wetterbeeinflussung, die wirklich zuverlässig funktioniert und allgemeine Anerkennung gefunden hat: die Auflösung von Nebel über begrenzten Gebieten wie etwa Flugplätzen. Ob und in welchem Ausmaß man Niederschläge vermehren, Hagel und Blitze verhindern und Wirbelstürme beeinflussen kann und wie zuverlässig die dabei angewandten Techniken sind, ist in meteorologischen Fachkreisen zum Teil noch immer umstritten[9]. Die Praktiker der kommerziellen Wettermacherei behaupten zwar manchmal ein wenig zynisch, daß die Sache im allgemeinen funktioniere und die Herren Gelehrten nur deshalb so viele Vorbehalte vorbrächten, weil sie noch keine Theorie hätten, mit der sie die Wirkung des bei den meisten dieser Projekte angewandten »Wolkenimpfens« – das heißt, des Aussäens von Kristallisationskernen zur Beeinflussung der Niederschlagsbildung – mit hinreichender Genauigkeit erklären könnten. Es ist aber auf jeden Fall eine Tatsache, daß in dem eingangs erwähnten San Luis Valley die Hagelschäden 1971 trotz – oder wegen? – der Tätigkeit der Wettermacher so schlimm waren, daß eine von den Gerstebauern gegründete Hagelversicherung bankrott machte; und daß im folgenden Jahr eine andere neu engagierte Wettermacherfirma dort die ärgste Dürre seit vielen Jahren nicht verhindern konnte – wenn sie nicht gar durch ihre Tätigkeit zu dieser Katastrophe mit beigetragen hat[10].
Auch anderswo läuft noch lange nicht immer alles nach Wunsch, doch wäre es sicherlich nicht gerechtfertigt, die Wettermacherei einfach als Humbug abzutun. Die im letzten Jahrzehnt stark angewachsenen Forschungsausgaben in den USA und anderen Ländern beginnen nach und nach ihre Früchte zu tragen. Die Theorie beginnt die weit vorausgeeilte Praxis allmählich einzuholen. Die unerquicklichen und unfruchtbaren Auseinandersetzungen zwischen zweckoptimistischen kommerziellen Wettermachern und zum Teil wahrscheinlich übermäßig skeptischen Fachmeteorologen, ob es denn überhaupt möglich sei, das Wetter zu beeinflussen, werden mehr und mehr von sachlichen Untersuchen abgelöst, *warum* bestimmte Maßnahmen unter bestimmten Bedingungen Erfolg hatten oder nicht – und in vielen Fällen können die Wissenschaftler solche Fragen heute schon ziemlich präzise beantworten.
Dieses Buch will seinen Lesern *ein ausgewogenes Bild* vom heutigen Stand und den Perspektiven der Wetterbeeinflussung vermitteln. Es berichtet über bereits erzielte Erfolge, aber auch über viele Schwierigkeiten, mit denen die Wettermacher noch zu kämpfen haben. Es läßt Forscher zu Wort kommen, die nach vieljähriger Tätigkeit in diesem

Fach einleuchtende Argumente dafür vorbringen können, daß man in den nächsten zehn bis zwanzig Jahren auch auf anderen Gebieten voraussichtlich ebenso eindrucksvolle Fortschritte erwarten kann, wie sie bei der Nebelauflösung bereits erzielt wurden – aber auch Zweifler, die derartige Erwartungen für unbegründet oder übertrieben halten. Es zitiert Optimisten, denen es selbstverständlich scheint, daß die Wetterbeeinflussung im Prinzip eine gute und nützliche Sache ist – aber auch Skeptiker, die fragen, ob eine Beeinflussung des Wetters überhaupt wünschenswert sei, und verschiedene Bedenken und Vorbehalte laut werden lassen.

Eines aber soll gleich zu Beginn mit aller Deutlichkeit gesagt werden: trotz der vielen Schwierigkeiten, Vorbehalte und Zweifel, über die auf den folgenden Seiten berichtet wird, ist die Wettermacherei aller Voraussicht nach entwicklungsfähig. Die Zeiten, in denen ein Meteorologe von der Mehrzahl seiner Kollegen ein wenig scheel angesehen wurde, wenn er sich mit diesem eher als »unseriös« angesehenen Gebiet beschäftigte, gehen zu Ende. Es gibt heute schon viele hochqualifizierte Fachleute, die sich mit Problemen der Wetterbeeinflussung beschäftigen, und die Forschungsausgaben für diesen Bereich werden weiter steigen – dafür werden schon die Militärs sorgen, die diesen Arbeiten von allem Anfang an großes Interesse entgegengebracht und im Vietnamkrieg auch bereits Techniken der Wetterbeeinflussung angewandt haben (mehr darüber auf S. 84).

Diese Forschungsanstrengungen werden sicherlich Ergebnisse hervorbringen; und wenn es auch vielleicht nicht auf allen Gebieten so rasch gehen wird, wie die Optimisten annehmen, muß man doch damit rechne, daß sich die Techniken der Wetterbeeinflussung schneller entwickeln als die Untersuchungen, wo und in welchem Ausmaß diese Techniken überhaupt nutzbringend angewandt werden können. Ein weit vorausschauendes *technology assessment* (Technikfolgen-Abschätzung) wäre gerade in diesem Fall ganz besonders dringend nötig, doch vorläufig wird auf diesem Gebiet nur wenig getan, und selbst die bescheidenen Mittel, die dafür bereitgestellt werden, bleiben oft ungenützt, weil sich keine Forscher finden, die einschlägige Arbeiten übernehmen wollen[11]. So besteht die ernste Gefahr, daß wir in zehn oder zwanzig Jahren wieder einmal eine neue weitverbreitete Technik haben, deren negative Folgen man erst dann erkennen wird, wenn es schon zu spät ist, sie wieder abzuschaffen.

Daß es negative Folgen und unerwünschte Nebenwirkungen geben kann, ist offensichtlich. Ihre Beurteilung sollte man nicht den Meteorologen allein überlassen, denn Veränderungen von Wetter und Klima können weitreichende gesundheitliche, ökologische und volkswirtschaftliche Auswirkungen haben. Deshalb wäre es dringend nötig, daß sich schon heute Vertreter der verschiedensten Fachgebiete – Ärzte, Biologen, Ökologen, Natur- und Umweltschützer, Wirtschaftswissenschaftler, Raumplaner, Verkehrsexperten, Soziologen, Juristen, Völkerrechtler, Systemanalytiker und andere – in interdisziplinärer Arbeit mit diesen Fragen beschäftigen und daß sie zeitgerecht Risikobereiche abstecken, die für den Fachmeteorologen vielleicht nicht so klar erkennbar sind. Möglichen Fehlentwicklungen vorzubeugen ist zur Zeit noch wesentlich leichter, als wenn einmal solche Folgen einzutreten beginnen und sich nur schwer oder überhaupt nicht mehr rückgängig machen lassen.

Nicht weniger wichtig erscheint es, daß man auch die sogenannte »breite Öffentlichkeit« möglichst bald mit diesen Problemen vertraut macht; solide sachliche Information ist immer noch die beste Vorsorge gegen Demagogie und eine Manipulation der öffentlichen Meinung. Veränderungen des Wetters betreffen buchstäblich jeden Menschen, und es ist daher völlig gerechtfertigt, daß die Allgemeinheit ein Mitspracherecht in diesen Fragen bekommen sollte. Gewiß besteht die Gefahr, daß bei Einbeziehung eines großen und wenig sachkundigen Publikums die Argumente manchmal mehr nach der Beredsamkeit und Geschicklichkeit ihrer Vertreter gewertet werden als nach ihrem echten sachlichen Gewicht. Aber die Beschränkung der Diskussion auf einen kleinen Kreis von Technokraten und Experten würde erfahrungsgemäß bloß die Einflußnahme verschiedener Interessengruppen erleichtern; sie wäre keine Gewähr dafür, daß jene Lösungen gefunden werden, die den Wünschen und Interessen der Allgemeinheit am besten entsprechen.

Diese Wünsche und Interessen der Allgemeinheit auch nur zu formulieren, wird gewiß nicht einfach sein. Schon die bisherigen Erfahrungen haben sehr deutlich gezeigt, daß verschiedene Menschen und Gruppen – nicht nur im San Luis Valley – oft sehr verschiedene und zum Teil gegensätzliche »Wetterinteressen« haben. Man kann sich vorstellen, daß solche Interessengegensätze in Zukunft einmal Gegenstand von Wahlkampfauseinandersetzungen sein werden, und schon heute gibt es eine ganze Anzahl von Fällen, in denen in diesem Zusammenhang die Gerichte angerufen wurden. Je größer der Maßstab von Wetterbeeinflussungsprojekten wird, desto größer wird auch die Zahl der Betroffenen und desto fühlbarer werden ihre divergierenden Interessen sein. Es wird notwendig sein, möglichst rasch allgemein anerkannte Regeln innerstaatlichen und inernationalen Rechts zu schaffen, nach denen solche Streitfälle geschlichtet werden können; Regeln, die allen Betroffenen eine angemessene Wahrung ihrer Interessen sichern – da sonst die Gefahr besteht, daß selbst die Wettermacherei zu friedlichen Zwekken mehr Unfrieden als Nutzen stiftet und eine ständige Ursache zwischenmenschlicher Konflikte und zwischenstaatlicher Auseinandersetzungen wird.

Viel größer noch sind die Gefahren, die sich aus der militärischen Nutzung dieser neuen Techniken ergeben. Wie umfangreich das Arsenal von Wetter- und Umweltwaffen ist, das den Großmächten bereits heute zur Verfügung steht, ist nicht genau bekannt. Jedenfalls haben ernstzunehmende Wissenschaftler auf die Möglichkeit hingewiesen, daß militärische Wettermacherei vielleicht schon in naher Zukunft imstande sein wird, die Zugbahn von Wirbelstürmen umzulenken, verheerende Dürren oder Unwetter über gegnerischen Ländern, ja sogar ganzen Kontinenten auszulösen und folgenschwere Eingriffe in den höheren Schichten der Atmosphäre durchzuführen[12]. Daß die Supermächte diese Fragen ernst nehmen, beweisen die seit 1974 stattfindenden amerikanisch-sowjetischen Kontaktgespräche über ein Verbot der Wetter- und Umweltkriegführung, als deren Ergebnis zur Zeit ein Vertragsentwurf von der Genfer Abrüstungskonferenz behandelt wird.

Eine wirklich sinnvolle Auswertung von Techniken der großräumigen Wetter- und Klimabeeinflussung, wie sie wahrscheinlich in einigen Jahrzehnten zur Verfügung stehen werden, würde weltweite Planung und Zusammenarbeit erfordern. Das Verbot der militärischen Anwendung der Wetterbeeinflussung sollte deshalb durch eine internationale Übereinkunft ergänzt werden, die alle friedlichen Aktivitäten auf diesem Gebiete einschließlich der Forschung der Kontrolle einer internationalen Behörde unterstellt. Die bereits bestehende Meteorologische Weltorganisation (WMO) könnte zu einer solchen Behörde erweitert werden, und dies wäre auch der zuverlässigste Weg, die Kontrolle eines vertraglich vereinbarten Verbots der meteorologischen Kriegführung zu sichern. Kommt eine solche Internationalisierung nicht zustande, dann muß man befürchten, daß auch die Wetterbeeinflussung zu friedlichen Zwecken nach engstirnigen nationalen Gesichtspunkten ohne hinreichende Berücksichtigung der Interessen kleinerer und schwächerer Staaten betrieben und ständig Anlaß zu wechselseitigen Beschuldigungen und internationalen Konflikten geben wird.

Wien, im März 1976 Georg Breuer

I
Wissenschaftliche und technische Voraussetzungen

Kann die Meteorologie eine »exakte« Wissenschaft werden?

Die Bahn eines künstlichen Satelliten oder eines Mondflugs und sogar die Milliarden Kilometer lange Reise einer Raumsonde zu den äußeren Planeten unseres Snnensystems läßt sich mit größter Genauigkeit und in allen Details vorausberechnen. Wenn sich gelegentlich minimale Kurskorrekturen als nötig erweisen, dann ist das auf kleine technische Unvollkommenheiten beim Start der Rakete zurückzuführen und auf die praktische Unmöglichkeit, alle kleinen natürlichen Einflüsse in der Berechnung zu berücksichtigen, aber jedenfalls nicht auf Mängel der Theorie, nach der die Bahnberechnungen erfolgten.
Für Arbeiten auf dem Gebiet der Wetterbeeinflussung gibt es keine Theorie von ähnlicher Zuverlässigkeit. Man kann heute kaum mit Sicherheit voraussagen, wie sich ein geplanter Eingriff in das Wettergeschehen auswirken wird, und man kann nicht einmal nachträglich eindeutig feststellen, was geschehen wäre, wenn der Eingriff nicht stattgefunden hätte. So bewegt sich die »Wettermacherei« gewissermaßen in einem theoretischen Halbdunkel. Eine Einschätzung ihrer Perspektiven ist deshalb eng mit der Frage verbunden, welche Aussichten für die Entwicklung solider wissenschaftlicher Grundlagen bestehen, und damit auch mit der Frage, wie man die Entwicklungschancen der Meteorologie beurteilt.
Daß die Theorie vom Wettergeschehen noch nicht die gleiche Zuverlässigkeit erreicht hat wie die Lehre von der Bewegung der Himmelskörper, ist uns allen aus unserer täglichen Erfahrung bekannt. Die Astronomen können heute den Stand der Gestirne (etwa eine Sonnenfinsternis) mit größter Exaktheit für Jahrzehnte und Jahrhunderte im voraus berechnen. Bei den Meteorologen ist schon die Vorschau für den nächsten Tag nicht immer zuverlässig, von längerfristigen Prognosen ganz zu schweigen. Da es sich jedoch auch beim Wetter um Vorgänge

handelt, die physikalischen Gesetzen unterworfen sind, müßte es möglich sein, sie genau vorauszusagen, vorausgesetzt, die Ausgangsbedingungen sind hinreichend genau bekannt. Die stille Hoffnung vieler Meteorologen ist es daher, daß auch ihre Wissenschaft einmal einen Grad an Exaktheit erreichen wird, wie ihn die Himmelsmechanik in den letzten Jahrhunderten bereits erlangt hat.

Wollte man den Reifegrad einer Wissenschaft einzig und allein nach der Tragfähigkeit ihrer Prognosen beurteilen, dann müßte man sagen, daß die Meteorologie noch auf ihren Kepler wartet und daß selbst die Priester im alten Babylon den Stand der Gestirne bereits genauer vorhersagen konnten als unsere Meterologen das Wetter. Geht man jedoch davon aus, daß es die Aufgabe der Wissenschaft ist, natürliche Vorgänge nicht nur genau zu beobachten, sondern auch zu erklären, dann ist die heutige Meteorologie vergleichsweise schon weit über Kepler hinaus. Denn während dieser das gesammelte Beobachtungsmaterial rein empirisch in einer mathematischen Formulierung zusammenfaßte, die zwar weitgehend richtige Prognosen der Planetenbewegung ermöglichte, aber keine Erklärung dafür geben konnte, *warum* sich die Gestirne so und nicht anders bewegen, sind den Meteorologen von heute zumindest ein großer Teil der physikalischen Vorgänge des Wettergeschehens im Prinzip bekannt. Ihr Problem besteht vor allem darin, daß so viele verschiedene Faktoren auf das Wettergeschehen Einfluß haben.

Der Astronom oder der Raumfahrtexpete, der Voraussagen über Bewegungen im Sonnensystem machen will, kann sich im allgemeinen auf die wechselseitigen Anziehungskräfte der Sonne und einer kleinen Zahl von Planeten und Monden beschränken. Der Meteorologe hat es mit einer unbegrenzt großen Zahl von Luftkörpern zu tun, die einander wechselseitig beeinflussen, sich miteinander vermischen und ineinander auflösen. Er muß nicht nur die Bewegung dieser Luftkörper, sondern auch das Gesetz der Erhaltung der Masse, die Gasgesetze und die Gesetze der Hydro- und Thermodynamik berücksichtigen. »Wer diese physikalischen Gesetze kennt«, schreibt ein Fachmann für theoretische Meteorologie, »weiß auch, daß sie eine Reihe von Prozessen enthalten, deren präzise Formulierung entweder noch aussteht oder für die praktische Anwendung zu kompliziert ist.«[1]

Aus der Tatsache, daß unsere Erde ein annähernd kugelförmiger rotierender Körper ist, ergeben sich bestimmte Bewegungsgesetze für Vorgänge in Atmosphäre und Hydrosphäre. Doch die freie Bewegung von kalten und warmen Wasserströmungen, die auf Wetter und Klima großen Einfluß haben, wird durch die Kontinente begrenzt, die freie Bewegung von Luftströmungen durch die je nach Oberflächengestalt der Erde von Ort zu Ort unterschiedliche Bodenreibung beeinflußt. Unterschiedliche geographische Gegebenheiten in verschiedenen Teilen der Erde erschweren die Formulierung allgemeingültiger meteorologischer

Erfahrungen. Das Nordpolargebiet ist ein von großen Kontinenten eingeschlossenes Meeresbecken, das Südpolargebiet ein von kilometerdicken Gletschern bedecktes Hochland, das in den gemäßigten Breiten, wo sich auf der nördlichen Halbkugel die großen Landmassen befinden, ringsum von Meer umgeben ist. In Europa und Asien verlaufen die Hauptkämme der meisten großen Gebirge in ungefähr west-östlicher Richtung und bilden Klimascheiden zwischen kälteren und wärmeren Regionen; in Amerika verlaufen die großen Gebirge in etwa von Norden nach Süden und setzen dem Vorstoß polarer oder tropischer Luftmassen keine Hindernisse entgegen. Das Wetter ist deshalb dort einem viel rascheren Wechsel unterworfen als zum Beispiel in Europa. »Wenn Ihnen unser Wetter nicht gefällt«, sagen die Amerikaner, »warten Sie bloß fünf Minuten.«

Der hauptsächliche Energielieferant für die Erde und damit auch für das Wettergeschehen ist die Sonne. Die Sonneneinstrahlung wirkt sich um so stärker aus, je höher die Sonne am Himmel steht. Durch die Rotation der Erde kommt es bei normalem Tagesablauf bis etwa nach Mittag zu einer Erwärmung und anschließend zu einer Abkühlung durch Energieabstrahlung, die die ganze Nacht hindurch bis zum nächsten Sonnenaufgang andauert. Durch die Neigung der Erdachse zu ihrer Bahnebene ergeben sich die bekannten jahreszeitlichen Veränderungen der Sonnenhöhe und der Tages- oder Einstrahlungsdauer. In den Tropen bringt das die regelmäßige Aufeinanderfolge von Trockenzeit und Regenzeit, in mittleren Breiten den Ablauf der Jahreszeiten, in den Polargebieten die Abwechslung von Mitternachtssonne und ganztägiger Finsternis. Die täglichen und jährlichen Veränderungen der Sonneneinstrahlung und damit der Energiezufuhr an einem bestimmten Ort verursachen dreidimensionale Bewegungsvorgänge der unterschiedlich erwärmten Luft und des unterschiedlich erwärmten Wassers, sowie ein wechselndes Ausmaß von Wasserverdunstung. Wärme wird der Atmosphäre vor allem durch die Kondensation verdunsteten Wassers (Wolkenbildung) zugeführt, aber auch durch Rückstrahlung von der Land- und Wasseroberfläche. Die Wärmespeicherfähigkeit und die Rückstrahlungseigenschaften von Land, Wasser, Eis und Schnee sind sehr unterschiedlich und variieren zu Lande überdies noch sehr stark je nach Bodenbeschaffenheit und Vegetation.

Diese Aufzählung umfaßt jedoch nur ständig wirksame oder sich alljährlich in gleicher Weise verändernde Faktoren, das heißt jene, die nur zur Erklärung des alljährlich gleichbleibenden Rahmens des Wettergeschehens herangezogen werden können. Da sich aber das Wetter im Detail von Jahr zu Jahr sehr unterschiedlich gestaltet, muß es offensichtlich auch noch andere Einflußfaktoren geben, die nicht an den Jahresrhythmus gebunden sind. Dazu gehören beispielsweise die sich in einem etwa elfjährigen Zyklus verändernden Sonnenflecken und Schwankungen der Sonnenaktivität mit ihren Auswirkungen auf elek-

trische und magnetische Vorgänge in den hohen Schichten der Atmosphäre, die ihrerseits wieder – im einzelnen nicht völlig geklärte – Rückwirkungen auf die Vorgänge in den bodennahen Luftschichten und damit auf das Wetter haben. (Diese Zusammenhänge sollen in den nächsten Jahren im Rahmen eines weltweiten Forschungsunternehmens, der Internationalen Magnetosphärischen Studie, näher untersucht werden.) Ferner hat wahrscheinlich die von Jahr zu Jahr unterschiedliche Menge von Staub und Asche, die durch Vulkanausbrüche in die Atmosphäre gelangt, Wirkungen auf den Strahlungshaushalt der Erde. Ungeklärt und umstritten ist die Frage, ob und in welcher Weise die Mondphasen, die einem eigenen, vom Jahr unabhängigen Zyklus folgen, auf das Wettergeschehen Einfluß haben. Jedenfalls ist die Intensität der Gezeiten – nicht nur in der Wasser-, sondern auch in der Lufthülle – bei Voll- und Neumond stärker als zu den Halbmonden, und es wäre denkbar, daß sich dies auch auf atmosphärische Vorgänge auswirkt, obwohl solche Zusammenhänge bisher nie eindeutig nachgewiesen werden konnten. Schließlich gibt es bei den heutigen Dimensionen der Technik bereits ganz offenkundige unbeabsichtigte Einwirkungen des Menschen auf das Wetter; und langfristige Klimaveränderungen infolge der vom Menschen herbeigeführten Veränderungen der Vegetation finden schon seit Jahrtausenden statt. Wahrscheinlich gibt es darüber hinaus auch noch andere unregelmäßige, nicht zyklische Einflüsse, die der Wissenschaft noch nicht bekannt sind.
Für eine zuverlässige Prognose braucht man – siehe die Keplerschen Gesetze – nicht unbedingt alles aus seinen Ursachen erklären zu können. Auch eine gute mathematisch formulierte Zusammenfassung vergangener Erfahrungen würde vielleicht genügen. Wenn man weiß, wie das Wetter gestern war, wie es heute in verschiedenen benachbarten Gebieten ist und wie sich die großräumigen Bewegungen der Luftmassen und »Fronten« vollziehen, dann sollte man zumindest weitgehend richtige Voraussagen erstellen können, auch wenn man die tieferen Ursachen all dieser Vorgänge noch nicht im Detail erklären kann. Doch dabei stoßen die Meteorologen auf neue Schwierigkeiten.
Die eine ist, daß ihnen noch immer nur recht unvollständige Ausgangsdaten zur Verfügung stehen. Die Erfahrungen der letzten Jahrzehnte haben gezeigt, daß man für ein echtes Verständnis atmosphärischer Vorgänge mit Angaben über die Wetterdaten in Bodennähe nicht auskommt; man muß auch Messungen in höheren Schichten durchführen. Dazu bedient man sich sogenannter Radiosonden, automatischer Meßgeräte mit einer Funkanlage zur Übermittlung der Daten, die man an relativ kleinen Ballons an vielen Stationen der Welt gleichzeitig zweimal täglich, um 0 und 12 Uhr Greenwicher Zeit, aufsteigen läßt. Doch das Netz dieser Radiosondenstationen ist in vielen Teilen der Erde, vor allem in den Polargebieten und über den Ozeanen, noch sehr weitmaschig. Die Meteorologen sind daher vielfach noch auf die zufälligen

und unvollständigen Angaben angewiesen, die von mit den Wetterdiensten kooperierenden Schiffen oder Flugzeugen durchgegeben werden; sie müssen mit Wetterkarten arbeiten, die noch viele »weiße Flecken« haben.

Das zweite Problem ist, daß man bei Berücksichtigung aller bekannter Daten und aller Faktoren, die auf das Wettergeschehen Einfluß haben, derart komplizierte mathematische Modelle verwenden müßte, daß die umfangreiche Rechenarbeit zur Erstellung der Prognose mit dem Wetterablauf zeitlich nicht Schritt halten könnte. Die Meteorologen könnten dann gleichsam nur nachträglich feststellen, ob sie eine unterdessen bereits eingetretene Wetterentwicklung richtig »voraus«berechnet haben — was zur Überprüfung verschiedener Theorien und Rechenmethoden nützlich sein kann, aber wenig praktischen Wert hat. Man muß sich daher in der täglichen Prognosepraxis stark vereinfachter Formeln bedienen und viele Faktoren vernachlässigen, womit selbstverständlich weitere Fehlerquellen eingeführt werden.

Selbst mit dem Einsatz von Computern hat man die Prognose zwar nachweisbar verbessern, das Problem jedoch immer noch nicht ganz in den Griff bekommen können. Der Deutsche Wetterdienst verwendet heute für seine Computervorhersagen ein die ganze Nordhalbkugel umspannendes Netz von Gitterpunkten in Abständen von je 350 km. Für jeden dieser Punkte werden die Zustände der Atmosphäre in sechs »Stockwerken« von 1000 bis 7000 Meter Seehöhe eingegeben. Das ergibt 12 400 Meßpunkte, und für jeden dieser Punkte wird die Weiterentwicklung in Abständen von 10 Minuten vorausberechnet — was für eine derartige Berechnung schon ein relativ langes Zeitintervall ist. Um eine Prognose des Zustandes zu erhalten, der 24 Stunden nach Messung der Eingabedaten bestehen wird, sind also für jeden Punkt 144 Zeitschritte notwendig. Dazu benötigt die Großrechenanlage des Deutschen Wetterdienstes eine Stunde. Wollte man den Abstand zwischen den Gitterpunkten horizontal und vertikal halbieren, was theoretisch eine genauere Prognose ermöglichen würde, dann würde der Rechenaufwand auf das Sechzehnfache steigen. Die reine Rechenzeit für die Erstellung der Vorhersage für den nächsten Tag betrüge 16 Stunden, dazu käme noch die Zeit zur Übermittlung der gemessenen Eingabedaten und die Zeit zur Verarbeitung und Bekanntmachung der Ergebnisse. Die Prognose käme zu spät und wäre praktisch wertlos[2].

Durch den Einsatz schnellerer und leistungsfähigerer Computer, die der Deutsche Wetterdienst 1977 einstellen will, wird man ein dichteres Gitternetz in kürzeren Zeitschritten verarbeiten können und hofft, damit bessere Vorhersagen zu erzielen. Doch solange nicht auch das Netz von Beobachtungsstationen entsprechend engmaschiger wird und man für viele Gitterpunkte nur nach ungenauen Näherungsverfahren ermittelte Vermutungsdaten eingeben kann, stehen alle diese Berechnungen auf einer nicht ganz soliden Basis.

Ein weiteres Problem besteht darin, daß eine jede solche auf einer Gitterstruktur beruhende Prognose mit Mittelwerten arbeiten und kleinräumige kurzzeitige Phänomene wie Schauer oder lokale Gewitter vernachlässigen muß. Eine konkrete Voraussage, wann und wo die Sonne scheinen, welcher Berg wolkenfrei und welcher von einer »Haube« bedeckt sein wird, wo das Schönwetter anhält und wo ein Regenguß oder auch ein schweres Unwetter niedergehen wird, bleibt unmöglich. In einer allgemeinen Wettervorhersage »Heiter bis wolkig, nachmittags lokale Wärmegewitter« ist das alles enthalten. Das ist nicht nur ein ernster Nachteil für den »Konsumenten« der Prognose – etwa den Landwirt, den Urlauber oder sonst irgend jemanden, der wissen will, wie das Wetter an seinem Ort sein wird; es führt auch eine zusätzliche Fehlerquelle in die mittelfristige Computerprognose (auf drei bis vier Tage) ein, weil derartige lokale Vorgänge, die man in den Gitterberechnungen nur sehr summarisch berücksichtigen kann, die tatsächliche Entwicklung der Zustandsgrößen in der Atmosphäre oft beträchtlich verändern.

Die Entwicklung von Wettersatelliten hat den Meteorologen Möglichkeiten einer neuen großräumigen Übersicht gegeben, wie man sie aus der Froschperspektive der Bodenstationen niemals gewinnen konnte. Die auf den Satellitenbildern erkennbare Bewölkungsverteilung gibt wichtige Hinweise auf Schlechtwettergebiete und deren allmähliche Verlagerung, was eine wertvolle Hilfe für die Wetterprognose nach herkömmlichen Methoden ist. Die zur Erde gefunkten Bilder ermöglichen die frühe Erkennung von Wirbelstürmen, die sich irgendwo über dem Ozean gebildet haben, und Prognosen über deren voraussichtliche Zugrichtung. Dadurch ist man imstande, mit Vorsichtsmaßnahmen rechtzeitig zu beginnen, wozu man früher oft nicht in der Lage war:

»Am 10. September 1961 wütete im Golf von Mexiko der Hurrikan ›Carla‹, einer der gewaltigsten Wirbelstürme, von denen bewohnte Gebiete Nordamerikas jemals betroffen waren. Mehr als 300 000 Menschen aus den Küstenstädten von Louisana und Texas flüchteten landeinwärts, verließen, um wenigstens ihr Leben zu retten, die Gefahrenzone. Die Evakuierung einer so großen Anzahl von Menschen konnte nur deshalb rechtzeitig und völlig planmäßig vorgenommen werden, weil das US-Wetterbüro schon zwei Tage vor Eintritt der verheerenden Wirbelsturmkatastrophe Hurrikan-Alarm gegeben hatte. Die Warnung enthielt den genauen Entstehungsort des Wirbelsturms, seine Zugrichtung, Zuggeschwindigkeit und die Stärke des zu erwartenden Orkans. Mit vorher noch niemals erreichter Genauigkeit war damit ein meteorologisches Ereignis vorausgesagt und mehreren Tausend Menschen das Leben gerettet worden. Daß dies möglich war, verdankt man dem Wettersatelliten Tiros III, der mit seinen Fernsehkameras die Entstehung des Hurrikans viel früher feststellte, als es mit den üblichen Beobachtungsmethoden möglich gewesen wäre.«[3]

Wettersatelliten liefern heute Meßdaten, die man unmittelbar in den Computer eingeben kann. Durch die Errichtung automatischer Meßstationen in Ozeanen und Polargebieten und durch den Einsatz von monatelang in bestimmten Höhen driftenden Ballons auf der Südhalbkugel, die Meßdaten aus höheren atmosphärischen Schichten zur Erde funken, soll das Beobachtungsnetz ausgebaut werden. So will man allmählich die »weißen Flecken« auf den Karten der Meteorologen beseitigen.

Die Verwendung solcher moderner Hilfsmittel hat bereits in den letzten Jahrzehnten wesentlich dazu beigetragen, daß sich die Zuverlässigkeit von Wetterprognosen verbessert hat. Menschen, die beruflich mit dem Wetter zu tun haben – Piloten, Seefahrer, Landwirte usw. –, sind sich dieser Tatsache zumeist auch bewußt. Die breite Öffentlichkeit hat sie hingegen bisher kaum zur Kenntnis genommen. Eine markante Fehlprognose, wie etwa das Unvermögen der Meteorologen, den massiven Wintereinbruch in Mitteleuropa zu Ostern 1975 rechtzeitig vorauszusagen, prägt sich dem Bewußtsein des Publikums selbstverständlich viel tiefer ein als viele Dutzende mehr oder weniger richtige Vorhersagen, die gleichsam als selbstverständlich hingenommen werden.

Daß Menschen, die bei der Gestaltung ihrer Feiertagspläne die Wettervorhersage mit ins Kalkül gezogen haben, im Falle von krassen Fehlprognosen ihrem Unmut über die »Unfähigkeit der Meteorologen« lautstark Luft machen, ist begreiflich. Nicht weniger begreiflich ist es jedoch, daß sich die Meteorologen dagegen verwahren, wenn man sie verallgemeinernd und pauschal zum ständigen Objekt billiger Witze macht, während die von ihnen tatsächlich erzielten Fortschritte viel weniger allgemeine Beachtung finden.

Zu erwarten, daß unsere amtlichen Wetterfrösche in einer bereits vorhersehbaren Zukunft ebenso exakte Prognosen wie die Astronomen erstellen werden können, wäre wohl nicht realistisch. Eine weitere merkliche Verbesserung der Wettervorhersagen scheint jedoch ein erreichbares Ziel zu sein. In Reading, nicht weit von London, wird zur Zeit ein mit sehr leistungsstarken Computern ausgerüstetes gemeinsames Wetterzentrum der westeuropäischen Staaten errichtet, von dem man sich eine wesentliche Verbesserung der mittelfristigen Prognosen (also für einen Zeitraum von fünf bis zehn Tagen) ab etwa 1980 erhofft. Ebenso kann man auch die Entwicklung von fundierten Theorien über den Einfluß der nicht an den Jahresablauf gebundenen Faktoren auf das Wetter erwarten, und damit wäre immerhin schon eine wesentlich solidere Grundlage für die Beurteilung menschlicher Eingriffe in das Wettergeschehen gegeben.

Vom Nutzen falscher Theorien

Wetterbeeinflussung, wie sie heute betrieben wird, bezieht sich im allgemeinen auf jene kleinräumigen Erscheinungen, die sich gleichsam zwischen den Gitterpunkten des Computernetzes abspielen und die in der Wettervorhersage nicht oder nur summarisch erfaßt werden können. Ihr Objekt ist oft nur eine einzelne Wolke, die dazu gebracht werden soll, über einem bestimmten Gebiet nicht zu hageln oder mehr beziehungsweise weniger zu regnen, als dies ohne den menschlichen Eingriff der Fall gewesen wäre. Um das Geschehen in einer einzelnen Wolke zu verstehen, muß man, sollte man meinen, nicht unbedingt alle Faktoren kennen, die die Großwetterlage beeinflussen; und man braucht dazu auch sicherlich nicht neue physikalische Grundgesetze zu entdecken, wie einst Newton das Gravitationsgesetz. Im Prinzip sind die hier in Frage kommenden physikalischen Vorgänge und die sie bestimmenden Naturgesetze bekannt. In der Praxis jedoch zeigt sich, daß die Kenntnis allgemeiner Grundprinzipien bei weitem nicht ausreicht; denn jede Wolke hat gewissermaßen ihre eigene Individualität mit ihren spezifischen »Launen« und »Mucken«, die sich nur sehr schwer voraussehen lassen.

»Die wichtigste Lektion, die wir in dreißigjährigem Studium von Wolken gelernt haben, ist, daß eine Cumuluswolke (Haufenwolke) praktisch alles tun kann – und zwar ganz von selbst, ohne irgendeine menschliche Einwirkung«, schreibt Joanne Simpson, Leiterin des Instituts für Experimentelle Meteorologie in Miami, Florida. »In einem Feld gleich aussehender Cumuluswolken können eine oder mehrere explosionsartig zu gewaltigen drohenden Cumulonimbuswolken anwachsen, während die anderen still dahinscheiden. Von zwei scheinbar identischen konvektiven Gewittersystemen kann das eine schwerste Wolkenbrüche bringen, während das andere mit ununterscheidbar ähnlich aussehenden Wolken trocken bleibt.«[4]

Angesichts einer derartigen natürlichen Vielfalt, fährt die Forscherin fort, dürfe man sich nicht dazu verleiten lassen, Versuchsergebnisse bloß »nach dem Augenmaß« zu beurteilen. Viele unproduktive Kontroversen der Vergangenheit seien deshalb entstanden, weil Praktiker der kommerziellen Wettermacherei übertriebene Behauptungen aufstellten, wie etwa: »Ich bin ganz sicher, daß das Impfen erfolgreich war: die geimpften Wolken haben sich ganz anders verhalten als die ungeimpften – tatsächlich habe ich *noch nie* irgendwelche Wolken gesehen, die sich so verhalten haben.« Darauf könne der Wolkenexperte nur antworten: »Bleib nur lang genug dabei, Freund, und du wirst sehen, daß sich Wolken auch von Natur aus so verhalten können.«

Frau Simpson, die selbst viele wissenschaftlich besonders gut fundierte Wolkenbeeinflussungsexperimente geleitet hat, will mit solchen Feststellungen bestimmt nicht zum Ausdruck bringen, daß die Wettermacher warten sollen, bis ihnen die Wissenschaftler perfekte theoretische Grundlagen in die Hand geben können, aber sie tritt entschieden dafür ein, daß Theorie und Praxis Hand in Hand vorgehen sollen. Ein Experiment, meint sie, könne wesentlich aussagefähiger und glaubwürdiger sein, wenn ein »Modell« existiert, das die Vorgänge in der Wolke in mathematischer Form beschreibt. Ein solches Modell kann in einen Computer eingegeben werden und ermöglicht quantitative Aussagen über das zu erwartende weitere Verhalten von geimpften wie von nicht geimpften Wolken.

Allerdings stößt man auch bei der Formulierung eines mathematischen Modells für eine so »einfache« Naturerscheinung wie eine Wolke auf ähnliche Schwierigkeiten, wie sie auf höherer Ebene bei der Formulierung von Modellen für die Wetterprognose durch Computer auftreten. Erstens können viele der einschlägigen Gleichungen vorläufig nur näherungsweise und nicht exakt formuliert werden; zweitens gäbe es, selbst wenn man dazu imstande wäre, in vorhersehbarer Zukunft keinen Computer, der groß und rasch genug wäre, sie zu lösen; und drittens hätte es auch wenig Sinn, eine solche exakte Lösung anzustreben, weil die heute zur Verfügung stehenden Meßinstrumente bei weitem nicht jene Präzision erreichen können, die für eine genaue Bestimmung der Ausgangsbedingungen notwendig wäre. »Daher«, faßt Frau Simpson zusammen, »sind alle meteorologischen Modelle nur Gebäude von Approximationen und Vereinfachungen und werden es auch bleiben. Ihre Zulänglichkeit muß danach beurteilt werden, in welchem Grade sie das betreffende Phänomen richtig voraussagen können; und die Voraussagen müssen stets durch Messungen überprüft werden, die ihrerseits niemals perfekt sind.«[5]

Gut durchdachte Experimente können zweifellos nicht nur zur Entwicklung einer Theorie der Wetter*beeinflussung*, sondern darüber hinaus auch zu Fortschritten der allgemeinen meteorologischen Erkenntnis wesentlich beitragen, und umgekehrt kann gerade die Tatsache, daß die Wetterbeeinflussung theoretische Grundlagen braucht, zu einer zusätzlichen Triebfeder für eine Intensivierung der Erforschung kleinräumiger meteorologischer Phänomene werden. »Die Situation, daß ein großes Experiment ohne hinreichende Grundlagenforschung begonnen wird«, schreiben die Wetterbeeinflussungsexperten A. Gagin und J. Neumann von der Universität Jerusalem, »ist keine Ausnahme von der ziemlich allgemeinen Regel, daß Mittel für solche Forschungen nur dann zur Verfügung stehen (und auch dann nur in begrenztem Umfang), wenn es die Bedürfnisse der angewandten Wissenschaft erforderlich machen.«[6]

Daß Versuche zur Veränderung oder Ausnützung natürlicher Gegebenheiten ohne hinreichende theoretische Grundlagen unternommen wurden, ist tatsächlich keine Besonderheit der Wetterbeeinflussung. Bei

genauerer Hinsicht besteht ein großer Teil der Menschheitsgeschichte aus derartigen theoretisch nur unzureichend fundierten Versuchen, von denen viele beachtlichen Erfolg hatten. Die Praktiker der grauen Vorzeit, die unsere Kulturpflanzen und Haustiere gezüchtet haben, wußten nichts von den Mendelschen Vererbungsgesetzen und den Erkenntnissen der modernen Genetik. Das Rad wurde ohne Kenntnis der Mechanik, Steinschleuder und Pfeil und Bogen ohne Kenntnis der Ballistik erfunden. Auch in der Geschichte der modernen Technik fehlt es nicht an ähnlichen Beispielen: der Dieselmotor wurde auf der Grundlage einer zumindest teilweise falsch verstandenen Theorie entwickelt, und Edison war ein typischer Praktiker, der mangelnde theoretische Kenntnisse durch Bienenfleiß zu ersetzen suchte. Ebenso haben die Handwerker über ihren reichen praktischen Erfahrungen vielfach fehlerhafte und abwegige Theorien entwickelt, die auch in den sich auf dem Handwerk aufbauenden Industrien übernommen wurden. Das veranlaßte einen englischen Textilwissenschaftlier, eine Antrittsvorlesung über sein Fach mit der folgenden bezeichnenden Erklärung zu beginnen:
»Jeder Neuling in der Textilforschung muß von dem Ausmaß der Optimierung der Prozesse beeindruckt sein, die durch sehr lange Zeit nach den Methoden von Versuch und Irrtum vor sich gegangen ist. Das gleiche kann jedoch nicht von den konventionellen Theorien behauptet werden, die gemeinsam mit dieser Entwicklung entstanden sind. Eine der ersten Aufgaben eines Textilingenieurs, der bestehende Prozesse verändern will, besteht daher darin, die tatsächlichen Zwecke von den angeblichen Zwecken vieler Textilmaschinen zu unterscheiden.«[7]
Auch in der noch so jungen Geschichte der Wetterbeeinflussung scheint es bereits Beispiele zu geben, wo der angestrebte Effekt (Niederschlagsvermehrung beziehungsweise Hagelverminderung) nicht so sehr durch den angeblich von der Theorie vorausgesagten Mechanismus (Bereitstellung einer ausreichenden beziehungsweise überhöhten Zahl von Kristallisationskernen), sondern zumindest zum Teil durch einen anderen ursprünglich nicht vorausgesehenen Mechanismus (Verstärkung der inneren Dynamik und der Auftriebskräfte der Wolke) zustandekommt. Sicherlich werden sich auch noch manche andere Theorien und Hypothesen, die in diesem Buch nach dem gegenwärtigen Stand der Erkenntnis dargelegt werden, in Zukunft als falsch oder nur in bestimmten Grenzen gültig erweisen. Denn durch jede neue Entdeckung werden bis dahin bestehende theoretische Vorstellungen widerlegt oder in ihrem Geltungsbereich eingeengt beziehungsweise als Sonderfälle erkannt. Ganz besonders gilt das von einem so jungen Gebiet wie der Wettermacherei, das noch nicht über einen Grundstock gesicherter und in der Praxis tausendmal erprobter und bestätigter Erkenntnisse verfügt. Gerade deshalb tragen auch die persönliche Erfahrung des Wettermachers, sein in wissenschaftlichen Begriffen nicht definierbares »Fingerspitzengefühl« und seine Beherrschung der »handwerklichen« Seite

des Metiers entscheidend zum Erfolg oder Mißerfolg seiner Operationen bei, aber ebenso kann eine solche intuitive Bewältigung der Aufgabe manchmal auch in die Irre führen.
Die Praxis der Wetterbeeinflussung ist bisher der Theorie oft vorausgeeilt und hat Erfahrungen gesammelt, die von den Wissenschaftlern erst gedeutet werden müssen. Die Praktiker wollen darauf nicht warten und weisen auf viele – vermeintliche oder auch tatsächliche – positive Ergebnisse ihrer Tätigkeit hin. Daß solche Ergebnisse gelegentlich auch auf rein empirischem Wege erzielt werden können, ist nicht zu bestreiten, aber sicherlich verspricht ein – zumindest weitgehend – richtiges theoretisches Fundament die besten Aussichten auf Erfolg.
Die großen Fortschritte von Technik, Medizin und Landwirtschaft in den letzten hundert Jahren sind auf eine enge Verbindung zwischen der »reinen« Forschung und ihrer praktischen Anwendung zurückzuführen, die es in dieser Art früher einfach nicht gegeben hat. Bei dieser Entwicklung haben aber auch falsche – oder nur begrenzt richtige – Theorien ihre positive Rolle gespielt, denn selbst eine falsche Hypothese trägt, wenn sie nur so klar formuliert ist, daß man sie durch Naturbeobachtung oder Experiment überprüfen kann, mehr zum Fortschritt der Wissenschaft bei als die resignierte Feststellung, daß man eine Naturerscheinung nicht zu erklären vermag.

Kleine Ursachen — große Wirkungen

»Die Annahme, daß man einen Hurrikan nicht auch bereits durch ein einziges Stück Trockeneis erfolgreich beeinflussen könnte, ist ebenso unbegründet wie die Annahme, daß man einen sehr großen Wald nicht durch ein so kleines Ding wie ein einziges Streichholz in Flammen setzen kann«, schreibt der amerikanische Nobelpreisträger Irving Langmuir, den man als den Vater der wissenschaftlich fundierten Wetterbeeinflussung bezeichnen kann[8]. Doch ein solcher bildhafter Vergleich ist kein Ersatz für einen wissenschaftlichen Beweis. Waldbrände kann man bekanntlich nicht immer auslösen, sondern nur dann, wenn entsprechende Umweltbedingungen herrschen; und man kann sie überhaupt nur deshalb auslösen, weil es im Wald eine große Menge von brennbarer Substanz gibt, oder, allgemeiner gesagt, von potentieller, in diesem Fall chemischer Energie, die durch die Assimilationstätigkeit der Pflanzen gespeichert wurde und die nun mit dem Streichholz aktiviert werden kann. Doch solche *labilen Situationen*, in denen kleine Ursachen große Wirkungen auslösen können, bestehen in der Natur nicht immer und überall.

Die Astronomen könnten beispielsweise ganz genau berechnen, in welcher Richtung, Dauer und Stärke eine Kraft auf den Mond einwirken müßte, um ihn 3000 km näher an die Erde heranzuschieben. Sie könnten in allen Details und ganz exakt vorhersagen, wie sich das auf die Dauer des Mondumlaufs und die Gezeiten, auf die Rotation und die Umlaufbahn der Erde und auf andere Vorgänge auswirken würde. Doch obwohl einwandfrei gesicherte theoretische Grundlagen vorhanden sind, wäre es völlig unmöglich, ein solches Projekt zu verwirklichen — der dazu erforderliche Energieaufwand würde die Grenzen der Leistungsfähigkeit menschlicher Technik um ein Vielfaches übersteigen. Und da zwischen Erde und Mond ein stabiler Zustand besteht, ist es auch nicht möglich, einen Punkt zu finden, wo man gleichsam ein »Streichholz« anlegen und mit einem relativ kleinen Aufwand wesentlich größere Wirkungen erzielen könnte.

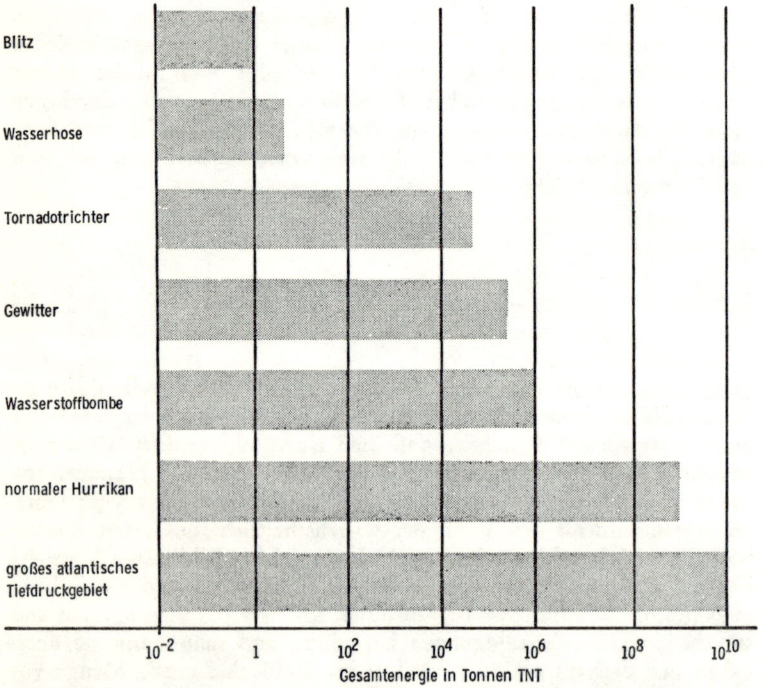

Abbildung 1: Energieumsatz von Wettervorgängen im Vergleich zur Sprengkraft einer mittelgroßen Wasserstoffbombe. TNT = Trinitrotoluol, ein in herkömmlichen Bomben verwendeter Sprengstoff. Die Atombombe, die Hiroshima zerstörte, hatte eine Sprengkraft von 20 000 Tonnen TNT $2 \cdot 10^4$ t TNT), also etwa ebensoviel wie ein Tornadotrichter. (Nach *Science Journal* 1968).

Man kann sich aber auch in der Himmelsmechanik labile Situationen vorstellen: etwa, daß ein Kleinstplanet aus dem Asteroidengürtel einmal der Erde so nahe kommt, daß man mit einem verhältnismäßig geringen Einsatz von Energie die Situation nach der einen oder nach der anderen Richtung kippen und durch menschliche Einwirkung bestimmen könnte, ob dieser Himmelskörper von der Anziehungskraft der Erde »eingefangen« und zu einem zweiten Mond wird oder nicht. Tatsächlich sind wahrscheinlich einige der Jupitermonde und vielleicht auch die Mini-Monde des Mars derartige eingefangene Planetoiden. Doch solche Veränderungen einer im allgemeinen recht stabilen Situation haben sich in der Geschichte unseres Sonnensystems nur selten ereignet.
Das Wettergeschehen spielt sich in nicht ganz so großen energetischen Dimensionen ab wie die Bewegung von Himmelskörpern. Aber immerhin ist der gesamte Energieumsatz in der Atmosphäre etwa eine Million Mal so groß wie der gesamte Stromverbrauch der Menschheit. Ein einziges größeres Gewitter setzt ebenso viel Energie um, wie bei der Explosion einer mittelgroßen Wasserstoffbombe frei wird, und ein Hurrikan mittlerer Stärke »verbraucht« den Energiegehalt von einigen hundert Wasserstoffbomben[9]. Das sind Größenordnungen, mit denen die menschliche Technik nicht Schritt halten kann, und tatsächlich gibt es bisher nur eine Form der Wetterbeeinflussung, bei der man versucht, eine Veränderung durch Einsatz von »roher Gewalt« herbeizuführen: die Zerstreuung von Nebel über eng umrissenen Gebieten bei Temperaturen über dem Gefrierpunkt. Derartiger »warmer« Nebel ist eine jener stabilen Situationen, wo man kein »Streichholz« anlegen kann, und der Aufwand an Energie (und Geld), der erforderlich ist, um diesen Nebel zu zerstreuen, macht sich in bestimmten Fällen offenbar bezahlt – beispielsweise, wenn man damit einen großen Flugplatz nebelfrei machen kann.
Es gibt eine Reihe von anderen relativ stabilen Wettersituationen, bei denen mit heute vorstellbaren technischen Mitteln eine Einflußnahme schlechthin unmöglich erscheint. Leider gehört dazu auch eine Wetterlage, die langanhaltende Dürre in tropischen Gebieten auslöst: ein Zustand der Atmosphäre, in dem Wolken – auch wenn man sie impft – nicht bis in jene kühleren Höhen wachsen können, wo sich Niederschläge bilden. Im allgemeinen sind jedoch labile Situationen, die man verhältnismäßig leicht in diese oder in jene Richtung kippen kann, nicht selten, und das ist ein weiterer Grund, warum in der Meteorologie zuverlässige Prognosen um so viel schwieriger sind als in der Astronomie.
Diese labilen Situationen sind die eigentlichen Jagdgründe der Wettermacher, und ihre Kunst besteht vor allem darin, das richtige »Streichholz« zu finden – und die richtige Stelle, wo es angelegt werden muß. Heutzutage interessiert man sich vor allem für Instabilitäten in Wol-

ken oder Wolkensystemen, durch die man auf relativ kleinräumige Vorgänge Einfluß nahmen kann. Es ist jedoch denkbar – wenn auch noch lange nicht gründlich erforscht –, daß es durch eine geschickte Ausnützung von Kettenreaktionen, Rückkopplungs- und Verstärkereffekten möglich sein könnte, auf dem Weg über die Beeinflussung derartiger kleinräumiger Vorgänge auch auf die Großwetterlage einzuwirken.

Im Prinzip hatte Langmuir zweifellos recht, wenn er von der Möglichkeit meteorologischer »Streichhölzer« sprach, auch wenn man seine Formulierung von dem Stückchen Trockeneis, das einen Hurrikan beeinflussen kann, nicht allzu wörtlich zu nehmen darf – jedenfalls dann nicht, wenn man an eine *gezielte* Beeinflussung mit vorhersagbarem Ergebnis denkt. Dafür sind heute sicher noch wesentlich größere »Streichhölzer« erforderlich – schon allein deshalb, weil die theoretischen Grundlagen für das Eingreifen noch sehr unvollkommen sind.

Kleine Ursachen — keinerlei Wirkungen?

»Wenn's z'Weihnachten schneit, ist's Neujahr nicht mehr weit«, heißt es in einer sogenannten Bauernregel. Allerdings – wenn's z'Weihnachten nicht schneit . . .? Das scherzhafte Sprüchlein drückt eine Grundregel wissenschaftlicher Erkenntnis aus: daß man eine zeitliche Aufeinanderfolge nicht als Beweis einer Ursache-Wirkung-Beziehung ansehen darf.

Seit Jahrtausenden versuchen die Menschen höhere Mächte anzurufen, wenn eine lange Dürre herrscht. Sogenannte »Wilde« vollführen Regentänze oder bringen den erzürnten Göttern ein Opfer dar, und auch die christlichen Kirchen der »Zivilisierten« kennen Bittprozessionen um Regen. Nicht selten haben solche Bemühungen scheinbar Erfolg. Doch der aufgeklärte Mensch unserer Zeit tut solche »Erfolge« als Aberglauben ab. Es hätte, meint er, ohne die Anrufung der höheren Mächte genauso geregnet. Die religiöse Zeremonie kann in seinen Augen zwar psychologische Bedeutung für ihre Teilnehmer haben, aber er hält sie nicht für ein angemessenes Mittel, das Wetter tatsächlich zu beeinflussen.

Das Wolkenimpfen kann – oder könnte jedenfalls – nach unserer Denkungsart ein solches geeignetes Mittel sein. Aber wenn wir nicht in einen neuen pseudo-wissenschaftlichen Aberglauben verfallen wollen, dürfen wir auch die Erfolgsmeldungen von Wettermachern nicht unbesehen für bare Münze nehmen. Tatsächlich zeigt sich bei vielen, auf den ersten Blick eindrucksvoll aussehenden Statistiken, daß die nach dem menschlichen Eingriff eingetretene Veränderung noch durchaus im

Bereich der natürlichen Variationsbreite des Wetters liegt. Damit ist eine Erfolgsmeldung selbstverständlich nicht widerlegt; es ist möglich, daß die Tätigkeit des Wettermachers tatsächlich vermehrten Niederschlag gebracht hat – nur läßt sich das anhand der Statistik nicht schlüssig beweisen.

Gewiß, es gibt auch Beispiele, für die dieser Vorbehalt nicht gilt. Wenn die Behauptung sowjetischer Wissenschaftler zutrifft, daß sie das Ausmaß der Hagelschäden in verschiedenen von einander weit entfernten Gebieten durch gezieltes Wolkenimpfen um 50 bis 90 Prozent vermindern konnten und sich derartige Erfolge nun schon etliche Jahre hindurch unverändert wiederholen, dann ist es nur mehr eine Frage der Kosten-Nutzen-Analyse, ob sich der finanzielle Aufwand für die Wettermacherei in diesem Fall lohnt. Aber die Ergebnisse der Niederschlagsvermehrung bewegen sich zumeist nicht in solchen Größenordnungen. Bei den angeblich erfolgreichen Projekten ist die Regenmenge über einen längeren Zeitraum selten um mehr als 10 bis 20 Prozent erhöht worden. Auch das ist ein Ergebnis, für das sich der Aufwand in vielen Fällen lohnen würde – wenn man nur sicher sein kann, daß es sich tatsächlich um eine Folge des Wolkenimpfens und nicht nur um einen bloßen Zufall gehandelt hat.

Die Beurteilung dieser Frage kann insbesonders kleinere Länder mit begrenzten Mitteln vor sehr schwerwiegende Entscheidungen stellen. Israel bezieht beispielsweise sein Wasser in erster Linie aus dem Tiberias-See, dem zur Zeit maximal 350 Millionen Kubikmeter im Jahr entnommen werden dürfen, und schon in den fünfziger Jahren wurde klar, daß diese Menge für vorhersehbare künftige Entwicklungen nicht ausreichen würde[10]. So begann man, sich nach Möglichkeiten für vermehrte Wasseraufbringung umzusehen. Sehr verlockend wäre eine Verminderung der Verdunstung, die beim Tiberias-See jährlich rund 270 Millionen Kubikmeter beträgt; doch australische Versuche, die Wasserverdunstung durch Aufsprühen eines Films nicht verdunstender Flüssigkeit auf die Wasseroberfläche zu verhindern, haben bisher selbst auf wesentlich kleineren Flächen keine überzeugenden Ergebnisse gebracht. »Recyling«, also die Wiederverwertung von Abwasser, erfordert beträchtliche Investitionen und ist in einem heißen Land wie Israel mit ernsten hygienischen Problemen verbunden. Entsalzung von Meerwasser wird in kleinem Maßstab, zum Teil unter Anwendung von Sonnenenergie, durchgeführt; doch in großen Dimensionen ist das nur in kostspieligen nuklearen Anlagen möglich, die sowohl Strom als auch Süßwasser liefern. *Wenn* das Wolkenimpfen eine zuverlässige Methode ist, wäre es bei weitem die billigste und beste Lösung.

Die Ergebnisse bisheriger Versuchsreihen lassen der *vorläufigen* Schluß zu, daß man mit dieser Methode die Niederschlagsmenge im Einzugsgebiet des Tiberias-Sees um etwa 10 bis 15 Prozent erhöhen könnte. Das würde bedeuten, daß man dem See doppelt soviel Wasser wie bisher entnehmen dürfte. Sollten sich jedoch die Hoffnungen der Regenmacher als übertrieben erweisen, dann wäre der für die Entnahme einer größeren Wassermenge erforderliche Ausbau der Pumpwerke eine kostspielige Fehlinvestition, weil man dem See unter natürlichen Bedingungen nicht mehr als die gegenwärtige Menge entnehmen kann. Israel kann es sich schwerlich leisten, gleichzeitig in mehrere große Alternativlösungen zu investieren. Es kann aber andererseits auch nicht noch viele Jahre lang warten, bis völlig solide und unanfechtbare Ergebnisse über die Möglichkeiten des Wolkenimpfens vorliegen. Man wird daher wahrscheinlich gezwungen sein, eine Entscheidung aufgrund unzureichender Unterlagen zu fällen.

Solche Probleme bestehen nicht nur in Israel, wenn sie auch in den meisten anderen Ländern nicht so dramatisch zugespitzt sind. Die Schwierigkeit für die Entscheidungsträger besteht darin, daß dem mehr oder weniger vorsichtigen Optimismus der Regenmacher eine recht skeptische Haltung vieler Fachmeteorologen gegenübersteht, die der angesehene englische Meteorologe B. J. Mason wie folgt formulierte:

»Nachdem ich seit etwa zwanzig Jahren die Entwicklungen auf diesem Gebiet als persönlich nicht Beteiligter verfolge, bin ich leider zu der Schlußfolgerung gekommen, daß diese Operationen, von wenigen bemerkenswerten Ausnahmen abgesehen, nicht nach den allgemein akzeptierten Grundregeln für wissenschaftliche Experimente durchgeführt worden sind und daher keine objektive Aussage über die Frage ermöglichen, ob, unter welchen Umständen und in welchem Ausmaß es möglich ist, Niederschläge durch Wolkenimpfen zu beeinflussen. Ich denke, daß die Mehrheit aller verantwortungsbewußten Meteorologen meine Besorgnisse über die gegenwärtige Entwicklung teilt. Wenn ungeduldige Politiker und Unternehmer in mehreren Ländern in Unkenntnis der wissenschaftlichen Tatsachen und Probleme und ohne angemessene wissenschaftliche Anleitung, Beratung und Kritik größere Projekte in die Wege leiten, kann das ernste Auswirkungen auf das Ansehen der Meteorologie als Wissenschaft und als Berufsstand haben. Man bezeichnet solche Operationen wohltönend als ›Wettermanagement‹, als ob die dabei zugrundeliegenden Annahmen bereits bewiesen wären und es nur mehr technische und logistische Probleme gäbe. Doch kein Rauchvorhang des Management-Jargons kann die Tatsache verbergen, daß die Befürworter dieser Methode noch immer die gleichen unzulänglichen Konzeptionen und Techniken verwenden, die in den vergangenen zwanzig Jahren keine überzeugenden Ergebnisse erbringen konnten.«[11]

Aber warum sind eigentlich die Fachmeteorologen gegenüber den bisherigen Versuchsergebnissen so skeptisch? Und warum ist es so schwierig, zu eindeutigen Schlußfolgerungen zu gelangen? Um das zu verstehen, müssen wir uns nun ein wenig mit den Problemen einer wissenschaftlichen Beweisführung beschäftigen.

Statistische und physikalische Beweisführung

Die ersten Impfexperimente wurden an sogenannten Stratuswolken (Schichtwolken) durchgeführt. Das ist eine Wolkenformation, die unter natürlichen Bedingungen sehr stabil ist und sich nur langsam oder gar nicht verändert. Wenn an solchen Wolken nach dem Impfen jedesmal die gleiche deutlich sichtbare Veränderung eintritt, deren Ursachen man physikalisch einleuchtend erklären kann, ist der Zusammenhang klar und eindeutig und eine detaillierte statistische Beweisführung erübrigt sich. Demgemäß sind die einschlägigen Techniken bei der Auflösung von kaltem Bodennebel zuverlässig anwendbar, denn im Prinzip handelt es sich dabei um auf dem Boden aufliegende Stratuswolken. Doch für die Niederschlagsvermehrung ist dieser Wolkentyp zu wenig ergiebig.

Die wichtigsten Regenbringer sind die Cumuluswolken, von denen wir schon erfahren haben, daß sie sehr »launisch« und unberechenbar sind. Da man ihre natürliche Entwicklung im Einzelfall nicht mit Sicherheit prognostizieren kann und sie auch auf das Impfen nicht immer in gleicher Weise reagieren, läßt sich die Auswirkung eines Eingriffs – und insbesondere die Frage, ob dadurch der Niederschlag vermehrt wurde – nur schwer beurteilen, und deshalb muß man statistische Vergleiche zu Hilfe nehmen.

Die primitivste Methode ist der »historische« Vergleich. Kommerzielle Wettermacher warten des öfteren mit Behauptungen auf, daß sie in einem bestimmten Operationsgebiet die Niederschlagsmenge »als Ergebnis des Wolkenimpfens« um, sagen wir, 10 Prozent über den langjährigen Durchschnitt anheben konnten. Doch Veränderungen in diesem Ausmaß können ebensogut durch irgendwelche andere lokal oder großräumig wirksame Faktoren herbeigeführt worden sein – und andererseits kann es schon ein echter Erfolg sein, wenn es in einem bestimmten Gebiet gelingt, die bisherige Niederschlagsmenge aufrechtzuerhalten. Der Hunger in der Sahel-Zone 1973/74 hätte beispielsweise beträchtlich gelindert werden können, wenn man imstande gewesen wäre, auch nur jene Regenmenge zu sichern, die vor der Dürrekatastrophe der langjährige Durchschnitt war – und es nun wieder geworden ist.

Um eine objektive Beurteilung von Ergebnissen zu ermöglichen, legt man daher in naturwissenschaftlichen Experimenten großen Wert auf Kontrollen an unbehandelten Vergleichsobjekten. Wenn man beispielsweise einer Gruppe von Mäusen ein bestimmtes Medikament verabreicht und damit an allen von ihnen bestimmte Wirkungen auslöst, die an einer unter genau gleichen Bedingungen gehaltenen und gleich ernährten Gruppe von Kontrolltieren nicht auftreten, dann kann man annehmen, daß die Wirkungen tatsächlich von dem Medikament ausgelöst wurden und nicht durch Zufall. In der Regenmacherei müßte man dementsprechend die Niederschlagsmenge in einem behandelten Versuchsgebiet mit der in einem oder mehreren unbehandelten Kontrollgebieten vergleichen, in denen im allgemeinen ähnliche Witterungsbedingungen herrschen. Besser noch vergleicht man die im Versuchsgebiet eintretenden *Veränderungen* gegenüber dem Durchschnitt vergangener Jahre mit dem Ausmaß der Veränderungen in den Kontrollgebieten.

Dabei gibt es allerdings einige Schwierigkeiten. Denn die natürliche »zufällige«, das heißt nach dem heutigen Stand der Erkenntnis nicht erklärbare Variationsbreite zwischen verschiedenen Cumuluswolken ist wesentlich größer als die Unterschiede zwischen mehreren durch langjährige Inzucht weigehend »standardisierten« Laboratoriumsmäusen; und in der Feststellung, daß in einem Versuchsgebiet und einem Kontrollgebiet »im allgemeinen« ähnliche Witterungsbedingungen herrschen, ist bereits ausgesagt, daß es »im besonderen« auch Unterschiede geben kann, die nur bei sich über viele Jahre erstreckenden Versuchsreihen an Bedeutung verlieren würden. Außerdem kann man bei einem meteorologischen Experiment das Versuchsgebiet und das Kontrollgebiet nicht in getrennte Käfige einsperren wie Versuchs- und Kontrolltiere im Labor. Es ist daher möglich, daß sich die Wirkung des Wolkenimpfens nicht nur auf das Versuchsgebiet beschränkt, sondern auch direkt oder indirekt Einfluß auf das Kontrollgebiet hat.

Nun lassen sich verschiedene Kunstgriffe anwenden, um die Aussagefähigkeit einer Versuchsreihe zu erhöhen[12]. Der wichtigste ist die Einführung einer »Zufallszuordnung« (Randomisierung): wenn der Versuchsleiter der Meinung ist, daß eine für das Impfen günstige Situation besteht, wird durch Losen (oder durch eine vorher festgelegte, aber dem Versuchsleiter nicht bekannte Einteilung) ermittelt, ob geimpft werden soll oder nicht. So läßt sich dann feststellen, ob an den Impftagen tatsächlich mehr Niederschlag gefallen ist als an Tagen mit ähnlich günstiger Situation, an denen nicht geimpft wurde. Man kann überdies auch Versuchsgebiet und Kontrollgebiet in unregelmäßiger Reihenfolge vertauschen, wodurch eine in einem der beiden Gebiete wirkende Besonderheit ausgeglichen werden kann.

Bei diesen beiden Methoden wird allerdings stillschweigend vorausgesetzt, daß es keine langfristigen Nachwirkungen des Impfens gibt, was immerhin möglich wäre. Tatsächlich konnte bei einer nachträglichen Analyse zweier amerikanischer Versuchsreihen eindeutig festgestellt werden, daß die Wirkung des Impfens noch 6 bis 24 Stunden nach dem »Ende« des Versuchs angehalten hatte und daß in dieser Periode auch noch eine beträchtliche Zahl der ausgesäten Kristallisationskerne in der Atmosphäre vorhanden gewesen war. Wenn diese Tatsache bei der statistischen Auswertung nicht berücksichtigt wurde – das heißt, wenn die Periode der Nachwirkungen den »unbehandelten« Kontrolltagen zugerechnet wurde – dann war die Versuchsreihe scheinbar »ergebnislos«. Wurden die Nachwirkungsperioden jedoch als Impftage angesehen oder überhaupt aus dem Vergleich herausgenommen, dann zeigte sich, daß das Impfen tatsächlich eine Niederschlagsvermehrung gebracht hatte[13].

Schließlich gibt es noch Versuche mit »beweglichem Ziel«, das heißt, es wird die gesamte von einer geimpften Wolke produzierte Niederschlagsmenge unabhängig vom Niederschlagsort gemessen und mit dem »Ertrag« ähnlicher nicht geimpfter Wolken verglichen. Dabei wird allerdings nicht berücksichtigt, daß die geimpfte Wolke, wenn sie zu einer großen Cumulonimbus mit weit ausladendem Schirm wird, andere Wolken beschatten und dadurch beeinflussen kann. Außerdem wäre es denkbar, daß eine geimpfte Wolke zwar mehr Luftfeuchtigkeit verarbeitet und mehr Niederschlag produziert, aber damit zugleich anderen Wolken ihren Nährstoff wegnimmt, so daß im Endeffekt in einem bestimmten Gebiet gar nicht mehr Niederschlag fällt.

So zeigt sich also, daß jede Methode der statistischen Beweisführung im Fall der Regenmacherei unbehebbar eingebaute Fehlerquellen hat und daher nur mit Vorbehalt akzeptiert werden kann. Dazu kommt noch, daß auch statistische Kunstgriffe Zufallsergebnisse nicht ausschalten, sondern nur unwahrscheinlicher machen können. Die Aussagen der Statistik sind daher um so zuverlässiger, je größer der Umfang des untersuchten Materials ist. Doch die Zahl der Situationen, in denen Wolkenimpfen an einem bestimmten Ort erfolgversprechend sein kann, ist begrenzt und läßt sich nicht nach Belieben vermehren. Wenn man nicht jahrzehntelang auf ein Ergebnis warten will, muß man also die statistischen Schlußfolgerungen aus einer relativ kleinen Stichprobe ziehen und damit eine erhöhte Fehleranfälligkeit in Kauf nehmen.

In der »rein« statistischen Beweisführung zählt im Grunde genommen nur das Endergebnis. Es wird vorausgesetzt, daß alle Versuchsobjekte sowie auch Versuchsobjekte und Kontrollobjekte einander ähnlich und daher vergleichbar sind – denn sonst wäre eine statistische Untersuchung unmöglich. Aber in der meteorologischen Wirklichkeit gilt diese Voraussetzung nur mit einigem Vorbehalt; die Versuchsobjekte sind nur beschränkt vergleichbar. Wenn man wissen will, was sich tatsächlich zugetragen hat, darf man nicht nur die statistischen Endergebnisse betrachten, sondern muß auch untersuchen, wie die Ausgangsdaten zustandegekommen sind.

Bei einer Versuchsreihe mit negativem Ergebnis in South Dakota zeigte die nachträgliche Analyse der Daten, daß an den nach Zufallszuordnung ausgesuchten Impftagen schon am frühen Vormittag *vor* Beginn des Impfens – zufällig – geringere Regenmengen gefallen waren als an den Kontrolltagen[14]. Der sich aus der Statistik ergebende Schluß, daß sich das Impfen negativ ausgewirkt habe, ist damit zwar widerlegt, aber die Frage, welche Wirkung es nun überhaupt gehabt habe, bleibt unbeantwortet.

Bei einer im Gesamtergebnis sehr erfolgreichen Versuchsreihe von Frau Simpson in Florida war das gute Endergebnis vor allem auf einen Einzelversuch zurückzuführen, bei dem – anscheinend als Folge des Impfens – zwei Cumuluswolken miteinander zu einer sehr »ertragreichen« Cumulonimbuswolke verschmolzen. Daß solche Wolkenverschmelzungen sehr ergiebige Niederschläge bringen, war auch schon vorher aus der Beobachtung unbehandelter Wolken bekannt, doch ist es Frau Simpson und ihrem Team bisher noch nicht gelungen, eine zuverlässige Technik zu entwickeln, mit der man Wolkenverschmelzungen planmäßig herbeiführen kann. Wurde aber dieser eine »Zufallstreffer« aus der Statistik herausgenommen, dann war das positive Ergebnis der übrigen Versuchsreihe weit weniger eindrucksvoll[15].

Schließlich sind auch die Daten, auf denen die Statistik beruht, nicht immer zuverlässig. Denn ein Niederschlagsmesser kann nichts darüber aussagen, ob nicht schon in einigen Metern Entfernung wesentlich mehr oder weniger Regen niedergegangen ist – was bei Schauern oder Gewittern oft vorkommt. Wenn man also aus den Meßergebnissen einiger solcher Geräte Schlüsse auf die gesamte Regenmenge in einem bestimmten Gebiet zieht, dann erhält man nur einen *Näherungswert*, der gerade kleinräumige Unterschiede, wie sie durch das Wolkenimpfen ausgelöst werden, nicht mit Sicherheit erfaßt. Tatsächlich sind namhafte amerikanische Wissenschaftler der Ansicht, daß zumindest in einer Versuchsreihe die laut Statistik scheinbar negativen Ergebnisse wahrscheinlich vor allem darauf zurückzuführen sind, daß die durch das Impfen tatsächlich ausgelöste Niederschlagsvermehrung nicht festgestellt werden konnte, weil im Zielgebiet zu wenige Regenmesser vorhanden waren [16]. Niederschlagsmessungen durch Radar können demgegenüber zwar die *gesamte* Regenmenge für ein bestimmtes Gebiet erfassen, doch ist die Messung selbst ziemlich ungenau, weil das Radar größere Tropfen besser registriert als kleinere.

Bei vielen mit wissenschaftlicher Sorgfalt durchgeführten Versuchen zeigt die Datenanalyse, daß es allem Anschein nach – unabhängig davon, ob das Gesamtergebnis nun positiv oder negativ war – Einzelfälle mit positiver und andere mit negativer Wirkung des Impfens gegeben hat. Skeptiker fühlen sich dadurch in ihrer Auffassung bestätigt, daß das Wolkenimpfen *keinen vorhersagbaren* Einfluß auf die Niederschlagsmenge habe, und insofern sind die Zweifel vieler Fachmeteorologen verständlich. Man kann aber auch die Frage stellen, *warum* sich das Impfen in verschiedenen Fällen verschieden auswirkt, und in den letzten Jahren setzt sich demgemäß immer mehr die Auffassung durch, daß die Hauptaufgabe der wissenschaftlichen Arbeit auf diesem Gebiet nicht die rein statistische Analyse der Ergebnisse ist, sondern die *Erklärung* der Vorgänge, die zu diesen Ergebnissen geführt haben. »Es hat sich gezeigt, daß auch die ausgeklügeltsten statistischen Methoden nur ein ungenügender Ersatz für eine vollständigere Kenntnis der atmosphärischen Mechanismen sind«, heißt es in einer Stellungnahme der Weltorganisation für Meteorologie über die Möglichkeiten der Wetterbeeinflussung[17].

Damit die Beweisführung für den Erfolg eines Wetterbeeinflussungsexperiments überzeugend ist, muß sie auf zwei Beinen stehen, einem statistischen und einem physikalischen. Selbst ein vom statistischen Gesichtspunkt her einwandfreies Experiment wird für den Fachmeteorologen nur dann überzeugend sein, wenn es eine wenigstens einigermaßen einleuchtende physikalische Erklärung dafür gibt, auf welche Weise ein bestimmter Eingriff in einer bestimmten Situation eine bestimmte Wirkung ausgelöst hat. Mit anderen Worten: nicht nur ein Mißerfolg, auch ein Erfolg muß begründet werden können.

Eine langjährige Versuchsreihe in Indien mit einer speziell für heiße Länder geeigneten Methode zur Niederschlagsvermehrung (Wolkenimpfung mit Kochsalz) brachte beispielsweise wesentlich größere Erfolge (Regenvermehrung um 40 Prozent), als man aufgrund theoretischer Überlegungen hätte erwarten können. Obwohl die statistische Anlage dieses Experiments einwandfrei war, löste ein solches Ergebnis dennoch Zweifel aus[18]. Selbstverständlich ist es denkbar, daß man schließlich eine befriedigende theoretische Erklärung für diese Resultate finden wird. Doch solange das nicht der Fall ist, bleibt die Frage offen, ob nicht irgendwelche andere, von den indischen Wettermachern nicht beachtete Faktoren und nicht das Wolkenimpfen den Regen vermehrt haben – oder ob nicht vielleicht mangelhafte Meßmethoden oder andere technische Fehler, wenn nicht gar eine bewußte Manipulation der Daten ein besseres Ergebnis vorgetäuscht haben als tatsächlich erzielt wurde.

Vor den Befürwortern eines wissenschaftlichen »Niederschlags-Managements« steht also die Aufgabe, ihre Theorien und Computermodelle weiter zu verbessern, bis sie imstande sind, mit einiger Zuverlässigkeit vorauszusagen, wie sich eine bestimmte Wolke unter bestimmten Umständen ohne einen Eingriff verhalten, beziehungsweise wie sich dieses Verhalten durch das Wolkenimpfen verändern würde. Eine solche Voraussage, die man durch Beobachtung und Experimente überprüfen kann, bezieht sich nicht nur auf die im Endergebnis produzierte Niederschlagsmenge, sondern auch auf andere statistisch erfaßbare Größen wie Geschwindigkeit und Ausmaß des Wolkenwachstums, Stärke des Aufwinds im Inneren der Wolke und anderes mehr. Je besser die Gesamtheit all dieser Voraussagen mit der Wirklichkeit übereinstimmt, desto zuverlässiger ist die Theorie und desto größer ist auch die Chance, daß sie die konkreten Auswirkungen des Impfens für den Einzelfall richtig voraussagen kann.

»Wetterbeeinflussungsexperimente, die aus einer blinden Anwendung der Statistik auf zufällig vorhandene Regenmeßdaten bestanden, gehören glücklicherweise der Vergangenheit an«, erklärte Joanne Simpson auf der IV. amerikanischen Konferenz über Wetterbeeinflussung in Fort Lauderdale, Florida, im November 1974. »Es ist zu hoffen, daß sich auch die Zeit ihrem Ende nähert, in der Statistiker, die ohne Kontakt mit Meteorologen arbeiten und keine Kenntnis von atmosphärischen Vorgängen haben, Urteile über die Wetterbeeinflussung abgeben. Eine neue Generation von Statistikern beginnt Meteorologie zu studieren. Sie besteigen Flugzeuge und bauen auf ihren Erfahrungen mit dem Verhalten von Wolken neue bessere Methoden zur Überprüfung von Hypothesen auf. Den wechselnden Launen der Atmosphäre ausgesetzt zu sein, ist in der Tat eine sehr gute Kur gegen übertriebene Simplifikationen und Tagträume. Andererseits hat auch eine wachsende Zahl von Meteorologen erkannt, daß sie Statistik erlernen und anwenden müssen.«[19]

Diese Entwicklungen, meint Frau Simpson, haben dazu beigetragen, daß man heute besser imstande ist, komplizierte Probleme zu bewältigen, für deren Behandlung sowohl meteorologische Erfahrung als auch präzise statistische Werkzeuge vonnöten sind.

Was ist eine Wolke?

Eine Wolke ist kein »Ding«, sondern ein »Vorgang«: eine in der Luft schwebende Ansammlung von Wassertröpfchen und/oder Eiskristallen, die sich in ständiger Entwicklung befindet. In stabil geschichteten Wolken (Stratus) geht diese Entwicklung langsamer vor sich als in labilen Quellwolken, doch gibt es in allen Wolkenformationen ein ständiges Wechselspiel zwischen Kräften und Vorgängen des Aufbaus und solchen der Zerstörung.

Eine Wolke ist kein in sich abgeschlossenes Gebilde. Sie hat gleichsam einen ständigen »Stoffwechsel« mit der sie umgebenden Atmosphäre. Insbesondere Cumuluswolken saugen andauernd große Mengen relativ feuchter Luft von unten an, die ihre Entwicklung in Gang hält, aber auch vergleichsweise trockenere Luft von der Seite, die eine »Verdünnung« und allenfalls eine Auflösung der Wolke herbeiführen kann.

Nicht selten kann es geschehen, daß eine Wolke auf der einen Seite wächst, während sie sich auf der anderen Seite auflöst, so daß sie sich scheinbar in einer anderen Richtung bewegt als die sie umgebende Luft. Eine »Wolkenhaube« auf einem Gebirgsstock scheint still zu liegen wie ein großer Wattebausch, doch der Bergsteiger, der in die Wolke hineingerät und sie als Nebel wahrnimmt, verspürt meist kräftige Luftbewegung. Tatsächlich könnte man eine solche »orographische« (durch die Bodengestalt hervorgerufene) Wolke am besten mit einem Wasserfall vergleichen, der auch immer am gleichen Ort bleibt und annähernd die gleiche Gestalt hat, aber stets aus anderen durch ihn hindurchströmenden Wassermolekülen gebildet wird; auch durch die Wolkenhaube wandert das einzelne Wolkenmolekül hindurch wie durch einen Wasserfall, während die Wolke selbst ziemlich unverändert an einem Ort stehenbleibt.

Der »Rohstoff« für die Wolkenbildung, also das Wasser, gelangt zunächst durch Verdunstung über Meeren, Seen und Flüssen in die Luft. Eine gegebene Luftmenge kann eine bestimmte Menge Wasserdampf aufnehmen, und zwar um so mehr, je wärmer sie ist. Sinkt die Temperatur eines mit Wasserdampf gesättigten Luftkörpers, dann wird der sogenannte »Taupunkt« unterschritten und ein Teil des in der Luft enthaltenen Wassers kondensiert. So kommt es beispielsweise in bodennahen Schichten zur Bildung von Abendnebel.

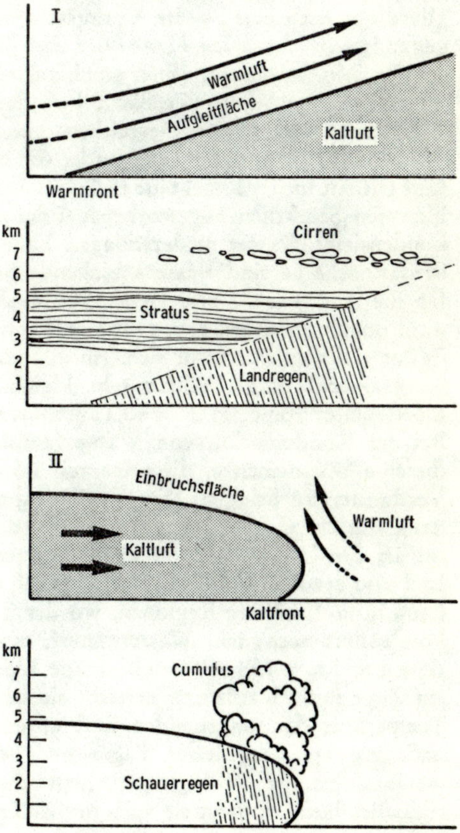

Abbildung 2: Wolkenbildung durch Aufgleiten von Warmluft an einem »Kaltluftberg« (I) und durch Kaltlufteinbruch, der Warmluft in die Höhe drückt (II). (Nach K. Hammer/J. Neubert, *Lehrbuch der Physik*, Wien 1959.)

Die Abkühlung kann auch dadurch erfolgen, daß Luft zum Aufsteigen in höhere Regionen gezwungen wird – etwa durch einen Berg wie in dem vorhin angeführten Beispiel von der »Wolkenhaube«, oder auch dadurch, daß am Boden entlangströmende Warmluft von einem »Kaltluftberg« in die Höhe gezwungen wird, beziehungsweise daß am Boden vordringende Kaltluftmassen wärmere Luft in die Höhe drücken. Schließlich kann auch die Erwärmung des Bodens zur Erwärmung der darüber lagernden Luft führen, und warme Luft steigt dank ihrer geringeren Dichte auf, wobei sogenannte Konvektionswolken entstehen.
Was immer aber auch der Grund für das Aufsteigen der Luft ist, sobald sie in höhere Regionen gelangt, wo der Luftdruck geringer ist, dehnt sie sich aus und kühlt dadurch ab. Wird schließlich eine Höhe erreicht, in der der Taupunkt unterschritten wird, kommt es zur Kondensation des Wassers, also zur Bildung von Nebel oder Wolken. Damit der Wasserdampf bei Unterschreiten des Taupunkts kondensieren kann, muß allerdings noch eine zweite Voraussetzung erfüllt sein: es müssen sogenannte *Kondensationskerne* oder eine größere Wasseroberfläche vorhanden sein. In absolut reiner staubfreier Luft, die sich nicht unmittelbar über einer Wasseroberfläche befindet, kann die Luftfeuchtigkeit mehrere hundert Prozent erreichen, ehe sich flüssiges Wasser bildet. Unter natürlichen Gegebenheiten ist das allerdings nicht der Fall. Die Luft enthält in der Regel eine mehr als ausreichende Menge von Staub, kleinsten Stückchen abgestorbener Pflanzen usw., an denen sich das kondensierte Wasser niederschlagen kann. Besonders wirksame Kondensationskerne sind wasseranziehende Substanzen, etwa Salzkörner. Da die Art, Anzahl und Größe der in der Luft vorhandenen Kerne nicht immer gleich ist, geht auch der Kondensationsprozeß nicht immer in der gleichen Weise vor sich. Im allgemeinen bilden sich bei Entstehung einer Wolke zunächst sehr kleine Wassertröpfchen mit einem Durchmesser von etwa 2 bis 40 Tausendstel Millimeter.
Bei der Kondensation von Wasserdampf wird Wärme freigesetzt – dieselbe Wärmemenge, die seinerzeit nötig war, um das Wasser zum Verdunsten zu bringen. Die Physiker sprechen in diesem Zusammenhang von der »latenten« Wärmemenge, die im Wasserdampf enthalten ist. In der Umgebung von kondensierten Wassertröpfchen wird die Luft also erwärmt, und das bewirkt, daß sie weiter aufsteigt; sie gerät dann in noch kältere Regionen, wo der Taupunkt noch tiefer liegt, es kondensiert noch mehr Wasserdampf, es wird neuerlich Wärme abgegeben, und so wächst die sich bildende Wolke nach oben.
Im Zuge ihres Wachstums erreicht sie schließlich eine Region, wo die Temperatur der umgebenden Luft unter dem Gefrierpunkt liegt. Je nach geographischer Breite, Tages- und Jahreszeit sowie den speziellen meteorologischen Bedingungen liegt die Null-Grad-Grenze unterschiedlich hoch, doch ist sie auch in den Tropen selten wesentlich höher

als etwa 5000 bis 6000 Meter. Man sollte meinen, daß die in der Wolke vorhandenen Wassertröpfchen gefrieren, wenn sie unter den Gefrierpunkt abgekühlt werden, doch tatsächlich weiß man schon seit Beginn unseres Jahrhunderts, daß dies nicht der Fall ist. Bei Ballonaufstiegen und durch Beobachtungen am Observatorium auf dem Hohen Sonnblick in den österreichischen Alpen wurde festgestellt, daß Wolken auch noch bei Temperaturen von 10 bis 20 Grad unter Null und noch darunter zumeist aus unterkühlten Wassertröpfchen und nicht aus Eiskristallen bestehen[20].

Die von der Kondensation erwärmte aufsteigende Luft erzeugt im Inneren der Wolke einen starken Aufwind, der meist wesentlich rascher ist als die Fallgeschwindigkeit der sich bildenden kleinen Wassertröpfchen. Diese werden daher nach oben getragen und können nicht als Niederschlag ausfallen. Sollte ein solches Tröpfchen jedoch einmal unter die Wolke geraten, so würde es in dem darunterliegenden Bereich, wo die Luft nicht mit Wasserdampf gesättigt ist, sehr rasch verdunsten – jedenfalls lange bevor es die Erde als Regentropfen erreicht.

Damit ein Wassertropfen durch den Aufwind in der Wolke hindurchfallen und einige hundert oder tausend Meter ungesättigter Luft passieren kann, ohne zu verdunsten, muß er wesentlich größer sein. Tatsächlich haben Regentropfen zumeist Durchmesser von etwa 1 bis 6 Millimeter (feinster Sprühregen 0,2 mm), das heißt, die Masse eines Regentropfens ist etwa eine Million Mal größer als die Masse der Tröpfchen, die sich zunächst durch Kondensation in der Wolke bilden. Ein derartiger Massezuwachs kann durch Kondensation allein nicht zustandekommen – schon deshalb nicht, weil in der Luft im allgemeinen viel zu viele Kondensationskerne vorhanden sind, die sich sozusagen im Konkurrenzkampf um das Kondenswasser befinden. So ergibt sich also die Frage, wie denn Regen überhaupt entsteht.

Einer der ersten, der darauf eine Antwort zu geben suchte, war der deutsche Meteorologe Alfred Wegener, der heute auch als Begründer der seinerzeit nicht ernstgenommenen Theorie der Kontinentalverschiebung zu posthumen Ehren gelangt ist. In einem 1911 veröffentlichten Buch[21] wies er darauf hin, daß Eis auf die Luftfeuchtigkeit eine stärkere Anziehungskraft ausübt als unterkühlte Wassertröpfchen gleicher Temperatur – die Physiker sagen, daß der Sättigungsdampfdruck über Eis niedriger ist als über Wasser. In einer gemischten Wolke, die sowohl unterkühlte Tröpfchen als auch Eiskristalle enthält, könnten diese daher auf Kosten der flüssigen Bestandteile wachsen. So komme es zur Bildung von größeren und schwereren festen Körpern – je nach den Bedingungen Schneeflocken oder Hagelkörnern –, die nicht mehr vom Aufwind getragen werden können, sondern als Niederschlag ausfallen. Je nach dem Abstand der Wolke vom Boden und der Temperatur und Feuchtigkeit der darunterliegenden Luft kommt dieser Niederschlag entweder in der ursprünglichen Gestalt an oder er schmilzt und wird zu Regen – oder er kann in extremen Fällen bei sehr geringer Luftfeuchtigkeit unterhalb der Wolke verdunsten, ehe er den Boden erreicht.

Wie aber kommt es in einer unterkühlten Wolke zur Bildung der ersten Eiskristalle? Mit dieser Frage hat sich vor allem der schwedische Meteorologe Tor Bergeron beschäftigt. In einer Veröffentlichung aus dem Jahre 1928 und später bei einem internationalen Meteorologenkongreß in Lissabon 1935, stellte er die Überlegung zur Diskussion, daß es in der Luft neben Kondensationskernen auch *Kristallisationskerne* geben müsse; diese kämen allerdings viel seltener vor, denn damit ein Körper als Kristallisationskern fungieren könne, müsse seine räumliche Gestalt wenigstens einigermaßen mit der hexagonalen Kristallstruktur des Eises verträglich sein. Mit sinkender Temperatur würde allerdings die Wirksamkeit von Kernen, die diese Voraussetzung nur mangelhaft erfüllen, rasch wachsen, weil die »Kristallisationskräfte«, also die Tendenz des unterkühlten Wassers, Eis zu bilden, immer stärker werde. So würden also, wenn eine Wolke aus unterkühlten Tröpfchen nach oben in immer kältere Regionen wächst, nach und nach Eiskristalle entstehen. Der deutsche Physiker W. Findeisen hat diese Gedankengänge später noch weiterentwickelt und durchgerechnet und schließlich darauf eine geschlossene Theorie der Niederschlagsbildung aufgebaut[22].

Bei welcher Temperatur eine für die Niederschlagsbildung ausreichende Menge von Eiskristallen entsteht, hängt offensichtlich von der Art und Anzahl der in der Luft vorhandenen Kristallisationskerne ab. Schon Bergeron hat darauf hingewiesen, daß die Chancen bei Temperaturen über – 10° C sehr gering sind, und heute weiß man, daß nur unter besonders günstigen Umständen Eiskristalle schon über – 20° entstehen, daß man aber andererseits auch noch bei Temperaturen bis unter – 30° häufig unterkühlte Wassertröpfchen vorfindet. Erst bei – 40° kommt es zu einer spontanen Eisbildung. Solche Temperaturen herrschen erst in sehr großen Höhen, in den Tropen etwa in 11 000 bis 12 000 Meter über dem Meeresspiegel; das ist eine Region, die von großen Cumuluswolken gerade noch erreicht wird.

Bei der Eisbildung wird wiederum wie bei der Kondensation Wärme frei. Dadurch entsteht ein Aufwind, der die Eiskristalle trägt. So können Wolken entstehen, die im oberen Teil aus kleinsten Eiskriställchen und im unteren Teil aus Tröpfchen bestehen. Meistens gibt es jedoch, zumindest im Grenzbereich, eine Mischzone, in der die Eiskristalle auf Kosten des Wassers wachsen und in tiefere Regionen der Wolke sinken, wo mehr unterkühlte Tröpfchen vorhanden sind und das Wachstum bis zur Niederschlagsgröße rascher vor sich gehen kann.

Der Grenzwert von – 40° wurde von dem amerikanischen Nobelpreisträger Irving Langmuir und seinen Mitarbeitern zunächst in Laborversuchen entdeckt, auf die wir im nächsten Kapitel noch zurückkommen werden. Als Bergeron davon erfuhr, leitete er daraus eine weitere Idee über die Niederschlagsbildung in einer Art »Zwei-Wolken-Verfahren« ab. In den obersten, kältesten Regionen kann sich verhältnismäßig leicht, auch ohne Vorhandensein gut geeigneter Kristallisationskerne, Eis bilden. Wenn nun aus einer solchen hoch in den Lüften schwebenden Cirruswolke oder aus dem breit ausladenden Schirm einer großen Cumulonimbus auch nur ein wenig Schnee auf eine darunterliegende labil geschichtete Cumuluswolke fällt, könnte das, meinte Bergeron, verhältnismäßig leicht recht kräftigen Niederschlag auslösen[23]. Heute weiß man, daß diese Überlegung richtig ist und die Niederschlagsbildung im »Zwei-Wolken-Verfahren« relativ häufig vorkommt.

Die von Findeisen vertretene Auffassung, daß Niederschlag *ausschließlich* in der von ihm beschriebenen Weise entstehen könne, hat sich nicht bestätigt. Amerikanische Meteorologen haben zunächst in theoretischen Überlegungen und später auch durch Beobachtungen den Nachweis erbracht, daß auch ein anderer Prozeß der Niederschlagsbildung möglich ist: Zusammenstoß kleinerer Tröpfchen und Verschmelzung zu größeren[24]. Voraussetzung dafür ist allerdings, daß in der Luft nur wenige und relativ große, vielleicht auch hygroskopische Kondensationskerne vorhanden sind, so daß sich beim ursprünglichen Kondensationsprozeß bereits viele verhältnismäßig große Tröpfchen bilden. Solche Bedingungen sind am ehesten über tropischen Meeren gegeben. In gemäßigten Breiten kommt auf diese Weise bestenfalls gelegentlich feintropfiger Sprühregen aus bodennaher hochnebelartiger Bewölkung zustande; echter Regen ist hier tatsächlich so gut wie immer geschmolzener Hagel oder Schnee.

II
Methoden und Anwendungsmöglichkeiten

Das Steckenpferd des Nobelpreisträgers

Irving Langmuir, der Begründer der wissenschaftlich fundierten Wetterbeeinflussung, hat den Nobelpreis für Chemie 1932 für Untersuchungen über die Adsorption und Absorption an Grenzflächen erhalten und nicht für Arbeiten auf dem Gebiet der Wetterkunde. In die Meteorologie ist er gegen Ende des Zweiten Weltkriegs als Außenseiter eingedrungen. Ohne sich viel um die Meinung der für dieses Forschungsgebiet zuständigen Fachleute zu kümmern, gab er wiederholt sehr weitreichende und optimistische Erklärungen über die Möglichkeiten der gezielten Wetterbeeinflussung ab, und da er ein hochangesehener Wissenschaftler war, lösten diese Äußerungen in der breiten Öffentlichkeit, bei interessierten Regierungsstellen und in der Gemeinschaft der Wissenschaftler ein starkes Echo aus. Die Meteorologen verfolgten die Tätigkeit dieses Eindringlings in ihr Fachgebiet mit größtem Unbehagen. Als Vertreter einer Berufsgruppe, die ohnehin sehr oft dem Spott der Öffentlichkeit ausgesetzt ist, fürchteten sie, daß die ihrer Meinung nach voreiligen und wenig fundierten Verheißungen Langmuirs das Ansehen der Meteorologie auf lange Sicht schädigen könnten, und sie sparten nicht mit herben Worten der Kritik, auf die er dann oft im gleichen Ton erwiderte. Das alles hat nicht wenig dazu beigetragen, daß bei vielen Vertretern dieses Fachs bis heute eine nahezu instinktive, aber recht heftige Abwehrhaltung gegen alles besteht, was mit Wetterbeeinflussung zusammenhängt.

Langmuir, geboren 1881, hatte bei dem bekannten deutschen Physiker und Chemiker Walter Nernst studiert und war seit 1909 Mitarbeiter, später Direktor der Laboratorien der General Electric Company in Schenectady im Staat New York. Auf dem Gebiet des elektrischen Verstärkerwesens war er bahnbrechend gewesen, hatte außerdem bedeutende Arbeiten über die Valenztheorie und andere chemische Probleme veröffentlicht und war auch maßgeblich an der Entwicklung gasgefüllter Glühlampen sowie einer Technik des Schweißens mit atomarem Wasserstoff beteiligt gewesen. Im Ersten Weltkrieg hatte er U-Boot-Detektoren für die Marine entwickelt, im Zweiten Weltkrieg führte er Forschungen über Rauchvorhänge und über Flugzeugvereisung durch. So kam er mit Problemen der Wolkenphysik in Berührung, und um tiefer in diese Fragen einzudringen, besuchte der damals schon weit über sechzig Jahre alte Wissenschaftler gemeinsam mit seinem Mitarbeiter Vincent Schaefer wiederholt das Observatorium auf dem Mount Washington in New Hampshire.

Die beiden Forscher, die beide passionierte Bergsteiger waren, stiegen auch einige Male im Winter zum Observatorium auf, und da sie einschlägige meteorologische Fachliteratur nicht kannten, waren sie erstaunt, daß die Wolken auf dem 1919 Meter hohen Berggipfel auch bei Temperaturen weit unter 0° C meist nur aus unterkühlten Wassertröpfchen bestanden, die sich an festen Gegenständen sofort als Reif niederschlugen. Sie hatten damit nichts Neues entdeckt, doch als Experimentalwissenschaftler, die einen ganz anderen Arbeitsstil als die Meteorologen gewohnt waren, begnügten sie sich nicht mit der Beobachtung, sondern beschlossen vielmehr, einige Laborversuche durchzuführen, bei denen sie die in den Wolken gefundenen Verhältnisse nachbilden und genauer untersuchen wollten.

Schaefer, der seine Laufbahn als Mechaniker in den Laboratorien der General Electric begonnen hatte und dem dort später der Übertritt zu wissenschaftlicher Tätigkeit ermöglicht worden war, ersann dafür eine Versuchsanordnung von genialer Einfachheit: durch Hineinblasen in eine Tiefkühltruhe, wie sie damals gerade auf den Markt zu kommen begannen, erzeugte er »Wolken«. Es war eine perfekte Nachbildung natürlicher Verhältnisse. Die Feuchtigkeit des Atems kondensierte zu feinsten Nebeltröpfchen, doch bildeten sich niemals Eiskristalle, obwohl die Temperatur in der Tiefkühltruhe unter – 20° C lag. In mehr als hundert Experimenten bemühte sich Schaefer vergeblich, die Bildung von Eiskristallen durch Einbringen verschiedenster Kristallisationskerne auszulösen. Er versuchte es mit Ruß, Vulkanasche, fein gemahlenem Graphit, Schwefel, Silikaten und anderen Materialien, doch hatte er niemals Erfolg. Der Nebel blieb etwa zehn Minuten lang bestehen, dann schlug er sich als Reif an der Wand der Truhe nieder.

Am 12. Juli 1946 wollte Schaefer seine Experimente fortsetzen, doch konnte er an diesem außerordentlich heißen Sommertag keine genügend tiefe Temperatur in seiner Kühltruhe bekommen. Zur Abkühlung wollte er ein Stück Trockeneis (gefrorenes Kohlendioxyd) hineinlegen. Doch kaum war dieses mit seinen unterkühlten Wassertröpfchen in Berührung gekommen, bildeten sich tausende kleine Schneeflocken. Sogar ein winziges Stück Trockeneis genügte, um diese Reaktion auszulösen, und Schaefer erkannte bald, daß es sich dabei nicht um irgendwelche besonderen Eigenschaften des gefrorenen CO_2 handelte, sondern daß

die tiefe Temperatur der auslösende Faktor war. Eine in flüssige Luft getauchte Nadel erzielte die gleiche Wirkung. Die kritische Temperaturgrenze lag bei $-40°$. In einer Versuchskammer, die unter diese Temperatur abgekühlt wurde, bildete eingeblasene Luft sofort, ohne irgendwelche Zusätze, Eiskristalle; und die bei all diesen Versuchen entstehenden Kristalle sahen genau wie natürliche Schneeflocken aus.
Langmuir war zur Zeit der entscheidenden Versuche gerade nicht in Schenectady. Als Schaefer ihm von seinen Erfolgen berichtete, war er hell begeistert. Er erkannte sofort die große praktische Bedeutung des Experiments: was Schaefer in der Kühltruhe vollbracht hatte, das konnte man auch in der freien Natur tun. Der Mensch hatte ein Mittel in der Hand, Wolken nach seinem Willen zu verändern und Niederschläge auszulösen.
Am 13. November 1946 wagte Schaefer den ersten Versuch. Aus einem kleinen Flugzeug streute er drei Pfund feingemahlenes Trockeneis auf eine unterkühlte Stratuswolkendecke. Es dauerte keine fünf Minuten und es bildeten sich Schneeflocken, die etwa tausend Meter fielen, ehe sie verdunsteten. Wo das Flugzeug geflogen war, entstand eine Öffnung in der sonst einheitlichen Wolkendecke. Um ganz sicher zu gehen, daß die Wolken nicht zufällig gerade an dieser Stelle aufgerissen waren, wurden später noch kompliziertere Versuche durchgeführt. Man schnitt zum Beispiel das Firmenzeichen der General Electric aus einer Wolkenbank. Es konnte kein Zweifel bestehen: das Impfen mit Trockeneis veranlaßte den Schneefall und löste die Wolkendecke auf.
Die Versuche machten Schlagzeilen, und viele Zeitungen zitierten die höchst optimistischen Äußerungen Langmuirs, daß man bald imstande sein werde, durch Anwendung derartiger Techniken das Wetter nach Wunsch zu verändern. Ämter der Bundesregierung und vom Wassermangel geplagte Städte, Kraftwerke und Farmer und selbstverständlich auch militärische Stellen begannen sich für die neue Entdeckung des Nobelpreisträgers zu interessieren.

Wenn der Chef eines großen Forschungslabors ein Steckenpferd hat – und Langmuirs Interesse für Wetterbeeinflussung war ganz offensichtlich ein Steckenpferd – dann wirkt das ansteckend. Neben Schaefer begannen sich auch andere Mitarbeiter mit diesem Problem zu beschäftigen. Einer von ihnen war Bernard Vonnegut, der ebenfalls an der Studie über Flugzeugvereisung mitgearbeitet hatte und Fachmann für Kristallisationskerne war. Schaefers unsystematisches Erproben der verschiedensten Substanzen schien ihm nicht erfolgversprechend. Man müßte vielmehr planmäßig suchen, meinte er – also zunächst einmal überlegen, wie denn ein Kristallisationskern gebaut sein müsse, damit er die Eisbildung auslösen könne, und dann nach einer Substanz mit geeigneter Struktur Ausschau halten. Beim Blättern in einem Handbuch für Röntgenkristallographie zeigte sich, daß Silberjodid die erforderlichen Eigenschaften haben sollte. Vonnegut machte einen Versuch in Schaefers Kühltruhe, als dieser gerade für ein paar Tage abwesend war. Er zweifelte nicht, daß er Erfolg haben würde – doch zu seiner größten Überraschung wurde es ein völliger Fehlschlag.

Als Schaefer zurückkam, interessierte er sich für Vonneguts Ideen und experimentierte selbst mit Jodoform und reinem Jod. Die Resultate waren nicht viel besser. Einige Wochen darauf wollte Vonnegut die Wirkung von Metallstaub-Aerosolen erproben, die er durch Funkenflug zwischen zwei Elektroden erzeugte. Als er eine Silbermünze zwischen die Elektroden hielt, füllte sich die Tiefkühltruhe schlagartig mit Eiskristallen. Es war wie bei Schaefers Trockeneisversuch, obwohl die Temperatur jetzt weit über – 40° C lag, doch hielt der Effekt nicht lange an. Eine Wiederholung des Versuchs am nächsten Tag blieb erfolglos. Vonnegut stand vor einem Rätsel.

Die Lösung war bald gefunden: in der Kühltruhe waren von den vorherigen Versuchen noch Spuren von Jod gewesen, und als er seine Silbermünze hineinhielt, hatte sich ein wenig Silberjodid gebildet – eben jene Verbindung, von der er von Anfang an vorausgesagt hatte, daß sie die besten Kristallisationskerne liefern würde. Doch damit stand er vor einem noch größeren Rätsel, denn nun war erst recht unerklärlich, warum der erste Versuch nicht geglückt war. Diesmal war die Lösung verblüffend einfach – und zugleich für jeden Experimentalwissenschaftler höchst lehrreich: das »Silberjodid«, das er damal aus einem Regal des Labors genommen hatte, war hochgradig verunreinigt gewesen; genauer gesagt, es hatte nur zum geringsten Teil tatsächlich aus Silberjodid bestanden. Doch Vonnegut hatte dem Etikett des Fläschchens blind vertraut und nicht einmal nach dem unerwarteten Fehlschlag seines Versuchs die Zusammensetzung der verwendeten Substanz überprüft. Nur einer Verkettung glücklicher Zufälle hatte er es zu verdanken, daß er die Richtigkeit seiner ursprünglichen Überlegungen nun doch noch beweisen konnte. Mit Silberjodid von hinreichender Reinheit konnte man, wie sich nun zeigte, schon bei Temperaturen von – 4° C die Bildung von Schneeflocken aus unterkühlten Wassertröpfchen auslösen.

Vonnegut hat später erzählt, daß er seine Experimente damals aus rein theoretischem Interesse durchgeführt und nicht an praktische Anwendungen in der Wettermacherei gedacht hatte. Doch in der durch Langmuirs optimistische Erklärungen ausgelösten Hochstimmung wurde bald erkannt, daß hier ein zweites Mittel zur Wolkenimpfung gefunden war – und daß überdies beide Substanzen in den für Wetterprojekte erforderlichen Mengen durchaus erschwinglich waren. Bald war auch Vonnegut in den Strudel der Entwicklung mit hineingezogen. In den folgenden Jahren hatte er führenden Anteil an der Entwicklung von Brennern und Geräten zur Herstellung von silberjodidhaltigem Rauch für die Wettermacherei, und er hat auch selbst an mehreren Versuchsreihen zur Erprobung der Wirkung dieser Geräte teilgenommen.

Selbstverständlich wollte auch Langmuir nach Schaefers ersten Erfolgen die Versuche fortsetzen. Es war ihm klar, daß dies auf die Dauer nicht auf Kosten des Forschungsbudgets der General Electric geschehen konnte, deren Geschäftsinteressen nicht auf diesem Gebiet lagen. Doch als Direktor einer der führenden Forschungsstätten der USA hatte er genügend Verbindungen; er wußte, wo er Geldgeber finden konnte. Es gelang ihm zunächst, das Army Signal Corps (fernmeldetechnisches Korps der Armee) für seine Ideen zu interessieren. Schon im Februar 1947 wurde ein Vertrag unterzeichnet, demzufolge die Freilandversuche von Militärdienststellen und die Laborarbeit von der General Electric (gegen Vergütung, versteht sich) übernommen werden sollte. Später ist auch das Office of Naval Research (Marineforschungsamt) dem Vertrag beigetreten, und die Luftwaffe stellte Flugzeuge und das dazugehörige Personal zur Verfügung; schließlich wurde auch noch der Wetterdienst der USA in beratender Funktion hinzugezogen. So entstand das »Project Cirrus«, das erste große wissenschaftliche Forschungsunternehmen auf dem Gebiet der Wetterbeeinflussung, und das schon damals gezeigte Interesse amerikanischer Militärdienststellen für dieses Forschungsgebiet ist bis heute erhalten geblieben.
Unterdessen begann sich auch das private Unternehmertum für diese mit viel Publicity verkündete neue Entdeckung zu interessieren. Farmer und landwirtschaftliche Genossenschaften, die über Flugzeuge zum Versprühen von Schädlingsbekämpfungsmitteln verfügten, begannen da und dort ohne richtige Kenntnis meteorologischer Grundtatsachen, Silberjodid in die Luft zu jagen, und es blieb nicht aus, daß im Land der unbegrenzten Möglichkeiten allerlei Scharlatane und Spekulanten in diesem neuen Tätigkeitsbereich nach leichtem und raschen Gewinn suchten; doch wurden auch schon in den allerersten Jahren kommerzielle Wettermacherfirmen von Leuten gegründet, an deren soliden fachlichen Qualifikationen kein Zweifel bestehen konnte. Eines der ersten kommerziellen Großprojekte wurde bereits 1947 in Kalifornien durchgeführt, und der Leiter der meteorologischen Abteilung am California Institute of Technology – dem berühmten Caltech –, Irving Krick, der diese Arbeiten als wissenschaftlicher Gutachter zu überwachen hatte, war von der Idee der Wetterbeeinflussung so beeindruckt, daß er seine wissenschaftliche Anstellung verließ und selbst eine Wettermacherfirma gründete. Die bereits erwähnten Versuche der Stadt New York, ihre Wasserversorgung durch Wolkenimpfen zu verbessern, wurden auf Langmuirs Vorschlag dem vom Massachusetts Institute of Technology kommenden Wissenschaftler Wallace Howell anvertraut, der mit dem Nobelpreisträger an den Flugzeugvereisungsstudien auf dem Mount Washington zusammengearbeitet hatte.

Wolkenimpfen wurde rasch zu einer großen Mode. In den frühen fünfziger Jahren erreichten die von kommerziellen Wettermachern in den USA betreuten Flächen ein Ausmaß von nahezu einer Million Quadratkilometer – etwa ein Zehntel der Fläche der USA – und ihre Umsätze stiegen auf bis zu 5 Millionen Dollar im Jahr. Als sich jedoch allmählich herausstellte, daß man in die neue Technik übertriebene Hoffnungen gesetzt hatte, gingen die Umsätze und das Ausmaß der betreuten Flächen bald wieder zurück und stabilisierten sich schließlich in den sechziger Jahren auf ein bis zwei Millionen Dollar im Jahr, beziehungsweise 3 bis 4 Prozent der Fläche der USA.

Langmuir selbst führte im Rahmen des Project Cirrus Impfversuche an Stratuswolken durch und später auch an Cumuluswolken in Neu Mexiko. 1948 und 1949 besuchte er Honduras, um sich mit den Arbeiten eines im Auftrag der United Fruit Company tätigen kommerziellen Wettermachers vertraut zu machen. Schon vorher, im Oktober 1947, hatte er versucht, einen Hurrikan 500 km vor der Küste von Florida durch Wolkenimpfen zu beeinflussen, und als der Wirbelsturm tatsächlich sechs Stunden nach dem Eingriff plötzlich seine Zugrichtung veränderte, wollte er zwischen diesen beiden Tatsachen sofort einen kausalen Zusammenhang herstellen. Die Meteorologen konnten allerdings darauf hinweisen, daß ähnliche Bahnänderungen gelegentlich auch schon bei früheren Wirbelstürmen ohne menschliches Eingreifen eingetreten waren.

Daß man durch das Wolkenimpfen deutlich sichtbare Veränderungen von Wolken auslösen könne, wurde von niemandem bestritten; viele Meteorologen hatten jedoch ernste Zweifel, daß man auf diesem Wege eine wesentliche Vermehrung der Niederschläge herbeiführen könne. Langmuir entwickelte zur Untermauerung seiner Behauptung eigene statistische Methoden, die jedoch von Fachstatistikern als unzulänglich bezeichnet wurden.

Das ganze letzte Jahrzehnt seines Lebens hat sich der große Wissenschaftler fast ausschließlich mit Problemen der Wetterbeeinflussung beschäftigt. Er entdeckte auf eigene Faust viele Tatsachen, die den Meteorologen bereits bekannt waren, machte aber auch einige echte Neuentdeckungen. Er hat sich mit ungeheurer Leidenschaft und großem Hang zu Publicity in diesen Fragenkomplex verbissen, und rückblikkend kann man feststellen, daß er in vielen Details unrecht hatte oder unbeweisbare Behauptungen aufstellte. Zugleich aber kann heute kaum mehr ein Zweifel daran bestehen, daß seine zwei immer wieder mit geradezu missionarischem Eifer verkündeten Grundthesen zumindest im Prinzip richtig sind:

– daß der Mensch grundsätzlich imstande ist, das Wetter zu beeinflussen;
– und daß er dafür vor allem die richtigen *Auslösemechanismen* finden müsse, die bei relativ kleinem Aufwand große Wirkungen her-

vorrufen – das berühmte Streichholz, mit dem man einen ganzen Wald in Brand setzen kann.

»Ich habe Kollegen oft darüber klagen hören, daß dieses übermäßig enthusiastische Auftreten den geordneten Fortschritt der Wissenschaft beeinträchtigt habe«, schreibt H. R. Byers, Professor für Meteorologie an der Texas University. »Man kann aber auch sagen, daß ohne dieses energische Drängen die Regierungen wahrscheinlich nicht so viele Mittel für Forschungen auf dem Gebiet der Wolkenphysik zur Verfügung gestellt hätten.«[1]

Die Voraussetzung für diese Aufgeschlossenheit der Regierungen war, daß Langmuir von Anfang an in den Militärs einen sehr einflußreichen Bundesgenossen gesucht und gefunden hatte. Die Anerkennung, daß das Regenmachen eine ernstzunehmende Sache sei, erklärt der amerikanische Politologe Matthew Holden Jr., ist wie so viele andere Neuentwicklungen den Vertretern des zuständigen Fachs – in diesem Fall der Meteorologie – zunächst von außen her aufgezwungen worden. »Durch das Eingreifen eines erfahrenen und energischen Außenseiters (Langmuir) wurde die Verbindung zum Interesse der Militärs hergestellt. Ohne dieses Interesse hätte man die finanzielle Unterstützung für die erforderlichen Forschungsarbeiten nicht auftreiben können, und das hätte zu der sich selbst bestätigenden Einschätzung geführt, daß das Wolkenimpfen eine schlechte Idee sei, für deren Durchführbarkeit sich keine Beweise vorbringen ließen.«[2]

Eine unbeachtete Prognose

Während die meisten Meteorologen Langmuirs Bestrebungen nur mit großen Vorbehalten oder Ablehnung begegneten, verfolgte Tor Bergeron die Idee der künstlichen Wetterbeeinflussung von Anfang an mit positivem Interesse. Schon 1949 veröffentlichte er in der ersten Nummer der neu gegründeten schwedischen geophysikalischen Zeitschrift *Tellus* einen Artikel, der sich mit den Chancen der Niederschlagsvermehrung durch Wolkenimpfen beschäftigt[3]. Darin wird vermerkt, daß Langmuirs erste Experimente von »viel Publicitiy und vielleicht zuviel Optimismus« begleitet waren, doch dann stößt Bergeron sogleich zum Kern des Problems vor: eine Diskussion, die sich zwischen den Extremen »Nichts ist bewiesen« und »Weltweite Regenbeeinflussung möglich« bewege, gehe an der wirklichen Problemstellung vorbei. Man müsse vielmehr untersuchen, *wann* und *wo* das Wolkenimpfen eine *ins Gewicht fallende* Niederschlagsvermehrung bringen könne.

Heute, nach mehr als einem Vierteljahrhundert oft recht unerquicklicher Auseinandersetzungen über die Möglichkeiten der Wetterbeinflussung, sind wir vielleicht besser als die Zeitgenossen in der Lage, die tiefe Einsicht zu würdigen, mit der Bergeron diese Frage bereits damals behandelt hat. Viele sinnlose Diskussionen und viele ergebnislos verlaufende Versuchsreihen hätte man sich ersparen können, wenn sowohl optimistische Wettermacher als auch skeptische Meteorologen dieser bemerkenswerten Arbeit ihres schwedischen Kollegen damals mehr Aufmerksamkeit geschenkt hätten.

Bergerons Grundthese ist, daß Wolkenimpfen nur in jenen Situationen erfolgversprechend sein kann, in denen es einen genügenden Nachschub an unterkühlten Tröpfchen gibt, aber eine unzulängliche Menge von Eiskristallen, um die Niederschlagsbildung auszulösen — also in Situationen, in denen gewissermaßen »ungenutztes« Wolkenwasser zur Verfügung steht. Er verweist darauf, daß dies nur in einem bestimmten Temperaturbereich möglich sein kann, den er allerdings, wie wir heute wissen, zu hoch angenommen hat. In Wolken, die so kalt sind, daß sich auf natürliche Weise eine ausreichende Zahl von Eiskristallen bildet, werde das zur Verfügung stehende Wasser ohnehin ausgenützt. Das Impfen könne in diesem Fall nur zu einem *Überangebot* an Eiskristallen (»overseeding«) führen, wodurch sich nur sehr kleine Tröpfchen oder Kristalle bilden würden, die entweder überhaupt nicht zur Erde fallen oder aber von den Luftströmungen sehr weit fortgetragen werden können. In Wolken, die so warm sind, daß sie keine oder nur wenige unterkühlte Tröpfchen enthalten, sei das Impfen mit Substanzen, die die Bildung von Eiskristallen hervorrufen sollen, offensichtlich sinnlos, und auch noch einige Grade unter Null könnten diese Substanzen nur von geringer Wirksamkeit sein. Zwischen diesen beiden Extremen müsse aber ein optimaler Temperaturbereich für gezielte Eingriffe liegen — eine Vermutung, die sich vollauf bestätigt hat.

Bergeron untersucht dann verschiedene Wolkenformationen auf ihre Impfbarkeit, und gelangt dabei ebenfalls zu sehr bemerkenswerten Schlüssen. Für Stratuswolken sagt er völlig richtig voraus, daß man bestenfalls jene nicht sehr große Menge von Wasser aktivieren könne, die bereits in kondensierter Form als unterkühlte Tröpfchen vorhanden ist; mit raschem Nachschub von Wasser sei nicht zu rechnen. Das Ergebnis werde wahrscheinlich nur ein wenig leichter Sprühregen sein — wenn der Niederschlag nicht überhaupt verdunstet, noch bevor er den Erdboden erreicht. Für die Luftfahrt könne die vorübergehende Auflösung derartiger Wolkendecken nützlich sein, aber eine ins Gewicht fallende Vermehrung der Regenmenge sei dabei nicht zu erwarten.

Von den großen Wolkensystemen, die in den zu den Tiefdruckgebieten der gemäßigten Zone gehörenden Störungsfronten zu finden sind, meint Bergeron, daß sie sehr wahrscheinlich auf natürlichem Wege mit genügend Eiskristallen versorgt werden. Das Impfen wäre vermutlich wenig wirksam und nicht rentabel. Die Impfbarkeit derartiger Wolkensysteme ist bisher noch wenig untersucht worden, doch sind die meisten amerikanischen Fachleute heute ebenfalls, zumindest vorläufig, der Meinung, daß bei solchen Wetterlagen bestenfalls kleinere Umverteilungen, aber keine wesentlichen Niederschlags*vermehrungen* über größeren Gebieten zu erreichen sind[4]. Etwas günstiger werden die Aussichten von sowjetischen Wettermachern, insbesondere von B. N. Leskow beurteilt, der meint, daß man durch regelmäßiges Impfen derartiger Systeme im Winter in der Ukraine Niederschlagsvermehrungen von 20 bis 30 Prozent erzielen könnte – eine Annahme, bei der er sich allerdings nur auf eine einzige Versuchsreihe stützt[5].

Bei konvektiven Cumuluswolken, sagt Bergeron, würde das Impfen vor allem dann einen Effekt hervorrufen, wenn die bei der Bildung

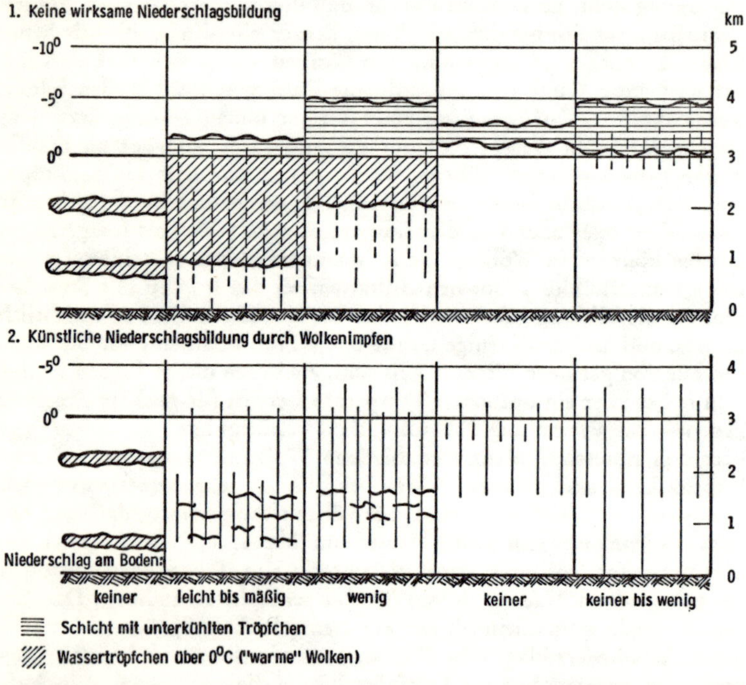

Abbildung 3: Niederschlagsbildung aus verschiedenen Arten von Stratuswolken laut Bergeron. Oben: unter natürlichen Bedingungen; unten: nach Wolkenimpfen. Im ersten Fall liegen die Hochnebeldecken unter der Null-Grad-Grenze, und das Impfen (mit Trockeneis oder Silberjodid) ist daher wirkungslos. In den anderen Fällen gibt es unterkühlte Tröpfchen, das Impfen kann daher die Wolken auflösen oder zumindest verdünnen und ein wenig Niederschlag bringen, der aber teilweise oder ganz verdunstet, bevor er die Erde erreicht. (Nach einer Illustration von T. Bergeron in *Tellus* 1/1949.)

von Eiskristallen freiwerdende Wärme die Aufwinde im Inneren der Wolke verstärkt und die Wolke dadurch bis in jene hohen, kalten Regionen wächst, in denen sich eine weit größere Zahl von Eiskristallen auf natürlichem Wege bilden kann. Die Niederschlagsvermehrung wäre dann vor allem eine *indirekte* Wirkung des Impfens. Er hat damit jene Idee vorweggenommen, die Jahre später von Joanne Simpson und anderen in Florida als »dynamisches« Wolkenimpfen bezeichnet und mit einigem Erfolg erprobt wurde. Trotzdem ist Bergeron in der Gesamtbeurteilung der Impfbarkeit von Cumuluswolken eher skeptisch, weil er meint, daß die meisten von ihnen ohnehin auf natürlichem Wege ausgewertet werden, und in diesem einen Punkt ist seine Prognose wahrscheinlich fehlerhaft. Denn wenn es auch bisher noch nicht gelungen ist, eine wirklich zuverlässige Methode zur Beeinflussung dieses launischen Wolkentyps zu entwickeln, kann man doch heute aufgrund theoretischer Erkenntnisse und praktischer Erfahrungen mit ziemlicher Zuversicht sagen, daß weitere Bemühungen auf diesem Gebiet erfolgversprechend sind.

Für orographische (von Gebirgen hervorgerufene) Wolkensysteme – im geeigneten Temperaturbereich, versteht sich – sagt Bergeron die besten Chancen für die Wettermacher voraus. Denn hier handele es sich um Gebilde, wo oft stunden- oder sogar tagelang ständig beträchtliche Mengen von unterkühltem Wasser entstehen, das in vielen Fällen ungenutzt bleibt, weil die Wolken nicht bis in jene Regionen hinaufwachsen, in denen Eis auf natürlichem Wege gebildet wird. Allerdings sei es fragwürdig, ob eine Niederschlagsvermehrung an der ohnehin nie-

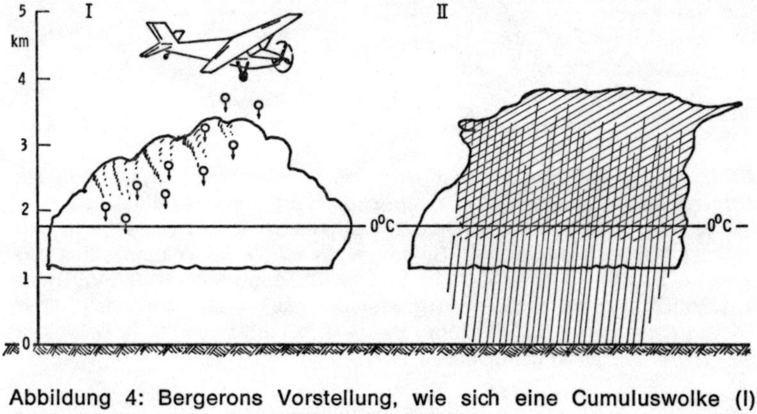

Abbildung 4: Bergerons Vorstellung, wie sich eine Cumuluswolke (I) durch das Impfen in eine kräftig regnende Cumulonimbus (II) verwandelt. In der Praxis braucht das Flugzeug nicht über der Wolke zu fliegen, sondern kann den Impfstoff auch unmittelbar unter der Wolke versprühen, da die Wolke »wie ein Staubsauger« Luft von unten her ansaugt. (Nach einer Illustration von T. Bergeron in *Tellus* 1/1949.)

derschlagsreichen, dem Meer zugekehrten Seite von küstennahen Gebirgen wünschenswert ist – und man müsse auch bedenken, ob durch das Impfen nicht ein Föhn-Effekt im Landesinnern herbeiführt werden könne. Es müßte aber auch möglich sein, durch »Overseeding« orographischer Wolkensysteme die Niederschlagsmenge an der dem Meer zugekehrten Seite der Gebirgskette zu vermindern und zugleich den Niederschlag im Landesinneren zu erhöhen, was in vielen Fällen ein wünschenswerteres Ergebnis wäre.

Alle diese Prognosen haben sich als richtig erwiesen, und tatsächlich hat man gerade bei dieser Art von Wolken bisher die größten Fortschritte erzielt – so wie es Bergeron aufgrund seines tiefen Verständnisses der Vorgänge bei der Niederschlagsbildung vor mehr als einem Vierteljahrhundert vorausgesagt hat.

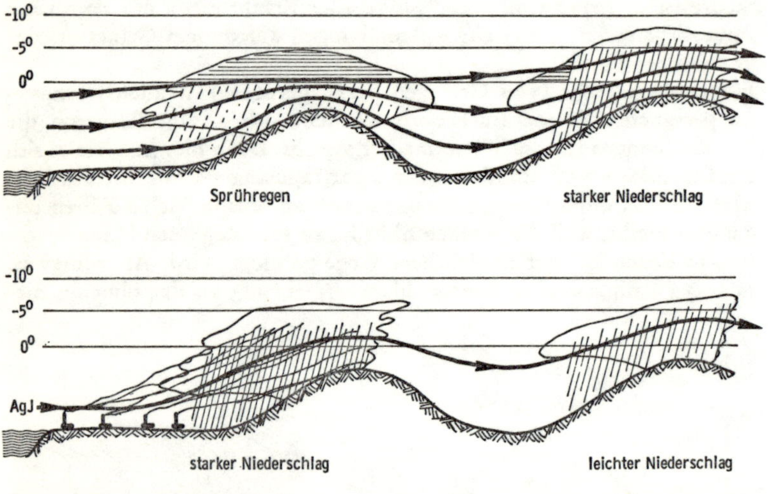

Abbildung 5: Bergerons Vorstellung von der Niederschlagsbildung aus orographischen Wolken unter natürlichen Bedingungen (oben) und nach Impfen mit Silberjodid (AgJ) durch Bodengeneratoren (unten). Die Annahme, daß unter natürlichen Bedingungen schon bei Temperaturen zwischen –5 und –10 Grad Celsius Eiskristallbildung einsetzt, ist unrichtig; tatsächlich sind zur natürlichen Niederschlagsbildung beträchtlich tiefere Temperaturen an der Wolkenobergrenze erforderlich. (Nach einer Illustration von T. Bergeron aus *Tellus,* 3/1949.)

Nebelauflösung — mit und ohne »rohe Gewalt«

Die einzige Form moderner Wetterbeeinflussung, die schon vor den Entdeckungen von Langmuir und Schaefer entwickelt worden war, ist die Auflösung von Nebel auf Flugplätzen. Die dabei angewandten Methoden bestanden zunächst ausschließlich im Einsatz von »roher Gewalt«. Die Grundidee war klar: Nebel entsteht, wenn feuchte Luft unter den Taupunkt abkühlt; er kann durch Erwärmung der Luft wieder zum Verschwinden gebracht werden.

Die zugeführte Wärme hat in diesem Fall zwei Aufgaben: einerseits muß sie die ziemlich großen Energiemengen liefern, die nötig sind, um die Wassertröpfchen des Nebels wieder in Dampf zu verwandeln (um eine gegebene Wassermenge zu verdampfen, ist etwa sechsmal soviel Energie erforderlich, wie zur Erwärmung der gleichen Wassermenge von 0° auf 100° C); andererseits muß die umgebende Luft so weit erwärmt werden, daß sie das zur Verdunstung gebrachte Wasser aufnehmen kann, ohne daß eine Übersättigung mit Wasserdampf eintritt. Die im Einzelfall benötigte Wärmemenge hängt ab von der Dichte des Nebels, der Lufttemperatur und der Geschwindigkeit, mit der frischer Nebel in den freigemachten Raum einfließt (also von der Windgeschwindigkeit und sonstigen meteorologischen Bedingungen). Sie ist daher von Fall zu Fall unterschiedlich groß, doch liegt sie bei Lufttemperaturen über dem Gefrierpunkt und auch noch bis zu einigen Graden darunter durchaus in Größenordnungen, die mit herkömmlichen technischen Mitteln zu diskutablen Preisen erreicht werden können.

Mit einschlägigen Versuchen wurde in England 1936 begonnen. Sie führten zur Entwicklung des sogenannten FIDO-Systems (Fog, Intensive Dispersal Of = intensive Nebelzerstreuung), dessen technische Grundkonzeption denkbar einfach war. Aus entlang einer Rollbahn verlegten perforierten Rohren wurde bei Nebel Treibstoff versprüht und entzündet. Gelegentliche Fehlzündungen und Rauchentwicklung bereiteten zunächst einige Schwierigkeiten, doch erwies sich das System als sehr erfolgreich, und im Verlauf des Zweiten Weltkriegs wurde es auf 15 Flugplätzen der englischen Luftwaffe installiert. Die erste von FIDO unterstützte Landung erfolgte im November 1943. Bis Kriegsende landeten über 2500 Flugzeuge mit insgesamt 10 000 Mann Besatzung mit Hilfe solcher Anlagen, darunter einmal 83 Maschinen im Verlauf von acht Stunden[6].

Nach dem Krieg bemühte sich die amerikanische Marine um technische Verbesserungen des Systems, und 1949 wurde auf dem Zivilflughafen von Los Angeles eine FIDO-Anlage errichtet, die rund fünf Jahre in Betrieb war. Die Installationskosten betrugen 1 325 000 Dollar, doch trotz verschiedener technischer Verbesserungen gab es immer noch Probleme mit Fehlzündungen, rauchenden Brennern und unbeabsichtigtem Brennstoffaustritt. Außerdem erwies sich das installierte System bei starkem Nebel als zu schwach, und eine Anlage von ausreichender Leistungsfähigkeit wäre nach Ansicht der Flughafenverwaltung zu teuer gewesen – um so mehr, als man damals meinte, daß sich die ganze Sache angesichts der Fortschritte bei der Blindflugtechnik ohnedies bald erübrigen werde. Ende 1953 wurde der Betrieb des FIDO-Systems in Los Angeles eingestellt.

Die amerikanische Luftwaffe beschäftigte sich weiter mit dem Problem der Nebelauflösung, suchte aber vor allem nach flexiblen Techniken, die auch ohne fixe Installationen anwendbar sind. Für die Zerstreuung von »kaltem« Nebel aus unterkühlten Tröpfchen boten sich die auf Langmuirs Entdeckungen beruhenden Impfmethoden an. Da jedoch in gemäßigten Breiten Nebel vorwiegend bei Lufttemperaturen über dem Gefrierpunkt auftritt, bei denen eine Bildung von Eiskristallen nicht möglich ist, mußte auch nach anderen Möglichkeiten gesucht werden. In den vergangenen Jahrzehnten hat der Wetterdienst der amerikanischen Luftwaffe die verschiedenen Methoden geprüft, doch hat sich laut einem 1974 veröffentlichten Bericht keine als völlig zufriedenstellend erwiesen[7].

»Warmer«, also nicht unterkühlter Nebel ist ein recht stabiler Wetterzustand, bei dem sich kein »Streichholz« im Sinne Langmuirs anwenden läßt. Alle Methoden zu seiner Beseitigung erfordern daher einen ziemlich hohen Aufwand an Energie. Bei dünnen Nebeldecken

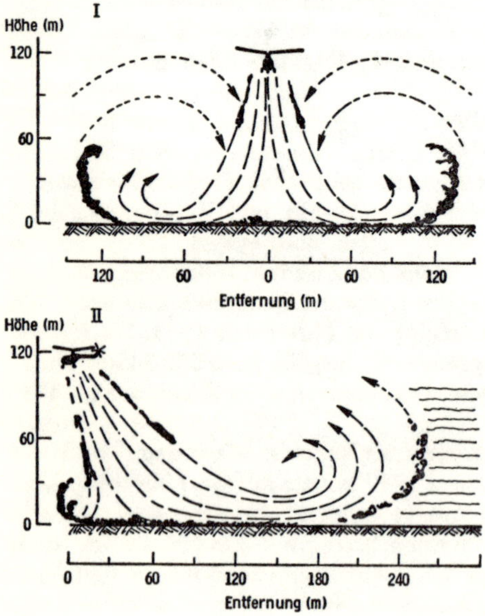

Abbildung 6: Auflösung von »warmem« Bodennebel durch einen in der Luft »stehenden« (I), oder einen sich langsam fortbewegenden (II) Hubschrauber. (Nach B. A. Silverman/A. I. Weinstein in Hess, Hrsg., op. cit.)

bis zu einigen zehn Metern Höhe, wie sie oft durch nächtliche Abkühlung entstehen, kann man versuchen, darüberliegende wärmere Luft in den Nebel hineinzumischen und ihn dadurch aufzulösen. Man verwendet dazu Hubschrauber, deren Rotoren eine ziemlich kräftige Luftströmung nach unten erzeugen. So kann man kleinere Bodenflächen vorübergehend nebelfrei machen, und bei Windstille vergehen nach Beendigung der Operation etwa 5 bis 10 Minuten, bis wieder Nebel einströmt. Ein Hubschrauber im Militär-, Rettungs- oder Katrastopheneinsatz kann sich also auf diese Weise unter Umständen selbst einen Landeplatz freimachen, und im Vietnam-Krieg wurde diese Technik einigemale erfolgreich bei der Versorgung von Vorposten und der Bergung von Verwundeten angewandt[8]. Auch zur Nebelauflösung an besonders neuralgischen Punkten des Straßenverkehrs könnte diese Methode angewandt werden. Beim Einsatz über regulären Flugplätzen ergibt sich das Problem, daß die Hubschrauber selbst zu Hindernissen für den Flugverkehr werden können. Bei stärkerem Seitenwind, der rasch neuen Nebel zuführt, sowie bei Nebeldecken von größerer Dicke, wie sie im Mischungsbereich verschieden warmer Luftkörper entstehen, ist die Hubschrauber-Methode nicht anwendbar.
Eine zweite Möglichkeit besteht darin, den »warmen« Nebel mit hygroskopischen (wasseranziehenden) Substanzen wie etwa Kochsalz zu impfen. Dadurch sollen sich einerseits um die ausgestreuten Salzkörnchen größere Tropfen bilden, die zu Boden fallen, andererseits soll durch den Ausfall eines Teils des Wassers der Dampfdruck in der Luft vermindert werden, so daß andere Nebeltröpfchen verdampfen können. Da es sich hier um Vorgänge handelt, bei denen keine latente Wärme freigesetzt wird, und sich die Tröpfchen im »warmen« Nebel in einem stabilen Zustand befinden, entsteht kein Aufwind und es kommt auch nicht zu einer lawinenhaften Vermehrung wie bei der Bildung von Eiskristallen in unterkühlten Wolken. Man braucht daher verhältnismäßig große Mengen von Impfmaterial, das überdies auch jeweils die den gegebenen meteorologischen Bedingungen entsprechende richtige Größe haben muß, denn sind die hygroskopischen Körner zu groß, dann fallen sie so rasch zu Boden, daß sie nicht genügend Feuchtigkeit aufsammeln können, sind sie aber zu klein, dann fallen sie überhaupt nicht und das Impfen ist wirkungslos.
Viele hygroskopische Stoffe kommen für die praktische Anwendung nicht in Frage, weil sie umweltschädigend sind oder zu starke Korrosionserscheinungen bei Flugzeugen und Flughafeneinrichtungen (ganz zu schweigen von Beschädigungen der Bekleidung der dort Beschäftigten und auch der Flugpassagiere) hervorrufen würden. Diese Probleme sind von der Salzstreuung auf Straßen allgemein bekannt. Bei anderen Substanzen wie etwa Harnstoff ist es sehr schwierig, Teilchen der erforderlichen Größe herzustellen – sie zerfallen allzuleicht in zu feinen Staub. Dazu kommt, das die Kosten des Impfens wegen des großen

Materialbedarfs relativ hoch wären. Das sind die Gründe, warum es bisher keine praktisch brauchbaren Impfmethoden für »warmen« Nebel gibt.

Eine althergebrachte, »primitive«, aber durchaus wirksame Methode der Nebelauflösung ist das Ausfiltern der Feuchtigkeit durch Bäume. Im Innern eines Waldes ist es kaum jemals nebelig. Die Wolken bleiben gleichsam an den Baumwipfeln hängen – genauer gesagt, die Luftfeuchtigkeit schlägt sich als Tau oder Reif an der Vegetation nieder. Für Flugplätze läßt sich diese Erkenntnis leider nicht anwenden, denn Bäume entlang der Rollbahnen würden die Flugsicherheit gefährden. Für Landstraßen bringen jedoch Alleen und Randvegetation tatsächlich einen bestimmten Schutz – nicht nur vor Schneeverwehungen und Wind, sondern bis zu einem gewissen Grad auch vor Nebel.

Mit dem Anbruch des Düsenzeitalters hat sich eine neue und sehr wirksame Möglichkeit der Lufterwärmung durch ein nicht fix installiertes System ergeben, denn aus den Düsentriebwerken entweichen große Mengen heißer Abgase, die Nebel auflösen können. Erste Studien über die Anwendungsmöglichkeit dieser Methode wurden von der amerikanischen Luftwaffe in Zusammenhang mit der Berliner Luftbrücke durchgeführt, und als improvisierte Notstandsmaßnahme hat man später verschiedentlich auf Militär- und Zivilflugplätzen Landepisten durch daneben aufgestellte Düsenflugzeuge nebelfrei gemacht. Die Triebwerke arbeiten dabei mit voller Kraft, und es bereitet einige Schwierigkeiten, die so eingesetzten Maschinen an Ort und Stelle zu halten. Auf einer Caravelle auf dem Flugplatz von Zürich kam es bei einem solchen Einsatz zu einem Kurzschluß in den elektrischen Leitungen des Bremssystem und ein Brand brach aus. Das Hauptproblem besteht aber darin, daß auf einem Fluplatz normalerweise nicht genügend abgestellte Düsenflugzeuge vorhanden sind, die man für einen solchen Noteinsatz heranziehen könnte. So ist man also auf stark frequentierten und häufig von Nebel geplagten Lufthäfen nun doch wieder zur Errichtungtung permanenter Anlagen zurückgekehrt. Die Installationskosten sind zwar hoch, doch machen sich solche Anlagen heute eher bezahlt, weil das Umlenken einer modernen Großmaschine auf einen anderen Flugplatz viel teurer ist als bei den früher verwendeten kleineren Flugzeugen; die praktische Erfahrung hat gezeigt, daß alle Fortschritte der Blindflugtechnik dem Piloten doch nicht die gleiche Sicherheit geben können wie die Möglichkeit, die Landepiste mit eigenen Augen zu sehen.

Bahnbrechende Versuche wurden vor allem in Frankreich gemacht, und auf dem Flughafen Orly bei Paris wurde ein »Turboclair« bezeichnetes System 1970 probeweise in Betrieb genommen. Die Anlage besteht aus 12 Düsentriebwerken, die in Betonkammern in Abständen von 80 bis 120 Metern neben der Rollbahn in den Boden versenkt sind. Die Geräte haben eine automatische Zündung und werden ferngelenkt vom

Kontrollturm aus bedient. Die Investitionskosten der Anlage betrugen rund 3 Millionen Dollar, der Brennstoffverbrauch pro Landung beträgt unter den in Orly üblichen meteorologischen Bedingungen durchschnittlich 1500 Liter. Die durch die aufsteigende Heißluft erzeugte Turbulenz bereitet den landenden Flugzeugen keine besonderen Schwierigkeiten. Der Lärm ist geringer als bei der Landung eines großen Flugzeugs, kommt allerdings noch zusätzlich zu dessen Geräusch hinzu; ebenso erfolgt auch eine zusätzliche Umweltbelastung durch Verbrennungsprodukte[9].

Die amerikanische Luftwaffe beschäftigt sich seit 1970 mit der Entwicklung eines ähnlichen Systems, das aber nicht mit Düsentriebwerken, sondern mit eigens für diesen Zweck konstruierten Brennern arbeiten soll. Man strebt relativ niedrige Brenntemperaturen an, um das Risiko von Treibstoffexplosionen bei Unfällen oder Defekten der Flugzeuge so gering wie möglich zu halten[10].

Eine Reihe von weiteren Methoden wie Nebelauflösung durch Impfen mit elektrisch geladenen Teilchen, Impfen mit Ruß zur Herbeiführung verstärkter Wärmeaufnahme, Verhinderung der Nebelbildung durch oberflächenaktive Stoffe, Nebelauflösung durch Ultraschall und andere sind über theoretische Erörterungen oder Laborversuche noch nicht hinausgekommen. Eine Beheizung von Rollbahnen durch unterirdisch verlegte Rohre ist denkbar, wenn sich in der Nähe des Flugplatzes ein Großkraftwerk befindet, das billige Abwärme liefern kann, ist aber bisher nirgendwo erprobt worden. Die Investitionskosten wären hoch, die Betriebskosten klein; ob ein solches System auch bei stärkerem Seitenwind genügend Wärme liefern könnte, ist fraglich.

Während sich »warmer« Nebel in einem stabilen Zustand befindet, dem man nur mit »roher Gewalt« beikommen kann, läßt sich für die Auflösung von »kaltem« Nebel die Langmuir-Schaefersche Technik als Auslösemechanismus verwenden. Sobald eine Anzahl von Eiskristallen gebildet ist, wachsen sie auf Kosten der unterkühlten Wassertröpfchen weiter, wie wir das im Abschnitt über die Wolken geschildert haben, und fallen schließlich als Schneeflocken zu Boden. Bei diesem Vorgang wird latente Wärme frei, die die Luft erwärmt und dadurch andere Nebeltröpfchen zum Verdampfen bringt. Man kann daher mit verhältnismäßig kleinen Mengen von Impfstoff einen starken Effekt erzielen. Mit einem einzigen Flug entlang einer geraden Strecke, bei dem Trockeneis ausgesät wird, kann man eine Schneise von zwei bis drei Kilometer Breite für 30 bis 60 Minuten nebelfrei machen.

Auch vom Boden her kann man die Auflösung von »kaltem« Nebel einleiten, da durch das Freiwerden der latenten Wärme ein Aufwind entsteht, der die wachsenden Eiskristalle bis an die Nebelobergrenze trägt. Neben Trockeneis kann man zur Herstellung der erforderlichen tiefen Temperaturen auch Flüssiggas (verflüssigtes Propan) versprühen, das beim Austritt aus dem Druckbehälter verdampft und dabei der Umgebung beträchtliche Wärmemengen entzieht. (Es handelt sich dabei im Prinzip um den gleichen Vorgang, nach dem auch Kühlschränke arbeiten.) Die Verwendung von Flüssiggas hat den Vorteil, daß es in Druckgefäßen bei normaler Temperatur gelagert werden kann, während Trockeneis bei tiefen Temperaturen (unter – 80° C) gelagert werden muß. Auch bei dieser Technik hat der Flugplatz Orly Pionierarbeit geleistet. Schon 1964 wurde dort eine Anlage mit 60 Propanzerstäubern in Betrieb genommen, die vom Tower aus gesteuert wird. Im Winter 1970/71 hat diese Anlage 340 Landungen und 284 Abflüge möglich gemacht[11].

Auflösung von kaltem Nebel ist die einzige Technik der Wetterbeeinflussung, die heute schon weit über das Versuchsstadium hinausgewachsen ist, zuverlässig funktioniert und auf vielen Flugplätzen routinemäßig angewendet wird. Die amerikanische Zivilluftfahrt hat im Winter 1969/70 mit derartigen Operationen, die rund 80 000 Dollar gekostet haben, Einsparungen von über 900 000 Dollar erzielt. Die amerikanische Luftwaffe hat auf einigen Militärflugplätzen in den USA, Alaska und Deutschland (Flugplatz Hahn) Propansprühgeräte aufgestellt, die sich in ebenem Gelände mit regelmäßigen Windverhältnissen sehr gut bewährt haben; wo allerdings die Landschaftsverhältnisse in der Umgebung des Flugplatzes kompliziert sind und die Windrichtung oft und rasch wechselt, sind sie von geringem Wert[12]. Wo keine permanenten Anlagen vorhanden sind, wird routinemäßig Trockeneis ausgesät. Insgesamt wurden in den Jahren 1968–1974 durch Anwendung dieser Techniken 2741 Aufstiege und Landungen amerikanischer Militärmaschinen möglich gemacht. Selbst in dem verhältnismäßig nebelarmen Jahr 1974 wurden damit Einsparungen von rund 25 000 Dollar erzielt[13].

In der Sowjetunion wird Nebel auf mindestens 15 großen Zivilflugplätzen durch Impfen mit Trockeneis zerstreut, ebenso auch hochnebelartige Bewölkung, die dort oft eine ernste Behinderung des Luftverkehrs darstellt[14]. Über Anwendungen im militärischen Bereich sind keine Angaben veröffentlicht worden.

In der Bundesrepublik wurden von der Deutschen Forschungs- und Versuchsanstalt für Luft- und Raumfahrt in Oberpfaffenhofen Versuche mit auf Lkw montierten Geräten unternommen, die flüssiges Kohlendioxyd in Nebelluft versprühen, nachdem in Vorversuchen festgestellt worden war, daß man mit der in Druckbehältern leicht zu lagernden flüssigen Substanz den gleichen Effekt erzielen kann wie mit dem wesentlich schwerer zu lagernden Trockeneis. Gegenüber Propan hat das flüssige CO_2 den Vorteil, daß es nicht brennbar und daher weniger unfallgefährlich ist. Bei Temperaturen von –1,5° C abwärts konnten gute Ergebnisse erzielt werden. Versuche auf dem Flugplatz Oberpfaffenhofen zeigten allerdings, daß bei wechselnder Windrichtung ein einziges Gerät nicht ausreicht, sondern daß mindestens drei fahrbare Einheiten zum Freihalten der Rollbahn eingesetzt werden müßten[15]. Laut Mitteilung der Versuchsanstalt Oberpfaffenhofen an den Verfasser wird zur Zeit, da dieses Buch geschrieben wird, ein Großversuch am Flugplatz Riem geplant. Von seinen Ergebnissen wird es abhängen, ob das Verfahren am neuen Münchener Flughafen bei Erding routinemäßig eingesetzt werden wird.

Hagelbekämpfung — mehr Praxis als Theorie

Rund eine Milliarde Dollar beträgt nach amerikanischen Schätzungen die der Landwirtschaft der Welt alljährlich durch Hagelschlag zugefügte Schadenssumme[16]. Dazu kommen noch in viele Millionen gehende Schäden an anderen Sachwerten. Personenschäden durch Hagel sind zwar in hochindustrialisierten Staaten kaum zu beklagen, doch in einem Land wie Indien kann es vorkommen, daß ein einziges schweres Unwetter mehrere hundert Todesopfer durch Hagelschlag fordert[17]. So ist es nicht verwunderlich, daß man sich schon seit langem bemüht, diese Gefahren irgendwie abzuwehren.

Hagelschießen mit Mörsern ist vor allem in Wein- und Obstbaugebieten eine althergebrachte Übung. 1896 erprobte der Österreicher Albert Stiger im oststeirischen Obstbaugebiet eine »Hagelkanone« – einen Drei-Zentimeter-Mörser mit darüber befestigtem Rauchfang einer Dampflokomotive. Das Gerät machte beim Abschuß einen ohrenbetäubenden Lärm und erzeugte einen Ring aus Rauch, der sich mit einem singenden Geräusch nach oben bewegte. Nach angeblichen Anfangserfolgen hat es sich in Mitteleuropa rasch verbreitet. Bei der Verwendung kam es wiederholt zu Unfällen, und 1902 veranstaltete die österreichisch-ungarische Regierung eine internationale Konferenz zur Überprüfung des Geräts. Es wurden daraufhin wissenschaftlich überwachte Versuche in Österreich und in Italien durchgeführt, in denen es sich als völlig nutzlos erwies[18].

Kurz nach dem Zweiten Weltkrieg entwickelte der französische General F. L. Ruby eine billige kleine Sprengstoffrakete geringer Steighöhe, die jeder Landwirt selbst auf eine bedrohlich aussehende Wolke abschießen konnte. »Ein phänomenal erfolgreiches Geschäft konnte eingeleitet werden«, berichtet H. Byers. »Der psychologische Effekt, auf diese Weise den Feind direkt beschießen zu können, muß sehr befriedigend gewesen sein.«[19]

Der praktische Effekt war allerdings weit weniger befriedigend. Genauer gesagt, er war meist überhaupt nicht vorhanden. Ein von Schweizer Meteorologen im Tessin in den Jahren 1948 bis 1952 durchgeführtes Experiment mit Sprengstoffraketen (Großversuch I) ließ keine Unterschiede zwischen den durch den Einsatz angeblich geschützten und den nicht geschützten Gebieten erkennen. Eine Versuchsreihe in Kenia, bei der im Verlauf von vier Jahren 10 000 Raketen gegen 150 schwere Gewitterwolken verschossen wurden, um ein Teeanbaugebiet von 1500 Hektar zu schützen, verlief enttäuschend[20]. Und in Experimenten an der Eidgenössischen Technischen Hochschule in Zürich wurden auch die »theoretischen Grundlagen« des Hagelschießens in Frage gestellt. Die Behauptung, daß die Stoßwelle der Explosion die entstehenden Hagelkörner in kleine Bruchstücke zerreißen oder zum Schmelzen bringen könne, wurde widerlegt[21]. Einige Fachleute wollen die Möglichkeit nicht ausschließen, daß durch die Explosion die Strömungsverhältnisse innerhalb der Wolke verändert und dadurch manchmal vielleicht die Hagelbildung beeinflußt werden könnte, doch ist das vorläufig bloße Vermutung, und ein gelegentlich auf diese Weise eintretender positiver Effekt wäre kaum mehr als ein Zufallstreffer.

Mit der Entwicklung des Wolkenimpfens war es naheliegend, diese neue Technik auch bei der Hagelbekämpfung zu erproben. Amerikanische kommerzielle Wettermacher entwickelten bald eine entsprechende »Theorie«: durch »Overseeding« sollte sich anstelle einer geringeren Zahl von großen und gefährlichen Hagelkörnern eine größere Zahl von kleineren Körnern bilden, die nicht viel Schaden anrichten oder sogar schon schmelzen, bevor sie die Erdoberfläche erreichen. Und während Regenmacherei durch Wolkenimpfen lange Zeit auf relativ wenige Länder beschränkt blieb (vor allem USA, Mittelamerika, Australien und Israel), fanden Versuche, den Hagel auf diese Weise zu bekämpfen, bald weite Verbreitung.

Grundsätzlich gibt es drei Methoden, die Kristallisationskerne (meist Silberjodid) in die Wolken zu bringen. Die billigste ist der Einsatz von Bodengeneratoren, die silberjodidhaltigen Rauch abblasen, wobei man hofft, daß der Impfstoff durch Aufwinde und Konvektionsströme in die Hagelwolken getragen wird. Die Zielgenauigkeit ist bei dieser Vorgangsweise allerdings gering.

Mit Raketen oder Spezialgranaten kann man den Impfstoff näher ans Ziel bringen, doch darf dabei der Luftverkehr nicht gefährdet werden. In Westeuropa verwendete Hagelraketen sind deshalb verhältnismäßig klein; sie enthalten nun, nachdem sich die Untauglichkeit bloßer Sprengladungen erwiesen hat, etwa 15 bis 20 Gramm Silberjodid und haben Steighöhen von bis zu 2000 Meter. Sie detonieren also zumeist noch weit unter der Region, in der sich der Hagel bildet. Selbst wenn man annimmt, daß der gesamte Impfstoff durch Aufwinde tatsächlich dorthin gebracht wird, wo er wirksam werden soll, müßte man nach Berechnungen an der ETH Zürich in eine typische Gewitterwolke 300 Raketen pro Minute abfeuern, um die für eine wirksame Hagelabwehr erforderliche Konzentration von Eiskeimen zu erzielen[22].

In der Sowjetunion, dem Land mit der umfangreichsten Hagelbekämpfung, werden deshalb wesentlich größere Raketen und Granaten verwendet, die bis zu mehreren Kilogramm Impfstoff in Höhen bis 14 000 Meter befördern können[23]. Dünnwandige Hülsen und eine entsprechende Konstruktion sorgen dafür, daß nach der Explosion keine zu großen Bruchstücke zur Erde fallen. Der Abschuß erfolgt nicht »nach Augenmaß«, sondern aufgrund genauer Radarpeilung in jene Zone der Wolke, wo man eine intensive Hagelbildung vermutet – was einen erheblichen Aufwand an Personal und Geräten erforderlich macht. Eine sowjetische Hagelschutzeinheit, die eine Fläche von etwa 1000 bis 1200 Quadratkilometer betreuen kann, besteht nach Angaben des führenden georgischen Hagelschutzfachmanns G. Sulakwelidse aus etwa 50 bis 60 Meteorologen, Radartechnikern, Fernmeldetechnikern und Hilfspersonal in der Beobachtungszentrale und 5 bis 7 Kanonen, beziehungsweise 10 bis 12 Raketenstellungen mit Bedienungspersonal, die an geeigneten Positionen verteilt sind[24].
Die Anwendung derart massiver Impfstoffträger ist offensichtlich nur in Gebieten mit ziemlich geringem Luftverkehr möglich. Vor Beginn der Hagelschutzoperationen muß mit den zuständigen Flugsicherungsstellen Kontakt aufgenommen werden, und wenn sich ein Flugzeug im betreffenden Luftraum befindet, können die Schutzmaßnahmen nicht oder nur verspätet durchgeführt werden. Falls Hagelschutzoperationen in Zukunft auch auf Gebiete mit dichterem Flugverkehr ausgedehnt werden sollten, müßten nach Sulakwelidses Ansicht die in der Luftfahrt durch Umlenkung von Flugzeugen entstehenden Mehrkosten gegen die durch den Hagelschutz zu erzielenden Einsparungen abgewogen werden.
Das dritte und teuerste Mittel zur Beförderung des Impfstoffs sind Flugzeuge. In eine Gewitterwolke hineinzufliegen, ist mit hohem Risiko verbunden und kommt für eine routinemäßige Hagelbekämpfung nicht in Frage, doch kann das Silberjodid unmittelbar unterhalb der bedrohlichen Wolke versprüht werden. Es wird dann von den Aufwinden in die Wolke hineingesaugt. Wenn man über noch teurere Düsenflugzeuge verfügt – das heißt, wenn das Militär sie für solche Zwecke zur Verfügung stellt –, kann man unter Umständen auch *über* eine Gewitterwolke fliegen und von oben her Silberjodidpatronen (»flares«) abwerfen. Auch der Einsatz von Flugzeugen muß von einer meteorologischen Beobachtungsstation mit Radarausrüstung gelenkt werden, wenn er Erfolg bringen soll.

Von diesen drei Methoden hat sich die Verwendung von Bodengeneratoren in der Hagelbekämpfung im allgemeinen nicht bewährt. Von zwei großen Versuchsreihen im Tessin mußte die erste (Großversuch II) vorzeitig abgebrochen werden, weil eine mangelhafte Versuchsanordnung einwandfrei auswertbare Ergebnisse verhinderte, die zweite

(Großversuch III, 1957/63) ergab jedoch eindeutig, daß die Hagelbildung durch diese Impfmethode sicherlich nicht vermindert, ja möglicherweise sogar vermehrt wurde – was allerdings auch ein Zufall gewesen sein könnte. Hingegen wurden an den nach Zufallsordnung ausgewählten Impftagen bei bestimmten Wetterlagen deutlich vermehrte Niederschläge beobachtet; gelegentlich konnte diese Wirkung sogar noch jenseits des Alpenhauptkamms in Zürich und Bern nachgewiesen werden[25]. Offenbar, folgerten die Schweizer Meteorologen, war die Menge der Silberjodidteilchen nicht groß genug gewesen, um die Hagelbildung zu verhindern, für die Regenvermehrung jedoch ausreichend. Ob Hagel durch eine wesentlich größere Dosierung tatsächlich unterbunden werden kann, bleibt eine offene Frage, die nur durch weitere Experimente zu klären ist.
Großangelegte langjährige Versuche mit bis zu 240 Bodengeneratoren wurden in Südfrankreich in einem bergigen Gebiet durchgeführt, wo die Untergrenze der Wolken meist sehr tief liegt und ein Einsatz von Flugzeugen zum Wolkenimpfen daher schwierig ist. Die Ergebnisse waren nicht überzeugend. Auch ein Versuch im argentinischen Weinbaugebiet Mendoza verlief eher enttäuschend[26].
In der Bundesrepublik wurde in den Jahren 1958 bis 1967 der sogenannte »Rosenheimer Versuch« mit Einsatz von Bodengeneratoren und Raketen geringer Steighöhe durchgeführt. Es zeigte sich, daß »Punktziele« auf diese Weise nicht bekämpft und ein kleinflächiges Gebiet nicht wirkungsvoll geschützt werden kann. Hauptnutznießer des Experiments waren die östlich des Versuchsgebiets nahe der österreichischen Grenze gelegenen Landkreise Traunstein und Laufen. Der Versuchsleiter, H. G. Müller, vertritt jedoch in der Zeitschrift des Deutschen Wetterdienstes die Ansicht, daß eine über ein hinreichend großes Gebiet räumlich zweckmäßig verteilte Organisation zum gegenseitigen Hagelschutz bessere Aussichten auf Erfolg hätte[27].
Für die sowjetische Methode der Hagelbekämpfung mit Großraketen und Spezialgeschossen werden eindrucksvolle Ergebnisse reklamiert. Die geschützten Flächen sind seit Beginn der Versuche anfangs der sechziger Jahre ständig erweitert worden und erreichten 1972 ein Ausmaß von insgesamt rund 4 Millionen Hektar. Die Beurteilung des Nutzeffekts war angesichts der großen natürlichen Schwankungen von Hagelschäden nicht einfach. Solange sich die Experimente auf ein Gebiet von einigen zehntausend Hektar beschränkten, schreibt E. K. Fedorow, führender sowjetischer Fachmann für Wetterbeeinflussung, war es trotz der erzielten Erfolge jedermann klar, daß man daraus keine sehr weitreichenden Schlußfolgerungen ziehen könne, weil die Wahrscheinlichkeit, daß Hagel ohne Schutzmaßnahmen gerade auf dieses kleine Gebiet gefallen wäre, gering war. Um zuverlässigere Einschätzungen zu erhalten, mußte man das Versuchsgebiet stark ausdehnen, was aber mit hohen Kosten verbunden war. »Erst nachdem wir mehrere Jahre lang

auf einem Schutzbereich von mehreren Millionen Hektar gearbeitet hatten, konnten wir den Effekt der Maßnahmen mit einiger Zuverlässigkeit beurteilen und uns überzeugen, daß wir immense Geldbeträge nicht zwecklos vergeudet hatten.«[28]

Konkrete Hinweise über die Kosten der Hagelbekämpfung, in der nach Sulakwelidses Angaben offenbar mehrere tausend Leute beschäftigt sein müssen, im Vergleich zur Höhe des verhinderten Schadens sind jedoch in keiner der von mir benutzten sowjetischen Quellen zu entdecken. Man findet nur Angaben, um wieviel Prozent sich die von Hagelschlag heimgesuchte Fläche gegenüber früher verkleinert hat. Ein Komitee von Fachleuten, das speziell für eine Analyse der Ergebnisse eingesetzt wurde, kam zu dem Schluß, daß die Hagelschäden in den Schutzgebieten im Verlauf von fünf bis acht Jahren dank der Wettermacherei etwa dreimal bis zehnmal geringer waren als im langjährigen Durchschnitt vorher; die statistische Zuverlässigkeit dieser Aussage sei 90 bis 95 Prozent. »Genauere Einschätzungen sind nicht möglich«, erklärt Fedorow, »doch beseitigt die Tatsache, daß das Ausmaß des erzielten Effekts erheblich größer ist als mögliche statistische Ungenauigkeiten, jeden Zweifel am großen wirtschaftlichen Nutzen der Hagelbekämpfung.«[29]

Aus mehreren Beiträgen auf der WMO-Konferenz in Taschkent 1973 ist allerdings ersichtlich, daß diese optimistische Beurteilung nicht von allen sowjetischen Fachleuten geteilt wird. So erklärten M. W. Bujkow und E. E. Kornjenko vom Ukrainischen Hydrometeorologischen Institut: »Ein sehr enttäuschender Mangel ist das völlige Fehlen einer statistischen Bewertung der Ergebnisse der Hagelabwehroperationen.«[30] Und eine Forschergruppe am Institut für Geophysik der Georgischen Akademie der Wissenschaften forderte »die Schaffung einer objektiveren und auf wissenschaftlichen Grundlagen beruhenden Methode zur Einschätzung des wirtschaftlichen Nutzens« und erklärte, daß »bei der Beurteilung des Nutzens noch Verbesserungen und Überprüfung erforderlich« seien[31].

Amerikanische Fachleute, die die sowjetischen Hagelschutzgebiete besuchten, waren zwar »vom Eifer der sowjetischen Bemühungen beeindruckt«, fanden jedoch, daß es »keinen Durchbruch bei der Erstellung solider theoretischer und physikalischer Grundlagen« gegeben habe und daß die zur Verfügung stehende Information für eine unabhängige Beurteilung der sowjetischen Erfolgsmeldungen nicht ausreichend sei[32].

Bei Bemühungen, die sowjetischen Hagelbekämpfungstechniken mit Hilfe georgischer Experten auch in Bulgarien einzuführen, ergaben sich nach Angaben bulgarischer Wissenschaftler einige Schwierigkeiten: nicht genügend geschulte Fachleute – was angesichts des immens hohen Personalaufwands bei Sulakwelidses Methode nicht überraschend ist –, zu wenig Spezial-Radargeräte für die Wolkenbeobachtung, größere Dichte des Flugverkehrs, weshalb Schutzoperationen oft nicht durchgeführt werden konnten, und vor allem die Notwendigkeit, das theoretische Modell der Georgier den lokalen Gegebenheiten anzupassen. Die bulgarischen Hagelbekämpfer weisen ausdrücklich darauf hin, daß durch die Notwendigkeit, die Raketen aus der Sowjetunion zu importieren, die Kosten wesentlich höher sind, als wenn sie im eigenen Land hergestellt würden[33].

In den USA erfolgt die Hagelbekämpfung vorwiegend durch Wolkenimpfen vom Flugzeug aus. Die meisten der von kommerziellen Wettermachern durchgeführten Programme waren so angelegt, daß eine einwandfreie statistische Analyse und Beurteilung des tatsächlich erzielten Erfolgs kaum möglich ist, weil es einerseits keine Versuche mit Zufallszuordnung gegeben hat und andererseits die Vergleichszeiträume sowie auch das Ausmaß der geschützten Flächen zu klein waren[34]. »Die bisher in Nordamerika durchgeführten Projekte«, erklärte der amerikanische Meteorologe Stanley Chagnon auf der Konferenz von Taschkent, »haben noch keine für die Mehrheit der Wissenschaftler überzeugenden Beweise erbracht, daß Hagel verhindert werden kann.«[35]

Unterdessen ist in Norddakota ein vom Bundesstaat und den Bezirken finanziertes ziemlich umfangreiches Projekt angelaufen, das sowohl zusätzlichen Regen als auch Hagelschutz durch Wolkenimpfen bringen soll. In drei Viertel aller geeignet erscheinenden Situationen wird geimpft, ein Viertel wird nach Zufallszuordnung für Vergleichszwecke ausgelassen. Die vorläufigen Ergebnisse nach dreijähriger Erfahrung, die allerdings statistisch noch schwach abgesichert sind, zeigen, daß durch das Impfen der Hagel verhindert oder zumindest die Größe der fallenden Hagelkörner stark verkleinert werden konnte. Die Hagelschäden waren an Impftagen geringer als an Kontrolltagen. Die Regenmenge wurde durch die Hagelbekämpfung nicht beeinträchtigt, und insofern das Projekt der Niederschlagsvermehrung diente, hatte es anscheinend ebenfalls einen gewissen Erfolg[36]. Im gleichen Sinne berichteten übrigens auch sowjetische und bulgarische Fachleute, daß die Hagelschutzoperationen in ihren Ländern anscheinend zu einer Vermehrung und sicherlich nicht zu einer Verminderung der Regenmenge geführt haben[37].

In den Teeplantagen von Kenia hat man nach den Mißerfolgen mit den Sprengstoffraketen eine amerikanische Wettermacherfirma engagiert, die Wolkenimfpungen mit Flugzeugen durchführt und angeblich Schadensminderungen von 70 bis 80 Prozent gebracht hat[38].

Das Hauptproblem aller Methoden der Hagelbekämpfung sind die noch recht unzulänglichen theoretischen Grundlagen. »Die exakten Mechanismen des Kornwachstums und die Prozesse, durch die das Wolkenimpfen einen Hagelschlag abwenden könnte, sind vorläufig noch weitgehend Gegenstand der Spekulation«, erklärte M. Tribus

1970 auf der zweiten amerikanischen Konferenz über Wetterbeeinflussung in Santa Barbara[39], und bis zur vierten Konferenz in Fort Lauderdale im Jahre 1974 hatte man auch noch keine wesentlichen Fortschritte gemacht. Die gängigen Ideen, sagte dort W. Hitchfeld in einer Übersicht über den Stand der Dinge, sprächen zwar die Vorstellungskraft an, hielten aber einer gründlichen quantitativen Untersuchung nicht ganz stand[40].

Auch manche sowjetische Forscher sprechen von »vielen ungelösten Problemen« und verweisen darauf, daß es keine einheitliche Meinung über das Wesen des Hagelkornembryos gebe, daß zuwenig über die Wechselwirkung zwischen elektrischen Vorgängen (Gewitter) und Hagelbildung bekannt und keines der vorhandenen Modelle im Experiment hinreichend bestätigt worden sei[41]. Selbst Sulakwelidse muß zugestehen, daß seine Modellvorstellungen nicht den Anspruch erheben können, die Details der Hagelbildung mit großer wissenschaftlicher Strenge zu beschreiben, und er räumt ein, daß Mißerfolge einzelner Hagelverhütungsoperationen vielleicht nicht nur auf technische oder menschliche Fehler bei der Durchführung, sondern auch auf Fehler der Grundkonzeption zurückzuführen sein könnten[42]. L. Katschurin vom Leningrader Hydrometeorologischen Institut und seine Mitarbeiter (darunter ein bulgarischer und ein äthiopischer Wissenschaftler) behaupten schließlich rund heraus, daß die Theorie von der Unterbindung des Hagels durch »Overseeding« falsch sei und daß eine andere Auswirkung des Wolkenimpfens, nämlich eine Veränderung der inneren Dynamik der Wolke, in vielen Fällen eine Hagelverminderung herbeiführe[43].

Der führende sowjetische Wolkenphysiker J. Sedunow spricht von »numerischen Modellen, die der Wirklichkeit kaum ähnlich sind«; direkte Versuche hätten zwar auf rein empirischem Wege zu Methoden der Hagelbekämpfung geführt, deren Ergebnisse soweit befriedigend seien, daß man sie in der Praxis in größerem Maßstab anwenden könne. Trotz dieser Erfolge sei es jedoch sehr wahrscheinlich, daß man die ursprünglichen Annahmen des Modells im Lichte künftiger Erkenntnisse noch beträchtlich verändern müssen werde[44]. Im gleichen Sinne schreibt auch H. Weickmann, Leiter des Instituts für Physik der Atmosphäre am bekannten National Center for Atmospheric Research in Boulder, Colorado: »Wir müssen zugeben, daß unsere Kenntnisse vom Hagelprozeß noch sehr begrenzt sind. Um so erstaunlicher ist es, daß wir in der Praxis anscheinend gute Fortschritte bei Operationen zur Unterbindung der Hagelbildung machen.«[45]

Um dieser weitgehenden Unkenntnis abzuhelfen, hat das Forschungszentrum in Boulder mit Unterstützung mehrerer anderer Institutionen 1972 ein umfangreiches auf sechs Jahre anberaumtes Hagelforschungsprojekt (NHRE = National Hail Research Experiment) in Angriff genommen. Dabei sollen sowohl neue Erkenntnisse über die natürlichen Vorgänge bei der Hagelbildung gewonnen als auch die Möglichkeiten und Erfolgschancen menschlicher Eingriffe genau untersucht werden[46].

Niederschlagsvermehrung — der lange Weg zur richtigen Fragestellung

Im Jahre 1961 veröffentlichten Jerzy Neyman und Elizabeth Scott, zwei angesehene Statistiker der University of California in Berkeley, eine zusammenfassende Übersicht über Ergebnisse der Niederschlagsvermehrung. Ihr Urteil war vernichtend. Vor allen bis dahin durchgeführten Versuchsreihen hatten nur 23 die Erfordernisse einer richtigen statistischen Planung erfüllt und lange genug gedauert, um aussagefähige (signifikante) Resultate liefern zu können. Bei nur 6 dieser 23 Experimente hatte das Wolkenimpfen nachweislich eine Vermehrung der Niederschläge gebracht, bei 7 weiteren waren die Ergebnisse nicht eindeutig und in 10 Versuchsprogrammen waren die Niederschläge allem Anschein nach nicht nur nicht vermehrt, sondern sogar noch erheblich vermindert worden[47].

Hatten also die skeptischen Fachmeteorologen mit ihren Zweifeln doch recht behalten? Hatten die Regenmacher einem bloßen Trugbild nachgejagt? Auf den ersten Blick schien es kaum möglich, zu einem anderen Schluß zu gelangen. Bei näherer Hinsicht erweist sich diese Zusammenfassung jedoch als typischer Fall dessen, was Joanne Simpson als »blinde Anwendung der Statistik« bezeichnet.

Selbstverständlich hatten Neyman und Scott nach den Gesichtspunkten ihres Faches völlig richtig geurteilt. Sehr viele Projekte der Wettermacherei waren tatsächlich in einer statistisch unzulänglichen Weise durchgeführt worden. Daß die kommerziellen Wettermacher ein Verfahren angewandt hatten, dessen Tauglichkeit wissenschaftlich noch gar nicht erwiesen war, läßt sich nicht bestreiten. Da sie von ihren Kunden bezahlt wurden, um Regen zu liefern und nicht wissenschaftliche Erkenntnis, hatten sie der Möglichkeit, ihre Operationen statistisch auszuwerten, meist nur wenig oder gar keine Aufmerksamkeit geschenkt. Soweit sie überhaupt versuchten, die Erfolge ihrer Tätigkeit durch statistische Vergleiche zu belegen, waren ihre Beweisführungen in den Augen geschulter Statistiker meist mangelhaft und nicht überzeugend. Auch eine Anzahl von Fachmeteorologen, die nicht genügend vom statistischen Handwerk verstanden, hatten die Schwierigkeiten unterschätzt, die sich bei der Auswertung ihrer Versuchsergebnisse einstellen würden; ihre Experimente waren schlecht angelegt und nicht aussagefähig — jedenfalls dann nicht, wenn man eine Antwort auf die

Frage suchte, »ob man durch Wolkenimpfen die Niederschlagsmenge erhöhen kann«.

Doch viel ernster als solche Mängel in der Durchführung war die Tatsache, daß die verallgemeinernde Fragestellung an sich falsch war und auch bei einwandfreier statistischer Anlage keine sinnvolle Aussage erbringen konnte. Man ist versucht zu vermuten, daß viele Fachmeteorologen, die in den fünfziger und frühen sechziger Jahren Versuche über die Möglichkeiten der künstlichen Vermehrung der Niederschläge durchgeführt hatten, Bergerons grundlegende Arbeit aus dem Jahre 1949 (vgl. S. 46) nicht gekannt oder nicht beachtet hatten. Denn sonst hätten sie schon früher erkennen müssen, daß die richtige Fragestellung nicht lauten kann, *ob* das Wolkenimpfen erfolgversprechend sei, sondern *unter welchen Voraussetzungen*.

»In Australien begannen Impfexperimente im Jahre 1947«, berichtete der Wolkenphysiker J. Warner auf der WMO-Konferenz in Taschkent 1973, »und nach den Maßstäben jener Zeit war die statistische Anlage der Experimente gut und wurde bei späteren Versuchsreihen noch weiter verbessert. Doch trotz der scheinbar guten statistischen Anlage wurde *der meteorologischen Seite* der Versuche nicht genügend Aufmerksamkeit geschenkt und es wurden keine ausreichenden Vorkehrungen für viele Analysen getroffen, die wünschenswert gewesen wären. Es zeigte sich, daß die Auswirkungen des Impfens komplizierter waren, als man erwartet hatte, und es gab in den Ergebnissen deutliche Hinweise, daß das Impfen den Regen in einigen Fällen vermehrt und in anderen vermindert hatte. Rückblickend ist es klar, daß vergleichende Beobachtungen – etwa der Gesamthöhe der Wolken oder der Temperaturen am oberen Wolkenrand – erforderlich gewesen wären, die sich sowohl auf Impftage als auch auf nicht geimpfte Kontrolltage hätten erstrecken müssen.«[48]

Es hat lange gedauert, aber 1973 war das nun endlich klar.

Scheinbar widersprüchliche Einzelergebnisse hat es nicht nur in Australien gegeben, und wo man sich nicht damit begnügt hatte, nur die Endergebnisse in Form von Niederschlagsmengen zu registrieren, sondern auch die meteorologischen Vorgänge im Detail beobachtet und gemessen hatte, konnte gezeigt werden, daß diese Widersprüche nicht zufällig sind, sondern einem bestimmten Schema entsprechen. Bergerons seinerzeit kaum beachteter Hinweis, daß es *einen optimalen Temperaturbereich* für das Wolkenimpfen geben muß, hat sich dabei immer wieder bestätigt.

Bei der »blinden« statistischen Untersuchung der Regenmeßdaten des amerikanischen Projekts »Whitetop« hatten Neyman und Scott ein negatives Gesamtergebnis der Versuchsreihe festgestellt[49] und Chagnon hat später mit tieferer meteorologischer Einsicht die Vermutung ausgesprochen, daß dieses scheinbare negative Resultat vermutlich nur deshalb zustandegekommen ist, weil im Zielgebiet nicht genügend Regenmesser aufgestellt waren[50]. Doch im Grunde genommen ist das Gesamtergebnis des Versuchs zufällig und ziemlich gleichgültig. Entscheidend ist das Ergebnis der Datenanalyse, daß das Impfen eine deutliche *Verminderung* der Niederschläge gebracht hat, wenn die Wolkenobergrenze über 12 200 Meter Seehöhe hinausragte, eine deutliche *Vermehrung* bei Wolkenobergrenzen zwischen 6100 und 12 200 Meter und keine bemerkenswerten Veränderungen bei Wolkenobergrenzen unter 6100 Meter[51].

Derartige Zahlenangaben kann man selbstverständlich nicht schematisch von einem Ort auf einen anderen übertragen. Man muß vielmehr für jedes Gebiet, in dem man Impfoperationen durchführen will, genaue Ermittlungen anstellen, bei denen man von allgemeinen theoretischen Erkenntnissen ausgeht und überprüft, wie diese unter den speziellen lokalen Bedingungen anzuwenden sind. Das Ziel ist dabei, zu einem Rezept zu gelangen, unter welchen konkreten meteorologischen Bedingungen ein Eingreifen erfolgversprechend ist und auf welche Weise man eingreifen muß, um einen erwünschten Effekt zu erzielen. Operationen, die sich nicht auf eine derartige Grundlage stützen können, sind blind, und ihr Ergebnis läßt sich nicht mit Sicherheit voraussehen – obwohl es selbstverständlich vorstellbar ist, daß ein kommerzieller Wettermacher, der jahrelang im gleichen Gebiet arbeitet, diese Voraussetzungen zumindest teilweise aufgrund seiner persönlichen Erfahrung intuitiv erfaßt und daher im wesentlichen richtige Entscheidungen mit Hilfe seines »Fingerspitzengefühls« treffen kann.

Wasser aus der Wolkenhaube

Von allen amerikanischen Bundesstaaten hat Kalifornien in den letzten Jahrzehnten den stärksten Bevökerungszuwachs gehabt. Eine starke Zuwanderung, die natürliche Vermehrung und dazu noch ein steigender Lebensstandard haben dazu geführt, daß die Nachfrage nach Wasser stark angestiegen ist. Obwohl an den Westhängen der küstennahen Gebirge nicht wenig Niederschlag fällt, reichen die lokalen Wasserreserven nicht mehr aus, um den ständig steigenden Bedarf zu decken. Los Angeles muß heute einen Teil seines Trinkwassers über eine 800 Kilometer lange Wasserleitung aus dem Colorado-Fluß beziehen, und auch die Kraftwerke, die Bewässerungsanlagen im San Joaquin Valley und andere Verbraucher leiden unter der Wasserknappheit. Tor Bergerons Annahme, daß es an den der Küste zugekehrten Hängen von Gebirgen in der Regel ohnehin genügend Wasser gebe, trifft in diesem besonderen Fall nicht zu, und so werden in Kalifornien und anderen Staaten im Westen der USA schon seit Ende der vierziger

Jahre Projekte zur Niederschlagsvermehrung durch Wolkenimpfen durchgeführt.
Die von den kommerziellen Wettermachern entwickelten »theoretischen« Grundlagen dieser Tätigkeit waren anfangs recht unvollkommen, hatten aber doch einen richtigen Kern. Obwohl man zunächst wahrscheinlich oft auch zu kalte Wolken geimpft hat, bei denen dies gar keine oder sogar negative Wirkungen hatte, ist es doch durchaus glaubwürdig, daß die Tätigkeit der Wettermacher insgesamt zu einer Vermehrung der winterlichen Schneefälle und damit zu einer besseren Wasserversorgung im Sommer beigetragen hat. Die Pacific Gas & Electric Company, der Los Angeles Flood Control District und andere Auftraggeber haben ihr Geld nicht nutzlos hinausgeworfen.
Die orographischen Wolkensysteme, die man im Westen der USA anzuzapfen versucht, bilden sich im allgemeinen vor und nach dem Durchzug von Störungsfronten. Bei Störungsdurchgang selbst sind die meteorologischen Verhältnisse kompliziert und die Folgen eines Eingriffs oft schwer voraussehbar, aber vorher und nachher gibt es einen ziemlich stationären Zustand: die »Wolkenhauben« bleiben oft stunden- oder sogar tagelang erhalten und erstrecken sich manchmal hunderte Kilometer die Bergketten entlang. Obwohl Los Angeles etwa auf der gleichen geographischen Breite wie Algier liegt, ist es in den dahinterliegenden Gebirgen im Winter so kalt, daß die Wolkenhauben unter null Grad abkühlen, aber häufig nicht kalt genug, daß sich auf na-

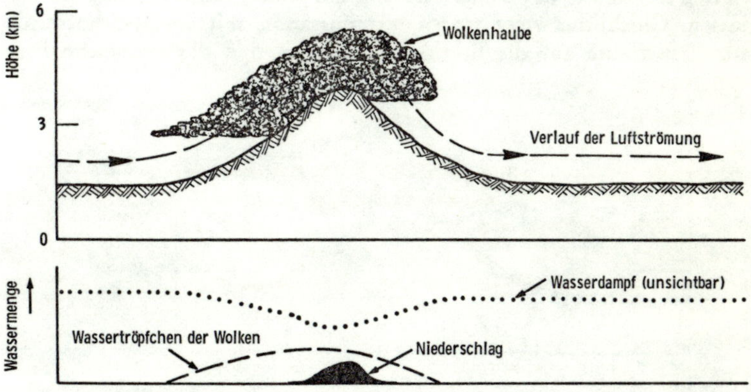

Abbildung 7: Schema der Bildung orographischer Wolkenhauben. Wenn es zu keiner Niederschlagsbildung kommt, ist die Wolkenbasis zu beiden Seiten des Gebirges gleich hoch. Der untere Streifen zeigt die Menge des in der Luft vorhandenen unsichtbaren Wasserdampfs (Luftfeuchtigkeit), der Wassertröpfchen der Wolken und des Niederschlags. (Nach R. D. Elliot in Hess, Hrsg., op. cit.)

türlichem Wege Eiskristalle bilden und Niederschläge auslösen können. Es besteht daher eine günstige Impfsituation.
Geimpft wird im allgemeinen mit Bodengeneratoren, die gegenüber Flugzeugen verschiedene Vorteile haben: sie sind billiger, und man kann sie nötigenfalls auch stunden- und tagelang ununterbrochen einsetzen; außerdem wäre bei Flugzeugen, vor allem nachts, die Unfallgefahr im Gebirge zu groß. Bodengeräte erreichen allerdings niemals die Zielgenauigkeit von Flugzeugen. Die Hoffnung, daß die am Berg aufsteigende Luftströmung das Silberjodid dorthin bringt, wo man es haben will, geht zwar oft, aber nicht immer in Erfüllung. Das ist derzeit das ernsteste noch ungelöste technische Problem des orographischen Wolkenimpfens[52].
Um möglichst nahe an die Wolken heranzukommen, hat man die Generatoren nach und nach immer höher in die Berge verlegt. So schildert der Leiter einer großen kalifornischen Wettermacherfirma, wie er sich bemüht hat, Abmachungen mit Besitzern von Häuschen in den Bergen zu treffen, die im Winter leerstehen; dort stellte er dann seine Geräte auf und suchte nach jungen Paaren, die bereit waren, die Arbeit in solchen Stationen zu übernehmen. »In den sechs bis acht Monaten, die sie in der Hütte eingeschneit waren, wurde der Kontakt mit ihnen nur über Funk aufrechterhalten. Erstaunlicherweise war es nicht schwer, Paare für diese Arbeit zu finden, denn viele Leute sehen in dieser Art eines isolierten Lebens eine interessante Herausforderung. Doch trotz ihres Enthusiasmus ergaben sich manchmal Probleme. Ein Mann fuhr mitten im Winter auf Schiern davon, um seine Frau für immer zu verlassen. Glücklicherweise waren wir imstande, mit einem Schneetraktor Ersatzleute auf die Station zu bringen und die verlassene Frau

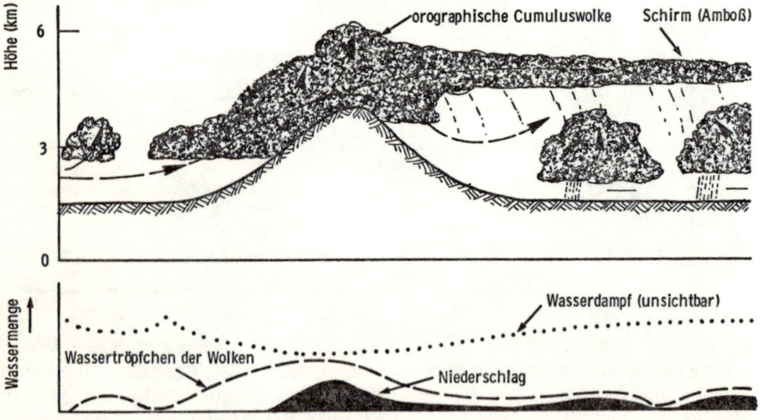

Abbildung 8: Schema der Bildung orographischer Cumuluswolken bei Frontdurchgang im Gebirge. (Nach R. D. Elliot in Hess, Hrsg., op. cit.)

herunterzuholen. Einem anderen Paar ging der Treibstoff für das Stromaggregat aus – sie hatten zu viel Strom für ihren Plattenspieler verbraucht. Ein junger Mann hat seine Zeit in der Berghütte sehr nutzbringend verwendet: er schrieb dort eine Doktordissertation über Baumwollanbau.«[53]

Um die mit dem Betrieb solcher abgelegener Stationen verbundenen menschlichen Probleme und Kosten zu vermeiden, hat man gegen Ende der fünfziger Jahre begonnen, automatische Generatoren zu installieren, die durch Fernlenkung bedient werden können. Manche von ihnen wurden in so exponiertem Gelände aufgestellt, daß die Wartung und Nachlieferung von Treibstoff und Impfmaterial nur mit Hubschrauber erfolgen kann[54].

Mit ortsgebundenen Problemen besonderer Art hatte sich ein kommerzieller Wettermacher in Kuba in den fünfziger Jahren zu beschäftigen. Jedesmal wenn er zur Wartung seiner Generatoren in die Berge fahren wollte, mußte er sich sowohl die Erlaubnis der damals noch in Havanna amtierenden Regierung Battista einholen als auch die der Castro-Partisanen, die die Gebirgsgegenden de facto bereits unter Kontrolle hatten[55].

Das Impfen orographischer Wolkensysteme war neben der Auflösung von kaltem Nebel eine der ersten Anwendungen der Langmuirschen Ideen, die sich in der Praxis bewährt hat. Schon 1957 stellte ein zur Beratung des Präsidenten der USA eingesetztes Komitee nach gründlicher statistischer Untersuchung der Ergebnisse einer großen Zahl kommerzieller Projekte fest, daß man mit dieser Methode eine jährliche Vermehrung der Schneefälle um 10 bis 15 Prozent erreichen könne und daß diese Ergebnisse höchstwahrscheinlich nicht bloß auf Zufälle zurückzuführen seien[56]. Spätere Versuchsreihen, die auch den strengsten statistischen Anforderungen gerecht wurden, haben dieses Resultat im wesentlichen bestätigt, und es gibt heute guten Grund für die Annahme, daß man an klimatisch begünstigten Stellen auch noch erheblich bessere Ergebnisse – Niederschlagsvermehrung bis zu 30 Prozent – erzielen kann[57].

Die bei weitem gründlichsten wissenschaftlichen Experimente auf diesem Gebiet wurden von Lewis O. Grant von der Colorado State University in den sechziger Jahren auf einem über 3000 Meter hohen Paß bei Climax in Colorado, westlich von Denver, durchgeführt. Theoretische Überlegungen und praktische Experimente gingen dabei stets Hand in Hand. Grant studierte zunächst die in seinem Versuchsgebiet zu erwartenden Strömungsverhältnisse an einem maßstabgetreuen Modell im Windkanal, entwickelte ein mathematisches Computermodell der Vorgänge und untersuchte die Wirksamkeit der Impfstoffe unter verschiedenen Bedingungen in der Nebelkammer. Bei seinen Freilandversuchen setzte er ein ganzes Arsenal von Bodenmeßgeräten, Radiosonden und mit Meßgeräten ausgestatteten freischwebenden Ballons

und Papier- oder Plastikdrachen ein. So konnte er tatsächlich ziemlich genau feststellen, wohin sich das von den Bodengeneratoren abgeblasene Silberjodid bewegte und welche Wirkungen es in der Wolke auslöste. Wie nicht anders zu erwarten, zeigte sich auch in diesen Versuchen, daß das Impfen nur in einem bestimmten Temperaturbereich und unter bestimmten genau definierbaren Bedingungen erfolgversprechend ist, doch treten diese Voraussetzungen so häufig auf, daß sich der für die Operation nötige Aufwand lohnt. Aufgrund seiner Experimente konnte Grant schließlich eine genaue »Gebrauchsanweisung« für die Niederschlagsvermehrung am Climax-Paß entwickeln. Eine solche »praktische Anleitung« kann selbstverständlich nicht schematisch auf ein anderes Gebiet übertragen werden – wohl aber die Methode, wie man zu derartigen Erkenntnissen gelangt[58].
Die Erfolge der Climax-Experimente und anderer orographischer Versuchsreihen in den USA und anderen Ländern haben die amerikanischen Behörden nun veranlaßt, ein wesentlich größeres Experiment in Angriff zu nehmen. Durch den Einsatz von 33 Bodengeneratoren, von denen 13 durch Funk ferngesteuert und die anderen von Farmern an Ort und Stelle bedient werden, sollen die Schneefälle in den San-Juan-Bergen in Colorado in einem Zielgebiet von 8500 Quadratkilometern (halb so groß wie Rheinland-Pfalz) vermehrt werden. Um eine statistisch auswertbare Kontrolle zu haben, wird nach Zufallszuordnung nur an der Hälfte aller Tage mit geeigneten meteorologischen Bedingungen tatsächlich geimpft, doch erhofft man sich bereits von diesem Einsatz halber Größe eine Vermehrung der Schneemenge um 16 Prozent; das würde für den Colorado-Fluß eine zusätzliche Wasserführung von 300 Millionen Kubikmeter im Jahr bedeuten. Eine vorläufige Übersicht nach zwei Versuchsjahren zeigt, daß es zwar aufgrund ungünstiger meteorologischer und sonstiger Umstände weniger Impftage als erwartet gegeben hat, die einzelnen Impfoperationen jedoch im allgemeinen die erwarteten Resultate gebracht haben.
Anhand der bei diesem Großexperiment gewonnenen wissenschaftlichen und technischen Erfahrungen soll dann entschieden werden, ob man im gesamten Einzugsgebiet des an chronischem Wassermangel leidenden Coloradobeckens ein ständiges Wolkenimpfprogramm durchführen wird, das jährlich etwa 2,4 Milliarden Kubikmeter zusätzliches Wasser bringen könnte – das wäre eine Vermehrung der Wasserführung um rund 20 Prozent. Die Kosten dieses Projektes werden auf 10 Millionen Dollar im Jahr geschätzt, über den damit erzielbaren Nutzen gehen die Meinungen weit auseinander: Pessimisten nehmen an, das Projekt würde gerade kostendeckend arbeiten, Optimisten sehen einen Nutzeffekt voraus, der achtmal so groß ist wie die Kosten, bei weiter steigenden Lebensmittelpreisen auch noch größer. Dazu kommen noch jene vorteilhaften Wirkungen der Linderung von Wassernot, die sich nicht in Dollar messen lassen. Jedenfalls sind alle anderen bisher bekannten

Methoden, wie man zusätzliches Wasser beschaffen oder den Verbrauch verringern könnte, wesentlich teurer[59].

Die zu erwartenden Nachteile im Zielgebiet der Niederschläge sind demgegenüber relativ gering und bestehen vor allem in erhöhten Kosten für Schneeräumung. Bei den gegenwärtigen Versuchen wird das Impfen eingestellt, wenn die Schneelage 150 Prozent des langjährigen Durchschnitts übersteigt; wenn akute Lawinengefahr besteht oder vorausgesagt ist; wenn schwere Schneestürme vorausgesagt sind oder begonnen haben; oder wenn es andere ernste Gründe gibt. So wurde beispielsweise das Impfen am Climax-Paß einmal eingestellt, um den starken Weihnachtsverkehr nicht noch zusätzlich zu behindern.

Eine überschlagsmäßige Berechnung für die zwölf wichtigsten Flußbecken im Westen der USA ergibt, daß man ihre Wasserführung durch orographisches Wolkenimpfen insgesamt um mindestens 10 Milliarden Kubikmeter im Jahr vermehren könnte[60].

Auch die schon von Langmuir und Bergeron vertretene Idee, daß man

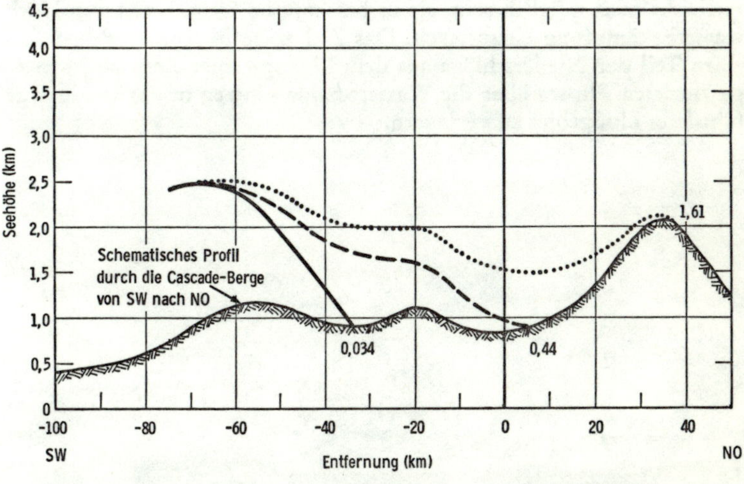

Abbildung 9: Flugbahnen von Schneeflocken verschiedener Größe über den Cascade-Bergen. Bildet sich nur eine (große) Flocke pro Liter Luft, folgt sie etwa der voll ausgezogenen Linie; die gestrichelte Linie ist die Bahn bei 25 Flocken je Liter Luft, die punktierte bei 100 Flocken je Liter. Je länger die Flocken in der Luft verbleiben, desto mehr Luftfeuchtigkeit wird in Schnee verwandelt. Daher ist die Schneemenge pro Liter Luft (Ziffern am Auffallort, die Milligramm Schnee angeben) umso größer, je weiter die Flocken fortgetragen werden. Durch starkes Wolkenimpfen (Overseeding) kann man eine große Zahl von kleinen Schneeflocken erzeugen. (Nach P. V. Hobbs/L. F. Radke, *Proceedings of the Conference of Taschkent*, op. cit., S. 165, vgl. Einleitung, Anm. 8.)

durch Overseeding eine große Zahl von kleinen Eiskristallen schaffen kann, die erst an entfernten Orten oder überhaupt nicht zur Erde fallen, hat sich vollauf bestätigt. Die im Einzelfall angemessene Menge von Impfstoff zu finden, bereitet zwar noch einige Schwierigkeiten, doch haben einige Experimente, insbesondere eine mehrjährige Versuchsreihe in den Cascade Mountains im Staat Washington an der pazifischen Küste der USA gezeigt, daß unter bestimmten Bedingungen eine Verlagerung von Schneefall von der dem Wind zugekehrten auf die niederschlagsärmere andere Seite des Gebirges möglich ist[61].
Diese Methode läßt sich übrigens nicht nur im Gebirge anwenden. So hat man derartige Versuche auch im Gebiet der nordamerikanischen Großen Seen durchgeführt, deren Ost- und Südufer oft von sehr schweren Schneefällen heimgesucht werden, wenn polare Kaltluft über die in der kalten Jahreszeit wärmeren Wasserflächen streicht. Durch Overseeding hofft man die Schneemassen über ein wesentlich größeres Gebiet verteilen zu können[62].
In Zukunft, wenn man diese Technik einmal gut beherrscht, wird es vielleicht auch möglich sein, sie in bestimmten Situationen zur Hochwasserbekämpfung einzusetzen. Das Ziel wäre in einem solchen Fall, einen Teil der Niederschläge aus dem Einzugsgebiet eines hochwassergefährdeten Flusses über die Wasserscheide hinweg in ein weniger gefährdetes Flußgebiet zu verlagern.

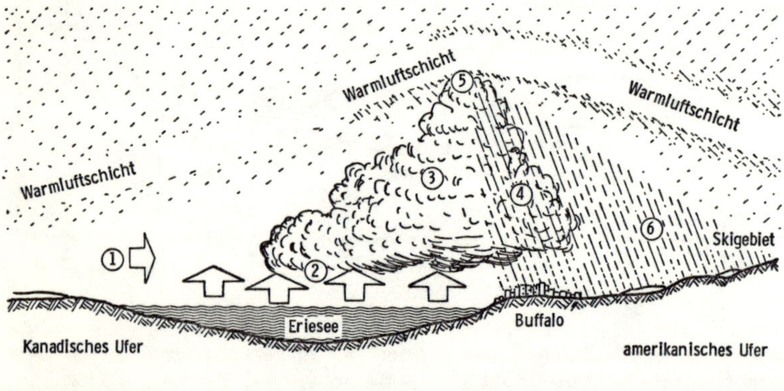

Abbildung 10: In der kalten Jahreszeit gibt es im Gebiet der großen nordamerikanischen Seen häufig Inversionswetterlagen, bei denen kalte, trockene Luft (1) von Kanada her über die Seen strömt. Im Mischungsbereich dieser Luftmassen mit der relativ wärmeren feuchten Luft, die über den Seen aufsteigt (2), kommt es zu starker Wolkenbildung (3) und heftigen Schneefällen am Südufer der Seen (4). Durch Overseeding über dem See (5) könnte man die Schneefälle über ein größeres Gebiet verteilen (6), wovon die weiter südwärts gelegenen Schigebiete profitieren würden. (Nach W. R. D. Sewell, op. cit., vgl. Einleitung, Anm. 4.)

Die Suche nach dem »Wassergenerator«

»Cumuluswolken«, schreibt Joanne Simpson, »sind von immenser Bedeutung für den Lebensunterhalt und das Leben der Menschen. Sie produzieren mehr als drei Viertel der Niederschläge, die unseren Planeten bewässern. Sie sind der ›Zündmechanismus‹ für alle Unwetter, Wirbelstürme und Hagelschlag. Sie haben eine Schlüsselfunktion in der Maschinerie, die die weltweiten Windsysteme in Bewegung setzt, und sie wirken als Regulationsmechanismus, der die einfallende Sonnenstrahlung und die von der Erde ausgehende Abstrahlung von Wärme regelt.«[63]

Die Fähigkeit, Cumuluswolken und konvektive Wolkensysteme nach Wunsch beeinflussen zu können, erklärt die Forscherin, würde gewaltigen Nutzen bringen; Linderung von Dürren, Vermehrung der Nahrungsmittelproduktion, aber auch die Möglichkeit, mehr Energie zu produzieren und die Ansammlung von Schadstoffen in der Atmosphäre wirksam zu bekämpfen. Angesichts der drohenden Verknappung in der Nahrungsmittel- und Energieversorgung hätte das ungeheure Bedeutung. Doch »nach Anstrengungen von mehr als einem Vierteljahrhundert gibt es nur etwa ein halbes Dutzend von Beispielen, in denen die Richtigkeit einer Theorie, wie man Cumuluswolken beeinflussen kann, schlüssig bewiesen wurde. Zieht man allerdings die dabei zu überwindenden Schwierigkeiten in Betracht, dann muß auch schon die Tatsache, daß selbst *nur ein* solches Experiment erfolgreich abgewickelt wurde, als Beweis dafür angesehen werden, daß man Cumulswolken beeinflussen kann.«[64].

Wie man sieht, legt Frau Simpson bei der Beurteilung ihrer eigenen Arbeit sehr strenge Maßstäbe an. Sie verlangt von einem erfolgreichen Experiment nicht nur eine Vermehrung der Niederschläge, sondern auch eine Vermehrung der wissenschaftlichen Erkenntnis. Denn nur wenn man weiß, *wie und warum* ein Erfolg zustandegekommen ist, besteht die Aussicht, daß man den Eingriff ein anderes Mal mit ähnlichem Erfolg wiederholen kann.

Doch von Dürre und Hagelschlag geplagte Farmer – und die kommerziellen Wettermacher – sind oft nicht bereit zu warten, bis die Experimente der Wissenschaftler die noch ungelösten Fragen geklärt haben. Wie Schwerkranke, die von einem neuen Medikament von großartiger Heilwirkung gehört haben, wenden sie sich an Wissenschaftler, Politiker und Beamte und fordern Hilfe. Wie soll man sich da verhalten?

Eine Antwort auf diese Frage versuchte der Meteorologe W. F. Hitschfeld von der Universität Montreal auf der vierten amerikanischen Konferenz über Wetterbeeinflussung in Fort Lauderdale, 1974, zu geben. Der Wissenschaftler, sagte er, müsse zunächst klarmachen, daß

diese Medizin noch nicht erprobt sei; daß daher jede Anwendung mit einer gründlichen Beobachtung und statistischen Analyse verbunden werden sollte, damit man die Tauglichkeit des Mittels nach und nach besser zu beurteilen in der Lage sei. Der Politiker, der mehr vom Willen seiner Wähler abhängig ist, könne das vielleicht nicht so klar sehen. Doch auch er sollte sich bewußt sein, daß die übermäßige Anwendung von noch nicht erprobten Techniken die Flut von Daten vergrößert, in denen die Erkenntnis untergeht, ob und wie man nun tatsächlich Hagelschäden vermindern und Niederschläge vermehren kann.
»Die Vorstellung, daß Wolkenimpfen billig ist und sich daher jeder Erfolg bezahlt macht, ob er nun meßbar ist oder nicht – weil er auf jeden Fall ›die Farmer bei guter Laune hält‹ –, ist eine armselige Politik und eine noch schlechtere Medizin«, meinte Hitschfeld. »Ein Placebo (Scheinmittel ohne Wirkstoff) mag imstande sein, den Genesungswillen eines Patienten zu verstärken, aber die Wolken am Himmel reagieren nicht auf Optimismus oder Pessimismus.« Wenn man überdies die kleinen durch das Wolkenimpfen erzielten Erfolge nicht messen kann, wie könne man dann wissen, daß man nicht Schaden angerichtet habe? Es sei nicht schwer, theoretische Argumente zu finden, warum ein Eingriff die eine oder auch die andere Wirkung gehabt haben könnte[65].

Cumuluswolken waren als die wichtigsten Niederschlagsbringer von Anfang an ein bevorzugtes Versuchsobjekt der Wettermacher, doch ist die Arbeit mit diesem launischen Wolkentyp, die Ausarbeitung eines mathematischen Modells sowie die Bewertung und theoretische Deutung von Versuchsergebnissen wesentlich schwieriger als bei orographischen Wolken. Die meisten Cumuli lösen sich auf, ohne überhaupt jemals Niederschlag produziert zu haben, oder gerade dann, wenn ein klein wenig Regen aus ihnen zu fallen beginnt. Einzelne wachsen jedoch unter natürlichen Bedingungen ohne einen ersichtlichen Grund zu riesigen drohenden turmartigen Gebilden (Cumulonimbus), die reichlich Niederschlag liefern (vgl. S. 20). Wie soll man da die Wirkung eines menschlichen Eingriffs mit einiger Zuverlässigkeit beurteilen können?
Bodengeneratoren werden zwar manchmal auch für das Impfen von konvektiven Wolkensystemen eingesetzt, doch ist bei dem meist recht großen Abstand zwischen Boden und Wolkenbasis ihre Zielgenauigkeit gering. Nur mit Flugzeugen kann der Impfstoff zuverlässig dorthin gebracht werden, wo man ihn haben will. Sie fliegen unmittelbar unter der Wolkenbasis, der versprühte Impfstoff wird von der Wolke, die einem riesigen Staubsauger gleicht, angesaugt und durch innere Aufwinde in jene Region hinaufbefördert, wo es unterkühlte Tröpfchen gibt.
Der Einsatz von Flugzeugen ist teurer als die Arbeit mit Bodengerä-

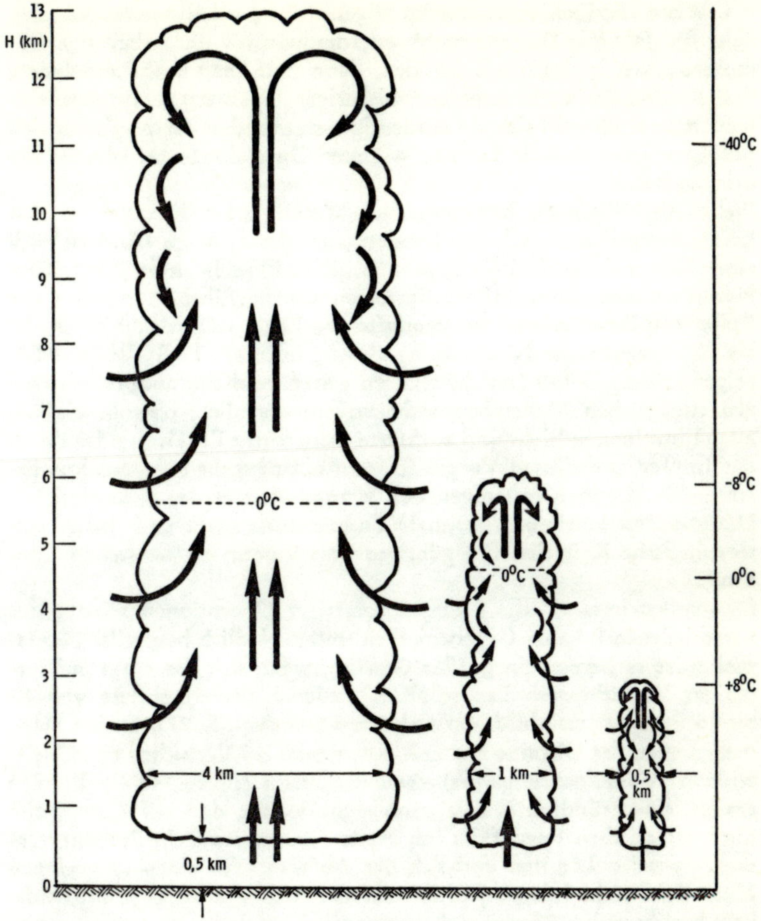

Abbildung 11: Tropische Cumuluswolken verschiedener Größe. Die warmen Aufwinde bewirken, daß die Temperatur und damit die Null-Grad-Grenze im Inneren der Wolke höher liegt als in der umgebenden Luft. Ganz rechts eine Wolke, die nicht einmal bis zur Null-Grad-Grenze reicht, die daher keine unterkühlten Tröpfchen enthält, so daß nur Impfen mit Salz oder anderen hygroskopischen Substanzen erfolgversprechend wäre (vgl. S. 79). In der mittleren Wolke könnte im oberen Teil durch Impfen mit Silberjodid Niederschlagsbildung ausgelöst werden, während sich unter natürlichen Bedingungen kein Niederschlag bilden würde. Die Riesenwolke links ist bis in Regionen gewachsen, wo die Eisbildung auf natürlichem Wege erfolgt. (Nach J. Simpson/A. Dennis in Hess, Hrsg., op. cit.)

ten. Wenn also Landwirte, die im allgemeinen gut kalkulieren können, Jahr für Jahr die Dienste von Wettermachern für die Arbeit mit Cumuluswolken in Anspruch nehmen, dann muß man wohl annehmen, daß sie den Aufwand aufgrund bisheriger Erfahrungen für lohnenswert halten, obwohl sich ein eindeutiger statistischer Nachweis für den Erfolg – oder auch Mißerfolg – dieser Operationen meist nicht erbringen läßt.

Neben der Tätigkeit kommerzieller Wettermacher hat man in den USA, Australien, Israel, der Sowjetunion und anderen Ländern auch eine größere Anzahl von wissenschaftlichen Experimenten mit Cumuluswolken und konvektiven Systemen durchgeführt, und bei einer Reihe von ihnen erbrachten geimpfte Wolken im Durchschnitt um 10 bis 20 Prozent mehr Niederschlag als ungeimpfte[66]. Daß *alle* diese Erfolge bloß auf Zufall zurückzuführen wären, erscheint auch nach strengen statistischen Maßstäben recht unwahrscheinlich, obwohl eine in allen Einzelheiten hieb- und stichfeste theoretische Erklärung der durch das Impfen ausgelösten Vorgänge meist nicht gegeben werden konnte. Immerhin hat man in einigen Fällen zumindest in der nachträglichen Datenanalyse bestimmte optimale Temperaturbereiche und andere meteorologische Kriterien für günstige Impfsituationen feststellen können[67].

Der volkswirtschaftliche Nutzen derartiger Operationen wird unter verschiedenen lokalen Gegebenheiten unterschiedlich beurteilt. Für Israel wäre es bereits ein großer Gewinn, wenn sich die aufgrund bisheriger Versuchsergebnisse erhoffte Niederschlagsvermehrung von 10 bis 15 Prozent tatsächlich verwirklichen läßt (vgl. S. 27). In den Steppengebieten der Ukraine hat E. E. Kornjenko bei Versuchen mit Quellwolken (Cumulus congestus) zwar statistisch eindrucksvolle Erfolge erzielt, eine gründlich Kalkulation ergab jedoch, daß auf diese Weise die sommerlichen Regenfälle insgesamt nur um etwa ein Prozent vermehrt werden könnten und sich der Aufwand für einen so geringen Nutzeffekt nicht lohnen würde. Auf der WMO-Konferenz in Taschkent berichtete Kornjenko, daß er jetzt mit Cumulonimbuswolken experimentiere und die vorläufigen Erfolge vielversprechend seien[68]. Allerdings handelt es sich dabei um einen Wolkentyp, der auch ohne menschliches Dazutun meist reichlich Niederschlag liefert, so daß das Impfen vielleicht nur örtliche Verlagerungen des Regens auslöst.

Der grundlegende Unterschied zwischen konvektiven und orographischen Wolken ist, daß bei diesen durch die Luftströmung laufend neues Kondenswasser nachgeliefert wird, das in Niederschlag verwandelt werden kann, während bei Cumuluswolken eine ähnliche ständige Nachlieferung von »Rohstoff« keineswegs gesichert ist. Wenn durch das Impfen nur das bereits in der Wolke vorhandene Wasser »flüssig gemacht« werden kann, ist der zu erzielende Gewinn nicht sehr groß.

»Merkwürdigerweise«, schreibt Professor Fedorow, »taucht bei vielen

Experimenten, die in verschiedenen Ländern mit verschiedenen Methoden durchgeführt worden sind, immer wieder eine Ziffer auf: eine Niederschlagsvermehrung um 10 bis 15 Prozent. Das bedeutet, daß etwa 50 bis 70 Prozent des Wassergehalts von Wolken, die beim Passieren des Versuchsgebiets normalerweise keinen Niederschlag liefern würden, als Regen niedergeht. Demgegenüber produziert eine (Cumulus-) Wolke bei natürlicher Niederschlagsbildung etwa zehn- bis zwanzigmal so viel Wasser wie in ihr selbst zu irgendeinem gegebenen Moment enthalten ist. Mit anderen Worten: die Wolke wirkt eine Zeitlang als eine Art Wassergenerator, der die Luftfeuchtigkeit in Tropfen und Kristalle umwandelt, die dann zur Erde fallen. Wenn wir eine Niederschlagsvermehrung in größerem Ausmaß erzeugen wollen, besteht das Problem offenbar darin, eine Methode ausfinding zu machen, mit der die Wolke zur Ausübung dieser Generatorfunktion veranlaßt werden kann.«[69]

Daß zur Lösung dieses Problems vor allem eine Verstärkung der inneren Dynamik der Wolke erforderlich ist, hatte schon Langmuir erkannt, und Bergeron hat in seiner grundlegenden Arbeit aus dem Jahr 1949 bereits darauf hingewiesen, daß derartige *indirekte* Effekte des Impfens offenbar bei den ersten australischen Impfexperimenten aufgetreten seien (vgl. S. 49). Später haben jedoch der bekannte amerikanische Wolkenphysiker James E. McDonald und andere Theoretiker diese Idee als undurchführbar verworfen. Erst im Zuge von theoretischen Arbeiten an Computermodellen von Cumuluswolken haben Joanne Simpson und andere die Richtigkeit der ursprünglichen Vorstellungen von Langmuir und Bergeron bestätigt gefunden und in Fortführung dieser Gedankengänge die Konzeption des »dynamischen Impfens« entwickelt[70].

Es handelt sich dabei um eine besondere Form des Overseeding, wobei etwa hundertmal soviel Impfstoff wie beim gewöhnlichen Impfen verwendet wird. Der Zweck ist zunächst nicht die Produktion von Niederschlag, sondern die Produktion von *Wolkenwachstum* infolge großer Mengen von latenter Wärme, die bei einer massiven und raschen Verwandlung von unterkühlten Tröpfchen in Eiskristalle frei wird und die dynamische Entwicklung der Wolke verstärkt. Sie kann dadurch einerseits bis in jene Regionen hinaufwachsen, wo es so kalt ist, daß Eiskristalle auf natürlichem Wege entstehen; und sie kann andererseits infolge des starken inneren Aufwinds große Mengen von feuchter Luft aus den darunterliegenden atmosphärischen Schichten ansaugen und so den »Rohstoffnachschub« in Gang halten.

Erfolgreiches dynamisches Impfen führt dazu, daß Cumuluswolken um etwa ein bis zwei Kilometer höher wachsen und zwei- bis dreimal soviel Niederschlag produzieren wie vergleichbare nicht geimpfte Wolken. Die Erfahrungen der Versuche in Florida haben ergeben, daß das Impfen besonders an schönen Tagen wirksam ist, an denen sogenannte

»Inversionen« bestehen. Es ist dies ein Umkehrzustand der Atmosphäre, bei dem eine wärmere Luftschicht *über* einer kälteren lagert; das durch aufsteigende Warmluft verursachte Wolkenwachstum nach oben wird daher durch die Inversionsschicht begrenzt. Durch das dynamische Impfen werden nun die Auftriebskräfte im Inneren der Wolke so sehr verstärkt, daß sie eine schwache Inversion durchbrechen kann. An feuchten regnerischen Tagen mit labiler Luftschichtung ist hingegen die natürliche Niederschlagsbildung so stark, daß das Impfen kaum zusätzlichen Gewinn bringt[71].
Die eindrucksvollste Verstärkung der dynamischen Entwicklung und die stärkste Niederschlagsvermehrung kommen zustande, wenn zwei oder mehr Cumuli verschmelzen und zu einer riesigen Cumulonimbuswolke werden. Ein gründliches Studium dieser Vorgänge ist daher für die Regenmacher von entscheidender Bedeutung. »Leider sind wir jedoch bei dieser Aufgabe im Jahre 1973 nicht weiter fortgeschritten als wir im Jahre 1945 bei der Behandlung einzelner Cumuli waren«, erklärt Joanne Simpson, »und das Problem ist mindestens zehnmal so schwierig, weil es dabei um atmosphärische Vorgänge mittlerer Größenordnung (10 bis 100 km) geht, die bisher faktisch so gut wie unbekannt und ungemessen sind. Die Entwicklung mathematischer Modelle von Cumulusgruppen und ihren Wechselwirkungen steht erst in ihren Anfängen.«[72] Vorläufige Versuchsergebnisse aus Florida geben zwar Anlaß zur Hoffnung, daß man durch dynamisches Impfen benachbarter Wolken eine Verschmelzung häufiger herbeiführen kann als dies unter natürlichen Bedingungen der Fall wäre[73], doch ist man noch recht weit von einer »Gebrauchsanweisung« für die zuverlässige Erzielung dieses Effekts entfernt.

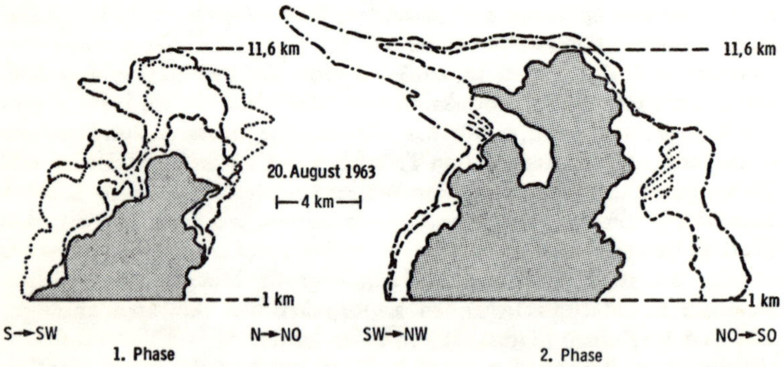

Abbildung 12: »Explosives« Wachstum einer Cumuluswolke nach dynamischem Impfen. Die Zeichnung wurde nach einer Serie in kurz aufeinander folgenden Zeitabständen aufgenommener Photos angefertigt. (Nach J. Simpson/A. Dennis in Hess, Hrsg., op. cit.)

Alle bisher erreichten, statistisch einermaßen befriedigend abgesicherten Erfolge mit Cumuluswolken beziehen sich auf Vergleiche mit beweglichem Ziel (also Vergleiche der Niederschlagsproduktion von geimpften und ungeimpften *Wolken*). Ein eindeutiger Beweis, daß man durch Impfen von Cumuluswolken die Niederschlagsmenge in einem bestimmten *Zielgebiet* merklich vergrößern könne, ist, wie Frau Simpson betont, bisher noch nie gelungen[74].

»Die Beeinflussung von Cumuluswolken hat einen Punkt erreicht, wo wir zu erkennen beginnen, was wir tun«, faßt die Forscherin die gegenwärtige Lage zusammen. »Wir haben endlich den Zustand erreicht, in dem wir konkrete Fragen über komplizierte Einzelaspekte der Konvektion, die Wechselwirkungen zwischen verschiedenen Wolken und die Auswirkungen des Impfens auf größere Gebiete genau formulieren können. Wir müssen nun Zeit, Mühe, Geld und die besten zur Verfügung stehenden wissenschaftlichen Talente einsetzen, um die noch offenen Fragen zu lösen, damit die gezielte Beeinflussung konvektiver Wolken Wirklichkeit werden kann.«[75]

Regen aus »warmen« Wolken — und aus heiterem Himmel?

Wolkenimpfen mit Silberjodid oder Trockeneis, wie es in den bisher beschriebenen Operationen angewandt wird, kann selbstverständlich nur dann erfolgreich sein, wenn die Wolke aus *unterkühlten* Tröpfchen besteht, die in Eiskristalle verwandelt werden können. »Warme« (nicht unterkühlte) Wolken lassen sich ebenso wie »warmer« Nebel mit Kochsalz oder anderen hygroskopischen Substanzen behandeln, und es gibt dabei die gleichen technischen und ökologischen Probleme. Da durch das Impfen mit Salz die innere Dynamik der Wolke nicht verstärkt wird, kann man mit dieser Methode bestenfalls einen Teil des in der Wolke bereits vorhandenen Wassers zum Ausregnen bringen, aber nicht mehr.

Salzimpfversuche wurden sowohl in den südlichen Gebieten der USA als auch in verschiedenen anderen heißen Ländern durchgeführt. Einige dieser Experimente brachten bescheidene Erfolge, andere umstrittene oder unentschiedene Ergebnisse[76]. Die indischen Versuche, deren unerwartet großer Erfolg theoretisch nicht erklärt werden kann, wurden bereits erwähnt (siehe S. 33). Auch durch Besprühen von »warmen« Wolken mit Wasser kann man eine Verschmelzung von kleineren Tröpfchen zu größeren, die als Niederschlag ausfallen können, in Gang setzen und im Endeffekt mehr Wasser aus der Wolke herausbekom-

men, als man hineingesprüht hat[77], doch scheint bei dieser Methode der Aufwand in keinem rechten Verhältnis zum Nutzen zu stehen.
Der praktische Nutzen der Regenmacherei kann allerdings nicht nur an der *unmittelbar* erzeugten Niederschlagsmenge gemessen werden. In heißen Ländern wird anhaltende Trockenheit manchmal vor allem dadurch verursacht, daß zu viele Kondensationskerne in der Luft sind und sich daher bei der Kondensation so viele und zugleich so kleine Tröpfchen bilden, daß sie nicht als Niederschlag ausfallen können. Dieses »natürliche Overseeding« hat einen sich verstärkenden Rückkopplungseffekt: kein Niederschlag – trockener Boden – viel Staub aufgewirbelt – zu viele Kondensationskerne in der Luft – daher weiter kein Niederschlag. Selbst ein schwacher, künstlich erzeugter Regen, der größtenteils wieder verdunstet, kann in einer solchen Situation einen Teil der in der Atmosphäre vorhandenen Kondensationskerne auswaschen und für eine Zeit am befeuchteten Boden festhalten. Das kann unter Umständen bereits genügen, um den oben geschilderten Kreislauf der Dürre zu durchbrechen und wieder bessere Voraussetzungen für das Einsetzen natürlichen Regens zu schaffen[78].

Was aber tun, wenn es nicht nur keinen Niederschlag, sondern auch nicht einmal Wolken gibt? Kann der Mensch »Wolken aus heiterem Himmel« erzeugen? Mehrere Forscher, unter ihnen der Franzose Henri Dessens, beantworten diese Frage mit Ja. Sie weisen darauf hin, daß bei Großbränden starke künstlich ausgelöste Konvektionsströme entstehen, die oft zur Bildung von Wolken führen. Dessens wurde nach ersten Versuchen in Südfrankreich 1955 von einer Organisation großer Plantagenbesitzer in den damals noch belgischen Kongo geholt, um künstlichen Regen zu erzeugen. Er versuchte es mit vorsätzlich ausgelösten und selbstverständlich unter Kontrolle gehaltenen Unterholzbränden und später auch, gemeinsam mit seinem Sohn Jean, mit riesigen Brennern, die im Verlauf einer halben Stunde bis zu hundert Tonnen Heizöl in Rauch verwandelten. Diese Brände führten zwar oft zur Bildung von Wolken, lösten aber nur selten Niederschläge aus[79]. Der Aufwand war jedenfalls weit größer als der erzielbare Nutzen.
In der Sowjetunion hat man Dessens' Ideen aufgegriffen und weiterentwickelt. Durch mehrere nebeneinandergestellte Düsenmotoren wird ein starker Strom aufsteigender Warmluft erzeugt, der, wie es heißt, imstande sein soll, eine schwache Inversion zu durchstoßen und so die Entstehung großer Wolken zu ermöglichen[80]. Angaben, ob auf diese Weise auch tatsächlich *zusätzlicher Niederschlag* erzeugt werden konnte, sowie Kosten-Nutzen-Vergleiche habe ich nicht finden können.
Bei relativ hoher Luftfeuchtigkeit (über 90 Prozent) können künstliche Wölkchen auch durch Aussäen von hygroskopischen Substanzen erzeugt werden[81]. Allerdings lösen sich diese Kleinwolken meist rasch wieder auf und erreichen im allgemeinen nicht jene Größe, die für eine

Produktion ins Gewicht fallender Niederschlagsmengen erforderlich wäre.
Eine künstliche Bildung von Cumulus- und Cumulonimbuswolken sowie eine Verstärkung der Dynamik bestehender Wolken könnte nach Ansicht der amerikanischen Geophysiker W. M. Frank und W. M. Gray durch Impfen feuchter Luftmassen mit Ruß, insbesondere im Bereich von Tiefdruckwirbeln und Fronten, herbeigeführt werden[82]. Ebenso glauben die Forscher, daß man über feuchtem, vegetationsreichem Boden durch Aussäen von Ruß in bodennahen Luftschichten die Verdunstung infolge der verstärkten Erwärmung erheblich vermehren und damit die Wolkenbildung fördern könnte. Einschlägige Experimente sind noch nicht durchgeführt worden. Die Umweltaspekte dieses Verfahrens wären sorgfältig zu prüfen.
Andererseits kann man Wolken (und »warmen« Nebel) durch Aufsprühen von Ruß auf die der Sonne zugekehrten Seite zur Verdunstung bringen und auflösen, wenn dieser Effekt erwünscht ist; denn der schwarze Ruß nimmt wesentlich mehr Wärme auf als die lichte Wolke[83].

Vom Sinn und Zweck des Regenmachens

Niederschlagsvermehrung ist kein Selbstzweck. Bloße Prozentangaben über die zusätzliche Wassermenge pro Jahr sagen nur sehr wenig über den tatsächlichen Nutzen der Wettermacherei aus. Es kommt darauf an, ob man imstande ist, das Wasser dann zu liefern, wenn es tatsächlich gebraucht wird.
Die Gefahr, daß durch Wettermacherei zur Unzeit ein Hochwasser noch verstärkt wird, ist gering, denn in Situationen mit hoher natürlicher Niederschlagsbereitschaft hat das Wolkenimpfen entweder gar keine oder eine niederschlagsvermindernde Wirkung. Doch die Chancen, eine Dürre zu lindern, sind recht begrenzt, denn es handelt sich dabei oft um Wetterlagen, bei denen entweder überhaupt keine oder jedenfalls keine mit heutigen Techniken beeinflußbaren Wolken am Himmel sind. Günstige Impfsituationen bestehen vor allem an bewölkten, aber regenarmen Tagen, und so ergibt sich die Frage, ob die Ausnützung *dieser* Möglichkeit praktischen Nutzen bringen kann.
Die Landwirtschaft, soweit sie auf unbewässerten Flächen betrieben wird, ist vor allem an zusätzlichem Niederschlag während der Wachstumsperiode der Pflanzen interessiert. Regenvermehrung ist sicherlich nicht immer dann möglich, wenn sie am dringendsten nötig wäre, doch gibt es manchmal Perioden, in denen scheinbar »vielversprechende« Wolken immer wieder vorüberziehen, ohne das ersehnte Naß zu brin-

gen. In solchen Fällen kann das Wolkenimpfen hilfreich sein[84]. Darüber hinaus ist bei »normalen« Wetterverhältnissen eine Vergrößerung der Niederschlagsmenge in einem bestimmten Ausmaß wahrscheinlich möglich, und die dadurch herbeigeführte Vermehrung der Bodenfeuchtigkeit kann sich vorteilhaft auswirken, wenn es später zu einer Dürreperiode kommt, in der künstliche Regenmacherei nicht durchführbar ist.

Eine solide Kosten-Nutzen-Analyse ist für die Landwirtschaft sehr schwierig, denn Wassermangel ist meist nicht der einzige begrenzende Faktor des Ernteertrags. Damit man künstlich erzeugten Niederschlag richtig auswerten kann, sind meist noch andere zusätzliche Ausgaben (z. B. für Kunstdünger) nötig. Pro Kubikmeter gelieferten Wassers ist das Wolkenimpfen wesentlich billiger als etwa Meerwasserentsalzung durch Reaktoren. In der Praxis kann aber eine Methode, die unabhängig von der meteorologischen Situation auf jeden Fall Wasser liefert, trotzdem einen höheren Nutzeffekt haben als das billigere, aber nicht so zuverlässige Regenmachen.

Gute Erfolge kann man mit Wolkenimpfen bei der Bekämpfung von Waldbränden erzielen. Man impft Quellwolken oder Wolken von Wetterfronten, die sich der Brandstelle nähern. Da über dem Brandherd durch die Hitze starke aufsteigende Luftströmungen entstehen, werden Wolken dort ähnlich wie von einem orographischen Hindernis in die Höhe gehoben, so daß es gute Voraussetzungen für erfolgreiches Impfen gibt[85]. In Sibirien wurde diese Methode in den Jahren 1970/72 bei 280 Waldbränden angewandt. In 214 Fällen (77 %) fiel Niederschlag auf die Brandstelle, in 121 Fällen (43 %) wurde das Feuer dadurch vollständig gelöscht. Auf den anderen Brandstellen wurde die Arbeit der Feuerlöschbrigaden durch den Regen jedenfalls erleichtert[86]. Auch in Australien und Alaska werden Waldbrände auf diese Weise routinemäßig bekämpft[87].

Die meisten anderen potentiellen Nutznießer der Wettermacherei wie Kraftwerke, Wasserwerke und landwirtschaftliche Bewässerungsanlagen verwenden Wasserspeicher. Für sie besteht die entscheidende Frage darin, ob ihnen das Wolkenimpfen eine bessere Ausnützung ihrer Speicherkapazität ermöglicht. So können die Trinkwasserreservoire einer Großstadt üblicherweise den Bedarf für einige Tage speichern, selten mehr. Bei Normalzustand liefern die Quellen oder Pumpwerke mehr Wasser als gebraucht wird, so daß die Reservoire am Morgen voll sind und nur zu Zeiten des Spitzenbedarfs teilweise geleert werden. Nur bei langanhaltender Trockenheit ist der Tagesbedarf manchmal größer als der tägliche Zufluß, und dann müssen Sparmaßnahmen wie etwa ein Verbot des Autowaschens verordnet werden. Die Chancen, daß Wolkenimpfen in solchen Situationen helfen kann, sind gering.

Wenn jedoch der Wasserverbrauch einer Stadt rascher wächst als die Kapazität der Wasserversorgungseinrichtungen, wenn die Reservoire in der Regel nicht voll sind und häufig Wasserknappheit eintritt, wie das beispielsweise in New York Ende der vierziger Jahre der Fall war, dann kann praktisch fast jede Niederschlagsvermehrung, wann immer sie stattfindet, von Nutzen sein und die Überbrückung des Notstands bis zur Inbetriebnahme zusätzlicher Wasserversorgungseinrichtungen erleichtern.

Einen Wasserspeicher besonderer Art stellt der Tiberias-See in Israel dar, aus dem ständig Wasser abgepumpt wird, aus dem aber auch ständig eine bestimmte Mindestmenge in den Jordan abfließen muß. Israelische Hydrologen haben die Wettermacher darauf hingewiesen, daß eine Niederschlagsvermehrung im Einzugsgebiet des Sees nur dann von praktischem Nutzen ist, wenn sie nicht in wolkenbruchartiger Form erfolgt. Denn die Kapazität der Pumpwerke ist begrenzt, und bei einer plötzlichen starken Vermehrung des Zuflusses entweicht ein beträchtlicher Teil des zusätzlichen Wassers ungenutzt in den Jordan[88]. Die Tatsache, daß das Impfen den Regen vor allem an Tagen mit geringem natürlichem Niederschlag vermehrt, wirkt sich hier günstig aus.

Ein Wasserkraftwerk an einem großen Fluß, also ein ständig in Betrieb stehendes sogenanntes »Laufkraftwerk«, das »Grundlast« liefert, hat einen im Vergleich zum täglichen Durchsatz relativ kleinen Speicher, der nur begrenzte Ausgleichsfunktion hat. Meist sind solche Kraftwerke so angelegt, daß sie bei starker Wasserführung nicht die gesamte anfallende Wassermenge abarbeiten können und ein Teil ungenutzt über das Wehr strömt, während sie bei schwacher Wasserführung nicht mit voller Kapazität arbeiten können. Wolkenimpfen im Einzugsgebiet eines solchen Werkes ist also nur dann sinnvoll, wenn es die Wasserführung bei Niedrigwasser vermehren kann.

Speicherkraftwerke, die nur zur Deckung von Bedarfsspitzen für einige Stunden am Tag eingeschaltet werden, verfügen oft über einen Jahresspeicher, der zur Zeit des maximalen Wasserangebots gefüllt und dann im Laufe des Jahres allmählich abgearbeitet wird. Die Errichtung großer Staumauern ist teuer, und es ist im allgemeinen für ein Kraftwerk nicht rentabel, den Fassungsraum des Speichers so groß anzulegen, daß er nur in besonders wasserreichen Jahren zur Gänze gefüllt wird; die übliche Lösung ist, daß in solchen Jahren ein Teil des Wassers ungenutzt bleibt, daß der Speicher aber auch in wasserarmen Jahren voll wird.

Für ein System mit Jahresspeicher ist also die entscheidende Frage, ob und in welchem Ausmaß durch das Wolkenimpfen der in wasserarmen Jahren zuverlässig zu erwartende Minimalertrag erhöht werden kann, denn alles, was draüber hinaus produziert wird, kann entweder überhaupt nicht verwertet werden oder ist nur von begrenztem Nutzen[89]. Das orographische Impfen im Einzugsgebiet des Speichers kann nun tatsächlich in jedem Jahr zusätzlichen Niederschlag bringen, aber die Menge ist von Jahr zu Jahr unterschiedlich und sie ist in wasserarmen

Jahren nicht notwendigerweise größer als in wasserreichen. Für den Kraftwerksplaner ist in den meisten Fällen nur jene Mindest-Zusatzmenge interessant, mit der er zuverlässig in jedem Jahr rechnen kann. Da man aber zu Beginn der Aufstau-Saison nicht voraussehen kann, wieviel Niederschlag das Jahr bringen wird, muß man damit rechnen, daß man unter Umständen Niederschlag erzeugt, der praktisch keinen Nutzen bringt.
In einem elektrischen Verbundnetz, das ja schließlich nicht nur über Wasserkraftwerke verfügt, kann man in wasserarmen Jahren durch stärkeren Einsatz kalorischer Kraftwerke einen Ausgleich schaffen, und deshalb wird der Fassungsraum der Wasserspeicher nach Rentabilitätsüberlegungen begrenzt. Wo aber Wasser als Wasser und nicht als Energielieferant knapp ist, baut man unter Umständen auch Mehrjahresspeicher, die den Überschuß eines wasserreichen Jahres für ein wasserarmes aufheben können. Eine solche Situation besteht im Coloradobecken, wo die gesamte Speicherkapazität um ein Mehrfaches größer ist als die gesamte, in einem durchschnittlichen Jahr anfallende Wassermenge[90]. Nur unter solchen Voraussetzungen ist *jede* von den Wettermachern gelieferte zusätzliche Wassermenge, gleichgültig, wann sie anfällt, von Nutzen. So ist es auch einleuchtend, daß gerade in diesem Becken das erste großräumige Versuchsprojekt der Niederschlagsvermehrung durch orographisches Wolkenimpfen eingeleitet wurde.

Wolkenimpfen als Waffe

Für das Wolkenimpfen haben sich die amerikanischen Militärs schon seit den Tagen Langmuirs interessiert, dessen »Project Cirrus« ausschließlich aus dem Verteidigungsetat finanziert wurde[91]. Laut einer vom amerikanischen Handelsministerium veröffentlichten Übersicht über Wetterbeeinflussungsoperationen im Finanzjahr 1972 hat das Naval Weapon Center in China Lake, Kalifornien, Versuche mit verschiedenen Impftechniken unternommen und auch eine Studie über Fernwirkungen des Impfens in Auftrag gegeben[92]. Eine große Operation zur Dürrebekämpfung in den Philippinen wurde nicht von kommerziellen Wettermachern, sondern vom Personal des amerikanischen Verteidigungsministeriums durchgeführt[93], und so drängt sich die Frage auf, ob das Militär diese Aufgabe nur aus humanitären Motiven übernommen hat oder nicht vielleicht mit dem Wunsch, Techniken zu erproben und Operationserfahrungen zu sammeln, die anderswo für weniger humanitäre Zwecke angewandt werden sollten.
Einer der ersten einer breiteren Öffentlichkeit zugänglichen Berichte über die Möglichkeiten der »Umweltkriegführung«, darunter auch An-

wendungen der Wettermacherei als Waffe, erschien 1968. Verfasser war der bekannte Geophysiker Gordon J. F. MacDonald, der im gleichen Jahr von seinem Posten als Vizepräsident des Institute for Defense Analyses (Forschungsinstitut für Landesverteidigung) zurückgetreten war[94]. MacDonald hatte bis dahin auch der sogenannten »Jason«-Gruppe angehört, einer Gruppe von Wissenschaftlern verschiedener Fachrichtungen, die gelegentlich in zwanglosen Zusammenkünften wissenschaftliche Neuentwicklungen mit Vertretern des Verteidigungsministeriums diskutierten. Er war überdies in den sechziger Jahren Vorsitzender einer von der amerikanischen Akademie der Wissenschaften eingesetzten Kommission gewesen, die die Ergebnisse und Perspektiven der Wettermacherei zu beurteilen hatte und die damals einen vorsichtig optimistischen Bericht veröffentlichte[95]. Man kann also annehmen, daß er über alle Aspekte dieses Themas gut informiert war. Über die Möglichkeiten, Wolkenimpfen für militärische Zwecke zu verwenden, schreibt er:
»Man kann sich vorstellen, daß ein Frontkommandant lokale Niederschläge bestellt, um irgendwelche Bodenoperationen zu verbergen oder auch zu behindern. Eine andere Möglichkeit wäre ein Wolkenimpfen aus strategischen Gründen. Wir wissen heute noch zu wenig darüber, wie sich das Impfen auf die Niederschläge in Gebieten auswirkt, die in der Windrichtung weiter entfernt liegen, ... aber zweifellos könnte ein ständiges Wolkenimpfen über einer langen Strecke trockenen Landes (der Luft) so viel Feuchtigkeit entziehen, daß Regenfälle in etwa 1500 Kilometer Entfernung in der Windrichtung unterbunden würden. Diese Fernwirkung eröffnet die Möglichkeit, der Atmosphäre insgeheim Feuchtigkeit zu entziehen, so daß ein Land, das von der Luftfeuchtigkeit abhängig ist, die ein gegnerisches Land überquert, jahrelanger Dürre ausgesetzt werden könnte. Angesichts der statistischen Unregelmäßigkeiten der Atmosphäre könnten solche Operationen geheimgehalten werden.«[96]

Der taktische Einsatz des Wolkenimpfens war zu der Zeit, als die oben zitierten Zeilen erschienen, bereits nicht mehr bloße Theorie. Zumindest seit 1967 wurde diese Technik im Vietnamkrieg angewandt, um im Gebiet des sogenannten Ho-tschi-minh-Pfades den Regen zu verstärken und dadurch den Nachschub des Vietkong zu behindern. Jahrelang haben offizielle amerikanische Stellen jede derartige Aktivität hartnäckig abgeleugnet, und selbst nach Veröffentlichung der sogenannten »Pentagon-Papiere«, die einen Hinweis auf die Durchführung von Wettermacherei in Laos (Operation Popeye) enthielten[97], erklärte Verteidigungsminister Melvin Laird vor dem außenpolitischen Ausschuß des Senats im April 1972, daß derartige Operationen niemals über Nordvietnam durchgeführt worden seien. Man wertete dies als ein verklausuliertes Eingeständnis, daß man über Laos und Kambodscha Wolken geimpft habe[98], doch tatsächlich hatte Laird bezüglich Nordvietnam eine Unwahrheit gesagt; wie aus späteren offiziellen Erklärungen hervorgeht, hatte es bis zur Einstellung der Bombardierungen Nordvietnams auch Impfaktionen über diesem Land gegeben.

Die Diskussion nahm schließlich eine makabre Wendung, als die Firma Weather Engineering Corporation of Canada und ihre Tochtergesellschaft in den USA der amerikanischen Regierung vorwarfen, sie hätte eine von der Firma entwickelte Spezialpatrone für das Wolkenimpfen mit Silberjodid unter Verletzung der Patentrechte in großen Mengen in Südostasien verwendet, und eine Nachzahlung von 95 Millionen Dollar Lizenzgebühren forderten[99].

Erst zwei Jahre später änderte das Pentagon seine Haltung, und bei einer Befragung vor dem außenpolitischen Ausschuß des Senats am 20. März 1974 machte Oberstleutnant Ed Soyster als Vertreter des Vereinigten Generalstabs endlich genaue Angaben über die Impfaktionen in Südostasien[100]. Die Absicht des Programms sei gewesen, in sorgfältig ausgesuchten Zielgebieten in Laos, Kambodscha und zunächst auch in Nordvietnam die Regenfälle in den Übergangszeiten zu Beginn und Ende der Monsunperiode zu verstärken, um die Passierbarkeit der durch den Dschungel errichteten Straßen zu beeinträchtigen, Erdrutsche entlang der Straßen auszulösen und Flußübergänge auszuwaschen. Derartige Vorkommnisse ereigneten sich ohnehin regelmäßig während der Hauptsaison der Monsunregen, und man habe durch das Impfen die Zeit, in der der Gegner dadurch Nachschubschwierigkeiten hatte, verlängern wollen. Die Impfgeräte seien im Naval Weapons Center in China Lake entwickelt worden, und man habe allgemein bekannte, auch von kommerziellen Wettermachern gebrauchte Techniken angewandt. Die Operationen seien nach Vorversuchen in Laos im Jahre 1966 mit Wissen Präsident Johnsons im März 1967 angelaufen und hätten bis Juli 1972 gedauert. Die Impfflugzeuge operierten von Thailand aus, und die jährlichen Kosten des Programms hätten sich auf etwa 3,6 Millionen Dollar belaufen.

Die Wirksamkeit der Operationen, erklärte Soyster, könne nicht genau quantifiziert werden. Man habe sich bei der Beurteilung auf die Einschätzung der Flugmannschaften, visuelle und fotografische Aufklärung und Berichte von Geheimagenten gestützt und den Erfolg vor allem an der Verkehrsdichte auf dem Ho-tschi-minh-Pfad gemessen, die von automatischen Sensoren kontrolliert wurde. Vergleiche zwischen dem Niederschlag von geimpften und ungeimpften Wolken, wie sie bei wissenschaftlichen Versuchsprogrammen üblich seien, habe es nicht gegeben. Als Beispiel für die Wirksamkeit des Impfprogramms legte Soyster detaillierte Angaben für den Juni 1971 vor. Damals habe die gesamte Regenmenge, die in den betroffenen Gebieten niedergegangen sei, zwischen 2 und 28 Zoll (5 bis 70 cm) betragen, wovon vermutlich 1 bis 7 Zoll (2,5 bis 18 cm) auf das Impfen zurückzuführen seien. Einer der Senatoren charakterisierte daraufhin das Programm als das Kreißen eines Elephanten, der eine Maus geboren habe, und auch der ebenfalls bei der Befragung anwesende Stellvertretende Unterstaatssekretär für Ostasien im Verteidigungsministerium, Dennis J. Doolin, räumte ein, daß diese Ergebnisse nicht besonders eindrucksvoll seien.

Das Programm war als »heikel« angesehen und streng geheimgehalten worden. Neben zuständigen Militärdienststellen waren, auf der zivilen Seite, nur der Präsident, der Verteidigungsminister, der Außenminister, der Direktor des CIA und jeweils einige ihrer engsten Mitarbeiter darüber informiert. Doolin selbst erklärte bei der Befragung, daß er davon erst aus der Presse erfahren habe, obwohl er im Verteidigungsministerium seit fünf Jahren für diesen Teil der Welt zuständig gewesen sei. Das Amt für Rüstungsbeschränkung und Abrüstung war nicht informiert worden, ebensowenig die mit den USA verbündete Regierung von Thailand, von deren Territorium aus die Flugzeuge aufgestiegen waren. Auch die königliche Regierung von Laos, die mit den USA gute Beziehungen unterhielt, war über die in ihrem Land durchgeführten Operationen nicht in Kenntnis gesetzt worden. Warum eine derart strenge Geheimhaltung angeordnet worden war, wenn sich die Operationen tatsächlich auf Techniken beschränkten, die von kommerizellen Wettermachern schon seit Jahrzehnten verwendet wurden, ist nicht recht begreiflich. Die USA haben schließlich aus der Anwendung vieler anderer heimtückischer und grausamer Waffen im Vietnamkrieg kein Geheimnis gemacht.

Auf die Frage, ob zwischen dem Wolkenimpfen und den schweren Hochwasserkatastrophen in Nordvietnam im Jahre 1971 ein Zusammenhang bestünde, erklärte Unterstaatssekretär Doolin: »Das Hochwasser in Nordvietnam verursachte, wie Sie sich erinnern werden, weitverbreitete Leiden unter der Zivilbevölkerung, und das war weder die Absicht noch das Resultat dieses Programms.«

Die Erklärungen der Sprecher des Pentagon lösten Zweifel in zweierlei Hinsicht aus. Wissenschaftler, die dem Wolkenimpfen ganz allgemein skeptisch gegenüberstehen, waren der Meinung, daß die von den Militärs behaupteten Erfolge – Niederschlagsvermehrung um bis zu 18 cm – nicht genügend belegt und bewiesen seien und es keine hinreichende Grundlage für die Beurteilung der Frage gebe, wieviel Regen ohne Impfoperationen gefallen wäre. Kommentatoren, die zwar weniger meteorologische Kenntnisse, aber mehr Erfahrungen mit den Praktiken des Pentagon haben, äußerten Zweifel ganz anderer Art: sie wollten nicht recht glauben, daß Militärs, die durch Napalm, Plastikbomben und zahlreiche andere Waffen der Bevölkerung des Gegners ständig schauerliche Qualen zugefügt hatten, gerade bei der Wetterwaffe Hemmungen wegen möglicher Leiden von Zivilisten gehabt hätten.

Der amerikanische Journalist James W. Canan, ein gründlicher Kenner amerikanischer Waffen und Rüstungspläne, schreibt in diesem Zusammenhang: »Die Vertreter des Pentagon wiesen darauf hin, daß das Wolkenimpfen viele Jahre lang Gegenstand ziviler Forschung gewesen sei und daß die Militärs diese Technik einfach für ihre Ziele angewandt haben. Was sie verschwiegen, war, daß die ›Technik‹ nun bis zu einem Punkt weiterentwickelt worden ist, wo man nicht nur Schauer, sondern schwerste Unwetter auslösen und ganze Kontinente zum Ziel von katastrophalen Wolkenbrüchen machen kann.«[101]

Canan führt in seinem im allgemeinen sehr gut dokumentierten Buch gerade für diese Behauptung keine Quellen oder Belege an, und viele Fachmeteorologen werden wahrscheinlich bezweifeln, daß Wettermacherei in einem derart verheerenden Ausmaß überhaupt möglich sei, oder zumindest die Zuverlässigkeit einer solchen Waffe in Frage stellen. Allerdings – wenn man *überhaupt* imstande ist, verheerende Unwetterkatastrophen auszulösen, so ist dies auch dann eine schreckliche strategische Waffe, wenn sie nur bei einem von zehn Versuchen wirksam ist. Die Frage wäre dann bloß, wie man bei so geringer Zuverlässigkeit feststellen kann, ob ein Unwetter natürliche Ursachen hatte oder ob es tatsächlich durch die militärische Wettermacherei ausgelöst wurde.

Canan ist, soweit sich das aus seinem Buch ersehen läßt, ein seriöser Journalist, der seit vielen Jahren über die Tätigkeit des Pentagon berichtet und dort offensichtlich gute Beziehungen hat. Er beschreibt zahlreiche bereits bestehende, geplante oder in Entwicklung befindliche Waffen, die noch weit grauenhafter sind als selbst die Auslösung von Unwettern über ganzen Kontinenten, und die Wettermacherei wird von ihm nur am Rande, auf einigen Seiten eines dicken Buches, ohne besondere Betonung oder Sensationshascherei behandelt. Sicherlich ist es möglich, daß einer seiner Gewährsmänner auf diesem Wege aus irgendwelchen Gründen eine Falschmeldung lancieren wollte – oder daß man im Pentagon die Wirksamkeit und Zuverlässigkeit der Wetterwaffe überschätzt. Es ist aber immerhin auch denkbar, daß die amerikanischen Militärstellen – und wahrscheinlich auch die anderer Länder – tatsächlich geheime Forschungsarbeiten auf diesem Gebiet betreiben, die der meteorologischen Fachwelt nicht bekannt sind; und daß sie Interesse daran hatten, die Ergebnisse dieser Forschungen in praktischer Anwendung zu testen.

Wenn Verteidigungsminister Laird die Unwahrheit gesagt hat, als er behauptete, es seien niemals Wolkenimpfoperationen über Nordvietnam durchgeführt worden, warum soll man dann annehmen, daß der Unterstaatssekretär im Verteidigungsministerium, Doolin, unbedingt die Wahrheit gesagt habe, als er jeden Zusammenhang zwischen Wolkenimpfen und Überschwemmungskatastrophen in Abrede stellte? In Vietnam sind viele Waffen und Kriegstechniken ohne jede Rücksicht auf dadurch verursachte menschliche Leiden zum erstenmal erprobt worden. Es ist nicht auszuschließen, daß man darunter auch andere Formen der meteorologischen Kriegsführung ausprobierte als das bloße Unpassierbarmachen von Dschungelstraßen durch vermehrte Niederschläge.

»Spreu« gegen Blitze

In den USA werden durchschnittlich 600 Personen im Jahr vom Blitz getötet und weitere 1500 verletzt. Obwohl das Land oft von schweren Wirbelstürmen heimgesucht wird, ist der Personenschaden durch Blitze größer als der durch Hurrikane und Tornados. Die von Blitzen verursachten Sachschäden werden auf mehrere hundert Millionen Dollar pro Jahr geschätzt[102]. Statistiken über das Ausmaß der weltweiten Blitzschäden scheinen nicht vorzuliegen, doch ist bekannt, daß die Zahl und Heftigkeit von Gewittern in den Tropen viel größer ist als in der gemäßigten Zone; man kann also annehmen, daß dort auch die Schäden relativ höher sind als in den USA.

Gewitterbekämpfung ist ein noch ganz junger Zweig der Wettermacherei. Man hat erst wenige Versuche durchgeführt, meistens zwar mit ermutigenden Ergebnissen, aber die theoretischen Grundlagen dieser Tätigkeit sind noch recht mager – vor allem deshalb, weil die Theorien über natürliche Gewitter selbst noch auf ziemlich schwachen Füßen stehen.

Eine Gewitterwolke ist eine Art elektrischer Generator. Es gibt mehrere Dutzend Theorien, wie es zur Aufladung dieses Generators kommen kann[103]. Sie hier zu erläutern, würde den Rahmen dieses Buches sprengen. Wahrscheinlich kommt die Aufladung durch ein Zusammenwirken verschiedener Mechanismen zustande, doch nicht jeder Mechanismus spielt in jeder Wolke die gleiche Rolle. Das Endergebnis ist jedenfalls, daß im oberen Teil der Wolke stark positiv geladene Regionen entstehen, im unteren Teil stark negativ geladene. Blitze können zwischen diesen beiden »Polen« einer Wolke, zwischen ungleich geladenen »Polen« zweier Wolken oder zwischen Wolkenbasis und Erde überspringen. Nur unter bestimmten, bisher nicht ganz geklärten Voraussetzungen kommt es zu Blitzschlägen zwischen Wolke und Erde[104].

Blitze sind der zwar spektakulärste, aber mengenmäßig unbedeutendste Weg des Elektrizitätstransports zwischen Wolken und Erde. Durch sogenannte »Spitzenwirkung« (Ionisierung, also elektrische Aufladung der Luft in der Umgebung spitziger Gegenstände) wird mindestens fünfmal so viel Elektrizität befördert, und auch die Niederschläge tra-

gen meist elektrische Ladung. Die wechselseitigen Zusammenhänge zwischen elektrischer Aufladung der Gewitterwolke und der Bildung verschiedener Formen von Niederschlag (Regen, Hagel) sind noch nicht geklärt, und es ist daher auch nicht klar, ob und wie Maßnahmen zur Verhinderung von Blitzen die Menge und Art der Niederschläge beeinflussen.
Gewitterwolken sind die Generatoren, die das zwischen den elektrisch geladenen äußeren Schichten der Atmosphäre (Ionosphäre) und der Erde bestehende elektrische Feld ständig erneuern. Dieses Feld ist ein wichtiger Bestandteil unserer natürlichen Umwelt, und es spielt offenbar eine bedeutende, wenn auch in ihren Einzelheiten nicht völlig geklärte Rolle für unsere Gesundheit, unser Wohlbefinden und den normalen Ablauf von Lebensprozessen[105]. Veränderungen des natürlichen elektrischen Felds durch menschliche Eingriffe könnten daher unerfreuliche Nebenwirkungen haben.
Diese Befürchtung gilt vor allem für jene Form der Gewitterbekämpfung, die versucht, das »Übel« an der Wurzel zu fassen, also die Bildung von Gewitterwolken durch Overseeding zu unterbinden oder jedenfalls zu beschränken; da man auf diese Weise zugleich auch Hagelschäden vermindern kann, trifft man gleichsam zwei Fliegen auf einen Schlag – allerdings mit einem gewissen Risiko, daß damit auch die Niederschläge verringert werden können. Einschlägige Versuche (Project Skyfire) wurden von der Forstabteilung des amerikanischen

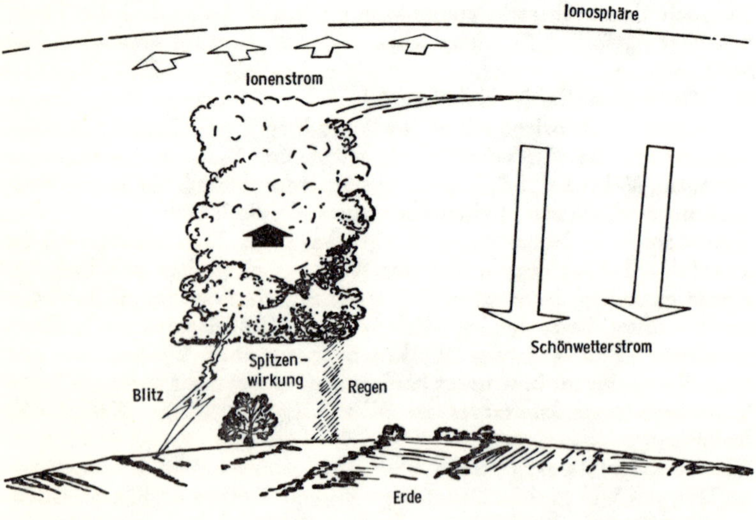

Abbildung 13: Schematisches Diagramm des gesamten Elektrizitätstransports in der Atmosphäre. (Nach G. Dawson in Hess, Hrsg., op. cit.)

Landwirtschaftsministeriums mehrmals in den sechziger Jahren durchgeführt. Die Ergebnisse einer allerdings noch verhältnismäßig kleinen Stichprobe zeigen, daß die Zahl der Blitze in geimpften Gewitterwolken nur etwa halb so groß war wie in ungeimpften, die Zahl der Wolke-zu-Boden-Blitze sogar um zwei Drittel kleiner. Besonders wichtig ist das Ergebnis, daß die *Dauer* der Bodenblitze von geimpften Wolken deutlich kürzer war als von ungeimpften, denn es sind vor allem die relativ langdauernden Blitze, die Brände auslösen[106]. Nach gründlicher theoretischer Auswertung der bisherigen Ergebnisse sollen die Impfversuche des Project Skyfire in wesentlich größerem Maßstab wiederaufgenommen werden. Über einige ähnliche Impfversuche in der Sowjetunion, ebenfalls mit ermutigenden Ergebnissen, wurde auf der WMO-Konferenz in Taschkent berichtet[107].

Eine zweite Methode, Blitze zu unterbinden, besteht darin, daß man die Leitfähigkeit der Luft erhöht, so daß es zu einem stillen Elektrizitätstransport ohne überspringenden Funken (Blitz) kommt. Dazu verwendet man aluminiumbeschichtete Nylonfasern von einigen Zentimeter Länge, die die Amerikaner als »chaff« (Spreu) bezeichnen. Ursprünglich wurde solche Metallspreu für militärische Zwecke hergestellt, um gegnerisches Radar bei Luftangriffen zu blenden. Gewitterbekämpfungsversuche mit diesem Material begannen in den USA 1965. Die im elektrischen Feld ausgestreuten metallbeschichteten Fasern üben eine Spitzenwirkung aus, das heißt, von beiden Enden der Faser werden entgegengesetzte elektrische Ladungen an die Luft abgegeben, die dadurch ionisiert und besser leitend wird. Die Spitzenwirkung setzt bereits bei etwa ein Zehntel der Spannung ein, bei der es zu einem Blitzschlag kommt. Man kann die »Spreu« entweder unter der Gewitterwolke aussäen und dadurch den stillen, blitzlosen Elektrizitätstransport zwischen Wolke und Erde verstärken oder auch in der Gewitterwolke selbst und damit die Isolation zwischen den beiden Polen des »Generators« schwächen. Die erstgenannte Methode hat den Vorteil, daß zwar die *Form* des Elektrizitätstransports geändert wird, aber die transportierte Menge nicht wesentlich, so daß die Gefahr von Umweltschäden durch Störungen des zwischen Ionosphäre und Erde bestehenden Feldes verhältnismäßig klein ist[108]. Zur Zeit wird diese Methode in einem bekannten »Gewitterkorridor« in Florida erprobt, wobei, wie es heißt, sehr ermutigende Ergebnisse erzielt wurden.

Eine weitere Methode der Gewitterbeeinflussung wurde durch Zufall beim Start des Raumschiffs Apollo 12 im Jahre 1968 entdeckt. Die Weltraumrakete wurde beim Aufstieg durch eine Wolke, die man nicht für eine Gewitterwolke gehalten hatte und die auch keine *natürlichen* Blitze produzierte, von zwei Blitzschlägen getroffen. Eine daraufhin durchgeführte statistische Untersuchung ergab, daß Blitze auch in Flugzeuge wesentlich häufiger einschlagen, als es nach einer reinen Zufallsverteilung zu erwarten wäre. Offensichtlich können metallische Flugkörper in einem stärkeren elektrischen Feld Blitze *auslösen*, und zwar bereits bei Feldstärken, bei denen es nicht zu natürlichen Blitzen kommen würde. Auch in diesem Fall scheint die Spitzenwirkung eine entscheidende Rolle zu spielen, und theoretische Überlegungen sowie auch praktische Versuche haben gezeigt, daß nicht die Größe des Flugkörpers, sondern seine Gestalt der entscheidende Auslösefaktor ist. Eine nur 120 cm lange schlanke spitze Rakete (Typ »Mighty Mouse«) hat so die gleiche Auslösewirkung wie das gewaltige Apollo-Raumschiff. Diese Tatsache kann man sich dadurch zunutze machen, daß man vor dem Start einer Großrakete oder eines Raumschiffs einige billige Kleinraketen vorausschickt. Diese haben den Zweck, künstlich Blitze auszulösen und so das elektrische Feld abzubauen, damit dann das Raumschiff ungefährdet aufsteigen kann[109].

Wirbelsturmbeeinflussung — zu wenige »Versuchskaninchen«

Das erste Experiment zur Beeinflussung eines Hurrikans wurde von Langmuir schon 1947 durchgeführt, und es kam dabei, wie erwähnt, nach dem Impfen zu einer plötzlichen Änderung der Zugrichtung des Sturmwirbels (vgl. S. 45). Heute sind die Fachleute so gut wie einhellig der Meinung, daß dies ein bloßer Zufall war, der nichts mit dem Eingriff zu tun hatte. Doch die amerikanischen Behörden haben aus dieser Begebenheit eine Lehre gezogen, an der sie seither konsequent festhalten: mit einem Sturm, der möglicherweise das Gebiet der USA erreichen könnte, darf nicht experimentiert werden. Denn niemand kann heute mit Sicherheit sagen, ob das Impfen die Intensität des Sturmes tatsächlich immer verringert – gerade das soll ja durch die Experimente herausgefunden werden. Es läßt sich nicht ganz ausschließen, daß die Windstärke durch unsachgemäßes Impfen noch vergrößert werden könnte; und wenn ein Sturm, mit dem experimentiert wurde, irgendwo Schaden anrichten sollte, würden Wettermacher und Behörden auf jeden Fall zur Verantwortung gezogen.
Die festgelegten Regeln haben dazu geführt, daß für die Wirbelsturmbeeinflussung nur sehr wenige »Versuchskaninchen« zur Verfügung stehen. Denn einerseits muß sich der Hurrikan weit draußen über dem Ozean befinden und darf sich nicht auf das Festland zu bewegen; andererseits muß er aber in Reichweite der für solche Aufgaben mit Spezialausrüstung versehenen Flugzeuge sein. So vergehen oft mehrere Jahre, in denen sich keine einzige Gelegenheit für ein Experiment bietet. Zwischen 1961 und 1974 konnten insgesamt nur an vier großen Wirbelstürmen Versuche gemacht werden. Die Ergebnisse waren er-

mutigend, in einem Fall sogar sehr ermutigend, doch kann man aus einer so kleinen Zahl von Resultaten noch keine weitreichenden Schlußfolgerungen ziehen.
Hurrikane oder Taifune, wie man diese Naturerscheinung in Südostasien nennt, sind sehr langlebige und starke Sturmwirbel, die sich unter nicht völlig geklärten Bedingungen über tropischen Meeren bilden. Im Zentrum des Sturmes befindet sich ein »Auge« von etwa 20 Kilometer Durchmesser, in dem Windstille und außerordentlich tiefer Luftdruck herrschen. Der niedrige Druck ist die Folge starker Erwärmung der Luft, die im Inneren des Sturmwirbels aufsteigt. Die Erwärmung wird durch eine massive Kondensation von Wasserdampf verursacht, bei der große Mengen von latenter Wärme freigesetzt werden. Der Wasserdampf stammt einerseits aus der Verdunstung des warmen Ozeanwassers, andererseits aus der von außen gegen das Zentrum strömenden Luft. Über warmem Wasser entsteht so ein Mechanismus, der sich selbst erneuert, so daß der Wirbelsturm auch einige Wochen lang bestehen bleiben kann; wenn er allerdings über Festland oder über kaltes Wasser gerät, stirbt er rasch ab[110].
Infolge der sehr großen Luftdruckunterschiede erreichen die Winde im »Augenwall« am Rande des windstillen »Auges« Orkanstärke. Windgeschwindigkeiten von 200 Kilometern in der Stunde sind keine Seltenheit, und es sind sogar schon Maxima von an die 400 km/h beobachtet worden. Der Bereich, in dem der Wind Orkanstärke, das heißt mehr als 120 km/h erreicht, hat im allgemeinen einen Durchmesser von 100 bis 150 Kilometer.
Neben unmittelbaren Sturmschäden löst der Hurrikan auch Sturmfluten aus, wenn er die Küste erreicht. Im offenen Meer können die von einem Wirbelsturm ausgelösten Wellen Höhen von 15 m erreichen, nahe der Küste werden zwar die Wellen gedämpft, doch kann es zu einem katastrophalen Anstieg des Wasserspiegels um bis zu 8 Metern kommen, der in engen Buchten sogar noch mehr betragen kann. Das Ausmaß und die Heftigkeit dieser Sturmfluten ist vor allem von der Gestalt des Meeresbodens vor der Küste abhängig; wo das Wasser schon nahe der Küste tief ist, sind zwar die Wellen höher, der Anstieg des Wasserspiegels aber geringer.
Wenn sich der Wirbelsturm über Land weiterbewegt und allmählich abstirbt, bringt er sehr starke Regenfälle, insbesondere in Gebirgsgegenden. In vielen tropischen und subtropischen Gebieten werden die Reservoire und Zisternen vor allem von diesen heftigen Regengüssen gespeist; sie sind dort die wichtigste Quelle der Wasserversorgung, auf die man nicht verzichten kann. Andererseits können diese Wolkenbrüche aber auch verheerende Überschwemmungen bringen. Der Hurrikan »Agnes«, der 1972 die amerikanische Küste schon in ziemlich abgeschwächtem Zustand überquerte, verursachte keine nennenswerten Sturm- oder Sturmflutschäden, doch löste er die schwerste Hochwasser-

katastrophe in der Geschichte der USA mit einer Schadenssumme von über 3 Milliarden Dollar aus[111].

Die Zahl der Personenschäden durch Hurrikane ist sehr stark zurückgegangen, seit dank den Wettersatelliten eine rechtzeitige Frühwarnung und Evakuierung bedrohter Gebiete möglich ist (vgl. S. 18). Zugleich ist jedoch das Ausmaß der Sachschäden im Verlauf der letzten Jahrzehnte ständig gestiegen – einfach deshalb, weil sowohl die Bevölkerung als auch der Lebensstandard gewachsen sind und es deshalb mehr Sachwerte gibt, die zerstört werden können[112].

Volkswirtschaftlich gesehen steht die Hurrikanbekämpfung ständig vor einem schweren Dilemma. Einerseits sollen die durch Sturm, Sturmfluten und Hochwasser verursachten Schäden verringert, andererseits aber dürfen die für viele Gebiete lebensnotwendigen Niederschläge der auslaufenden Stürme nicht unterbunden werden – weil das zu Dürren führen könnte, die der Wirtschaft des Landes noch viel schwerere Verluste bringen würden als alle Folgen des Sturms zusammengenommen[113]. Eine Umlenkung der Sturmwirbel auf Bahnen, auf denen sie das Festland überhaupt nicht erreichen, wäre also – selbst wenn das einmal möglich würde – nicht wünschenswert, ebensowenig auch der Versuch, die Entstehung von Hurrikanen zu unterbinden. Man müßte vielmehr versuchen, die Windstärke zu vermindern, die Sturmflut zu mildern und die Niederschläge auf ein möglichst großes Gebiet zu verteilen, um damit die Hochwassergefahr zu verringern.

Bis Techniken entwickelt sind, die das alles bewirken können, ist allerdings noch ein langer Weg. In den bisher durchgeführten Experimenten hat man sich lediglich bemüht, durch massives Impfen in den äußeren Regionen des Sturmwirbels eine Umverteilung von Energie und damit eine Vergrößerung des »Auges« herbeizuführen. Dadurch soll die Windgeschwindigkeit im »Augenwall«, wo die Orkane am heftigsten sind, verringert werden. Eine wichtige Voraussetzung für diese Versuche war die Entwicklung von Spezialraketen durch das Naval Weapon Center in China Lake, wodurch überhaupt erst die Möglichkeit gegeben war, ausreichend große Mengen von Silberjodid in sehr kurzer Zeit in die Wolken einzuimpfen.

Bei Versuchen mit dem Hurrikan »Debbie« im August 1969 war diese Technik tatsächlich erfolgreich. Durch mehrere in kurzen Abständen ausgeführte Impfungen konnten die Spitzengeschwindigkeiten dieses Sturmes im Verlauf von 5 Stunden von 180 auf 125 Kilometer pro Stunde verringert werden. Zwei Tage später, als die Windgeschwindigkeit wieder auf 185 km/h angewachsen war, brachte das Impfen inner-

Abbildung 14: Veränderungen der Windgeschwindigkeiten in 3600 m Höhe im Hurrikan »Debbie« nach dem Impfen am 18. August 1969 (I) und am 20. August (II). Kn (Knoten) = Seemeilen pro Stunde; nm = Seemeilen. (Nach R. C. Gentry in Hess, Hrsg., op. cit./*Umschau* 1/1973.)

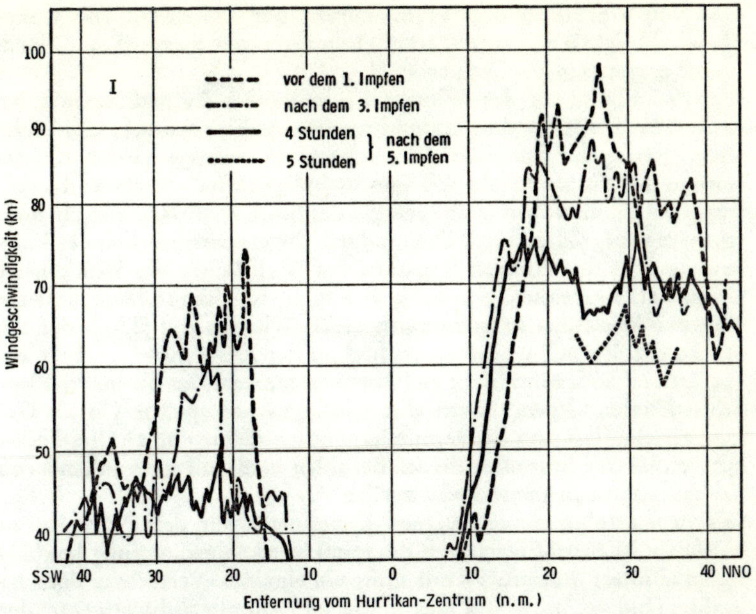
I
vor dem 1. Impfen
nach dem 3. Impfen
4 Stunden
5 Stunden
nach dem 5. Impfen
Windgeschwindigkeit (kn)
100
90
80
70
60
50
40
SSW 40
30
20
10
0
10
20
30
40 NNO
Entfernung vom Hurrikan-Zentrum (n. m.)

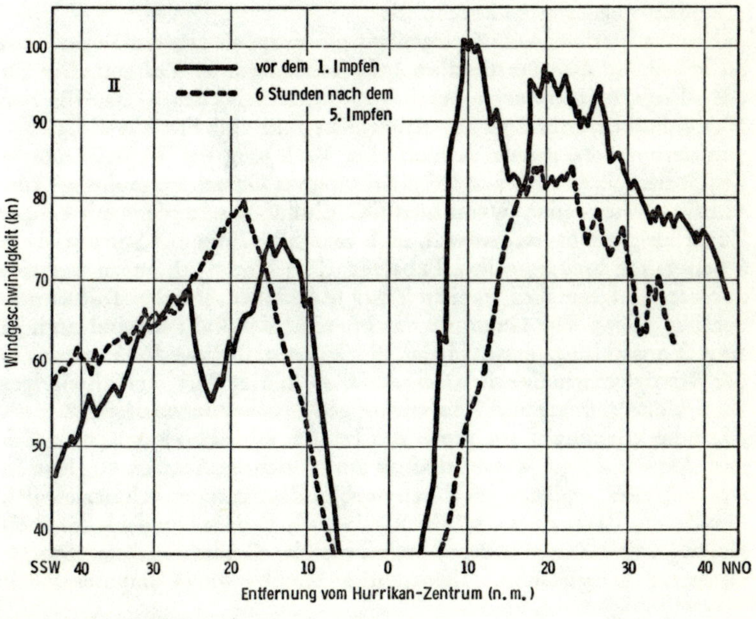
II
vor dem 1. Impfen
6 Stunden nach dem 5. Impfen
Windgeschwindigkeit (kn)
100
90
80
70
60
50
40
SSW 40
30
20
10
0
10
20
30
40 NNO
Entfernung vom Hurrikan-Zentrum (n. m.)

halb von 6 Stunden eine Verminderung auf 155 km/h. Die Wahrscheinlichkeit, daß derart starke Veränderungen zweimal nur durch Zufall eingetreten sind, ist gering[114].
Eine Verminderung der Windstärke in diesem Ausmaß könnte bei einem Hurrikan, der das Festland erreicht, bereits eine sehr erhebliche Verringerung der Sturmschäden bedeuten. Allerdings wird durch das Impfen nur die maximale Windgeschwindigkeit im »Augenwall« verringert, nicht aber die Gesamtenergie des Sturmwirbels, die sogar noch ein wenig vergrößert wird. Daß dadurch die Geschwindigkeit der Luftbewegung in den äußeren Regionen des Wirbels, wo die Winde nicht Orkanstärke erreichen, ein wenig zunimmt, ist nicht schlimm, solange man nur Windschäden in Betracht zieht. Wie sich das jedoch auf die Stärke der Sturmflut beim Überschreiten der Küste auswirkt, ist nicht geklärt und auch nicht leicht zu beantworten, weil hier die unterschiedlichen lokalen Gegebenheiten eine wichtige Rolle spielen. Ob die Gefahr besteht, daß man für verminderte Sturmschäden unter Umständen mit vermehrten Sturmflutschäden bezahlen muß, soll jetzt anhand von Computermodellen untersucht werden[115].
Seit dem erfolgreich verlaufenen Experiment mit dem Wirbelsturm »Debbie« ist den Mitarbeitern des mit Hurrikanbekämpfung beschäftigten »Project Stormfury« nur mehr ein einziges »Versuchskaninchen« in die Hände gefallen, das überdies schon recht altersschwach war: der Hurrikan »Ginger« im September 1971. Das Impfen dieses schon abklingenden Sturmes brachte – mehr oder weniger erwartungsgemäß – keine nennenswerten Ergebnisse.
Jahrelang warten, ohne Gelegenheit zu einem sinnvollen Experiment zu haben, ist selbstverständlich kein befriedigender Zustand. Die für das »Project Stormfury« verantwortlichen Behörden – das für den Wetterdienst zuständige Handelsministerium und das Verteidigungsministerium – erwägen deshalb eine Verlegung der Experimente in den Stillen Ozean, etwa auf den Stützpunkt Guam, wo es mehr »Versuchskaninchen« gibt. Wenn man den Einfluß des Impfens mit einiger Zuverlässigkeit beurteilen will, muß man allerdings mit Sturmwirbeln arbeiten, die sozusagen ihre Pubertät schon hinter sich haben und sich in einem einigermaßen stabilen Zustand befinden. Bei den Taifunen in der Umgebung von Guam ist das oft nicht der Fall; sie sind noch in einer Entwicklungsphase, in der plötzliche natürliche Veränderungen der Windgeschwindigkeit häufig sind, so daß es dort viel schwieriger wäre, Zufallseffekte und Impfwirkungen auseinanderzuhalten[116].
Ähnliche Wirkungen wie durch das Impfen mit Silberjodid lassen sich nach Ansicht einiger Wissenschaftler auch durch das Aussäen von Ruß in wolkenfreien Regionen im Einzugsgebiet des Sturmwirbels erzielen[117]. Man würde dadurch zusätzliche Wolken schaffen und zugleich die Freisetzung von latenter Wärme außerhalb der Gebiete höchster Sturmintensität herbeiführen. Theoretische Studien am Computermodell

eines Hurrikans sagen auch für derartige Eingriffe eine Vergrößerung des »Auges« bei gleichzeitiger Verminderung der Windstärke im »Augenwall« voraus. Praktische Versuche sind allerdings bisher noch nicht durchgeführt worden.
Eine Methode, wie man die gesamte Aktivität des Wirbelsturms (also nicht nur die Windstärke) stark abschwächen, ja den Sturmwirbel vielleicht sogar überhaupt auflösen könnte, wäre die Unterbindung der Wasserverdunstung im Bereich des »Auges«, indem man die Meeresoberfläche mit einer dünnen Ölschicht oder einem chemischen Film bedeckt[118]. Besonders bei Stürmen, die erst in der Entstehung begriffen oder zumindest noch sehr jung sind, scheint diese Technik Erfolg zu versprechen, denn solange der Wellengang noch nicht sehr hoch ist, bestehen gute Aussichten, daß sich die aufgesprühte Decke nicht allzu rasch mit dem Wasser vermischt. Das zu bedeckende Gebiet hätte eine Fläche von etwa 100 Quadratkilometern, und eine Deckschicht, die nicht stärker als ein Tausendstel Millimeter ist, würde genügen. Man würde also für eine »Sprühung« etwa 100 Kubikmeter (1000 Hektoliter) Öl benötigen – eine Menge, die man mit modernen Transportmitteln ohne Schwierigkeiten befördern könnte. Da sich das Zentrum des Sturmwirbels allmählich verlagert, müßte man die Deckschicht alle vier bis fünf Stunden erneuern.
Erste Versuche mit in Frage kommenden Sprühmitteln (Linolsäure, Polyvinylalkohol und andere) wurden vor der Küste Floridas in normal bewegter See durchgeführt und hatten eine sehr eindrucksvolle Verminderung des Wellengangs zur Folge. Damit erhöhen sich die Chancen für die Beständigkeit der Deckschicht. Eine Erprobung unter echten Sturmbedingungen ist geplant[119]. Die Umweltaspekte dieser Methode wären allerdings noch sehr sorgfältig zu prüfen, denn die Weltmeere werden ohnehin schon mit allzuvielen Schadstoffen verseucht.
Der schon erwähnte amerikanische Geophysiker Gordon MacDonald hat die Vermutung ausgesprochen, daß man durch eine geschickte Kombination dieser Ölfilmmethode mit gut gezieltem Impfen die Zugbahn von Hurrikanen lenken und sie damit zu einer fürchterlichen Terrorwaffe machen könnte. »Zur Zeit«, schrieb er 1968, »verfügen wir zwar noch längst nicht über die nötigen Unterlagen und die genauen Kenntnisse, die erforderlich wären, um derartige Experimente durchzuführen; nichtdestoweniger bleibt die Möglichkeit, daß derartige Techniken entwickelt und unter dem Deckmantel der Unregelmäßigkeiten der Natur angewendet werden, eine beunruhigende Perspektive.«[120]
Praktische Versuche zur Erprobung dieser Ideen sind bisher entweder noch nicht durchgeführt oder vielleicht von den amerikanischen Militärbehörden geheimgehalten worden. Wenn man wirklich einmal imstande wäre, die Zugbahn von Wirbelstürmen zu beeinflussen, könnte man diese Fähigkeit sicherlich auch für friedliche Zwecke nutzbringend

anwenden. In der Praxis würde dies die Entscheidungsträger allerdings oft vor sehr schwierige Aufgaben stellen.
Neben Hurrikanen gibt es in den USA auch noch eine andere Art von Wirbelstürmen, die allerdings viel kurzlebiger und kleinräumiger sind: die sogenannten Tornados, die etwa dem entsprechen, was man bei uns eine sehr intensive Windhose nennen würde. Theoretische Untersuchungen an Computermodellen, ob und wie man derartige Stürme beeinflussen oder verhindern kann, sind noch nicht weit genug fortgeschritten, als daß man das Risiko praktischer Versuche eingehen könnte[121]. Kommerzielle Wettermacher, die in Texas und in Kenia mit Hagelbekämpfung beschäftigt waren, haben einige Male Tornados geimpft, die zufällig ihr Operationsgebiet heimsuchten. Die Folgen waren Veränderungen des Radarechos und eine beträchtliche Ausweitung des zum Tornado gehörenden Niederschlagsgebiets, aber keine Veränderungen der Windstärke[122].

Kann man die Großwetterlage beeinflussen?

Mittelfristige Computerprognosen sagen das Wetter im allgemeinen so gut voraus, wie man das unter den heutigen Gegebenheiten erwarten kann; ihre Qualität wird sich mit dem Einsatz leistungsfähigerer Computer und mit genauerer Ermittlung der Eingabedaten zweifellos noch beträchtlich verbessern (vgl. S. 17). Ständige Vergleiche zwischen dem vorhergesagten und dem tatsächlichen Wetterablauf ermöglichen die Aufdeckung von Fehlern und Mängeln im mathematischen Modell und dessen bessere Anpassung an die wirklichen Verhältnisse, womit viele, meist kleinere Ungenauigkeiten der Prognose nach und nach beseitigt werden. Es gibt jedoch gelegentlich auch Fälle von unerwarteten krassen Fehlprognosen, die sich auf diese Weise nicht erklären und beseitigen lassen. Bei der Untersuchung solcher, auf den ersten Blick rätselhafter Fälle ist der kanadische Meteorologe D. Davies zu dem Schluß gelangt, daß es manchmal allem Anschein nach im Wettergeschehen »Scheideweg-Situationen« gibt, in denen zwei sehr verschiedene Weiterentwicklungen nahezu gleich wahrscheinlich, dazwischenliegende Möglichkeiten jedoch sehr unwahrscheinlich sind[123].
Ein typisches Beispiel ist eine Situation, bei der sich ein Tief vom Süden her auf die Südspitze von Grönland zu bewegt. Es wird in der Folge entweder ostwärts in Richtung Island–Nordatlantik weiterziehen oder westwärts in Richtung Labrador–Davisstraße; manchmal, wenn auch selten, wird es sich teilen und jeder der beiden Teile wird einen der möglichen Wege verfolgen. Die Erfahrung zeigt jedoch, daß sich das Tief niemals geradeaus über Grönland hinwegbewegt. Je nachdem,

welchen Weg es nimmt, wird sich in der Folge das Wetter in Europa und Nordamerika sehr unterschiedlich gestalten, und wenn der Computer in einer solchen Situation den falschen Weg voraussagt, dann werden seine Prognosen schon bald weit von der Wirklichkeit abweichen.

Eine andere »Scheideweg-Situation« ergibt sich, wenn sich unter bestimmten meteorologischen Bedingungen zwei Tiefs verhältnismäßig nahe voneinander zu entwickeln beginnen. Erfahrungsgemäß erreicht unter solchen Umständen nur eines von beiden volle Stärke, während das andere rasch verschwindet, und auch in diesem Fall kommt man zu völlig irrigen Prognosen, wenn man aufs falsche Pferd setzt.

Insgesamt hat Davies bisher sieben solcher meteorologisch genau definierbarer »Scheideweg-Situationen« entdeckt, und er nimmt an, daß man bei systematischer Suche noch weitere finden kann. Zum Teil scheint es sich dabei um tatsächlich unbestimmte Situationen zu handeln, in denen vorübergehend beide Wege offen sind; in anderen Fällen um Wetterlagen, in denen schon kleine Ungenauigkeiten in den Eingabedaten des Computers, wie sie heute noch unvermeidlich sind, zu einer völlig falschen Prognose führen. Jedenfalls dürften in beiden Fällen weitgehend labile Zustände vorliegen, in denen schon eine kleine, gut gezielte menschliche Einwirkung den weiteren Ablauf auf die eine oder auf die andere Bahn lenken könnte.

Auch Joanne Simpson hält es für möglich, daß man durch sorgfältig gezielte Eingriffe an Schlüsselstellen großräumige Wirkungen hervorrufen kann.[124] Sie verweist darauf, daß sich Tiefdruckgebiete, insbesondere im Golf von Alaska, manchmal plötzlich »explosionsartig« verstärken und daß dies das erste Glied einer Kette von Ereignissen ist, die zu einer grundlegenden Veränderung des Verlaufs der Luftströmungen über der ganzen Nordhalbkugel, also zu einer Änderung der Großwetterlage, führt. Vermutlich läßt sich ein schwaches Tief durch Impfen seiner Wolkensysteme so sehr verstärken, daß man eine solche Veränderung der Großwetterlage – wenn erwünscht – künstlich herbeiführen kann.

Eine andere Schlüsselstelle für gezielte Eingriffe sind die äquatorialen Tiefdruckgebiete. Einige tausend mächtige Cumulonimbuswolken, sogenannte »heiße Türme«, die man stets in dieser Region findet, sind der wichtigste »Zündmechanismus« für die großräumige atmosphärische Zirkulation; wenn man hier durch gut gezieltes Impfen Veränderungen einleitet, kann das fühlbare Auswirkungen auf das Wetter in subtropischen Gebieten haben.

Seinerzeit, schreibt Frau Simpson, habe man Langmuir verlacht, als er meinte, daß er durch Wolkenimpfexperimente in Neu Mexiko möglicherweise das Wetter in dem mehr als 3000 km weit entfernten Boston beeinflußt habe. Heute wisse man jedoch so viel über die atmosphärischen Vorgänge, daß ein weiser Meteorologe solche Behauptungen weder aufstellen noch verlachen, sondern Hypothesen, auch über Fernwirkungen, sorgfältig prüfen und untersuchen sollte.

Tiefdruckgebiete über tropischen Ozeanen könnten nach Ansicht der amerikanischen Geophysiker Gray und Frank durch massives Aussäen von Ruß geschaffen oder beträchtlich verstärkt werden. Es würde sich dabei um eine Operation von wesentlich größeren Dimensionen als das übliche Wolkenimpfen handeln. Man müßte ganze Schiffsladungen von Schweröl an Ort und Stelle durch geeignete Brenner in Ruß verwandeln, und die dabei entstehende Wärme würde die angestrebte meteorologische Wirkung noch unterstützen. Ob und wann sich ein derart großer Aufwand lohnt, ist eine offene Frage, und auch die Umweltaspekte dieser Technik müßten sorgfältig geprüft werden. Jedenfalls glauben die beiden Forscher, daß der so geschaffene Tiefdruckwirbel bei gut gezielter Wahl des Impforts mit seinen Wolkenfeldern nach etwa ein bis zwei Tagen ein benachbartes, von Trockenheit heimgesuchtes Küstengebiet erreichen und Niederschläge bringen könnte. Auch eine Verstärkung von Tiefdruckgebieten der gemäßigten Zone, etwa in den unter Trockenheit leidenden Weststaaten der USA, sollte nach Meinung der Autoren mit dieser Methode möglich sein[125].

Während sich alle bisher angeführten Überlegungen mit der Schaffung, Beeinflussung oder Verstärkung von Tiefdruckgebieten und dazugehörigen Cumuluswolken beschäftigen, hat man in einigen sowjetischen Versuchen durch großräumiges Impfen hochnebelartiger Stratusbewölkung Wetterveränderungen herbeigeführt, die der Entwicklung einer schwachen Hochdruckzelle ähnlich waren[126]. Die geimpften Gebiete – mit Flächen von einigen Tausend Quadratkilometern – blieben nach dem Eingriff viele Stunden lang wolkenfrei, während sich in benachbarten ungeimpften Gebieten die Hochnebeldecke nicht auflöste. Da die Sonnenstrahlung in den wolkenfreien Gebieten den Boden erreichen konnte, stiegen dort die Temperaturen in bodennahen Luftschichten um 7 bis 8 Grad Celsius mehr an als in den benachbarten bedeckten Gebieten, und es scheint, daß dadurch die bestehende Inversion zumindest vorübergehend beseitigt werden konnte. Eine Auflösung hochnebelartiger Bewölkung über Flächen von mehreren zehntausend Quadratkilometern, die mit heute zur Verfügung stehenden Techniken praktisch durchführbar wäre, könnte nach Ansicht von Professor Fedorow bereits als Auslösemechanismus für die Veränderung wesentlich größerer meteorologischer Prozesse dienen.

Was wir in diesem Abschnitt beschrieben haben, sind vorläufig nur Ideen und Vorschläge, deren praktische Verwirklichung bisher, soweit bekannt, noch nie erprobt wurde. Sie lassen aber erkennen, daß die Möglichkeit gezielter Veränderungen der Großwetterlage heute nicht mehr ein bloßes Hirngespinst ist, sondern ein Thema, mit dem sich seriöse Wissenschaftler bereits ernsthaft zu beschäftigen beginnen. Daß in diesem Zusammenhang nicht nur technisch-wissenschaftliche Fragen zu lösen sind, sondern auch zahlreiche juristische, völkerrechtliche und sonstige Probleme, liegt auf der Hand. Das wird uns im dritten Teil dieses Buches noch ausführlich beschäftigen.

Von Eiszeiten und ihren Vorteilen

Die Lebewesen unserer Erde sind ganz bestimmten Umweltbedingungen angepaßt und können nur in einem verhältnismäßig engen Temperaturbereich existieren. Daß sie sich im Laufe von mehreren Milliarden Jahren zu der heutigen Vielfalt von Formen entwickeln konnten, beweist, daß sich das Klima unseres Planeten in dieser Zeit immer innerhalb der Grenzen bewegt hat, in denen irdisches Leben überhaupt möglich ist. Die Schwankungsbreite der mittleren Jahrestemperatur dürfte im Verlauf der letzten 3 Milliarden Jahre 20 Grad Celsius kaum überschritten haben. Im Vergleich zum Ausmaß der jahreszeitlichen Veränderungen, die wir in Mitteleuropa ständig erleben, scheint das nicht viel, doch können auch bereits relativ kleine Schwankungen der mittleren Jahrestemperatur merkliche Auswirkungen haben. Die mittleren Temperaturen während der letzten Eiszeit waren »nur« um etwa 5 bis 10 Grad tiefer als heute.
Im Rahmen der oben angeführten Grenzen ist das Klima allem Anschein nach ständigen Schwankungen unterworfen. Es hat im Verlauf der Erdgeschichte eine ganze Anzahl von Eiszeitperioden gegeben, andererseits auch lange Zeiträume, in denen es beträchtlich wärmer war als heute. Das Ende der letzten Eiszeit liegt rund 10 000 Jahre zurück. Seither hat es schon mehrmals Wärmeperioden gegeben, in denen viele heute vergletscherte Berge der Alpen wie etwa der Dachstein ihre Eisbedeckung vollständig verloren hatten – die letzte vor rund 3000 Jahren. Um das Jahr 1000 unserer Zeitrechnung, als die Wikinger nach Grönland (= Grünland) kamen, war die Vergletscherung dieser Insel erheblich geringer als heute. Auch das Hochmittelalter war eine relativ warme Periode; die Schweiz beispielsweise wurde damals insgesamt siebzehnmal von Wanderheuschrecken heimgesucht, und noch im Winter 1427/28 blühten in Mitteleuropa im Dezember und Januar die Obstbäume[127]. Eine markante Klimaverschlechterung, die manchmal als »kleine Eiszeit« bezeichnet wird, gab es zwischen 1540 und 1600. Damals kam es zu massiven Gletschervorstößen in den Alpen und einem Höchststand von Binnenseen, etwa des Kaspischen Meeres. Es folgte eine Erwärmung während des Dreißigjährigen Krieges, und auch seither hat es immer wieder kleinere Schwankungen und niemals einen stabilen »Normalzustand« gegeben.

Große Klimaschwankungen gehen auf der ganzen Erde in ungefähr der gleichen Weise vor sich. So haben die Eiszeiten Europa, Nordamerika und Australien etwa um die gleiche Zeit heimgesucht. Diese großen Veränderungen wurden aber offenbar von anderen kleineren Schwankungen überlagert, die sich in verschiedenen Teilen der Erde verschieden auswirken und die anscheinend auf Verschiebungen in der atmosphärischen Zirkulation zurückzuführen sind. Nord-Süd-Verschiebungen des äquatorialen Tiefdruckgürtels führen zu begleitenden Verschiebungen von Klimazonen, so daß in diesen Fällen eine Erwärmung in den gemäßigten Breiten der Nordhalbkugel von einer Abkühlung in entsprechenden Breiten der Südhalbkugel begleitet wird und umgekehrt[128]. Die Dürre in der Sahel-Zone am Südrand der Sahara war nach Ansicht mancher Meteorologen ebenfalls eine Folge einer solchen Nord-Süd-Verschiebung; sie war jedenfalls von einer Zunahme der Regenfälle am Nordrand der Sahara begleitet[129]. Daneben gibt es, zumindest auf der Nordhalbkugel, auch Ost-West-Verschiebungen der atmosphärischen Zirkulation mit begleitenden Klimaschwankungen. Der ungewöhnliche Winterverlauf in Europa in den letzten Jahren wird von manchen Meteorologen auf eine Westverlagerung des »Islandtiefs« zurückgeführt, das sich mehrere Jahre lang über Südgrönland ausbildete und Veränderungen der in Europa vorherrschenden Windrichtung mit daraus folgenden Klimaänderungen brachte[130]. Die amerikanische Forscherin B. M. Gray ist nach vergleichenden Studien von Wetteraufzeichnungen über die letzten tausend Jahre in chinesischen, japanischen, russischen, westeuropäischen und (soweit vorhanden) amerikanischen Quellen zu dem Ergebnis gekommen, daß es wahrscheinlich von der allgemeinen Zirkulation bedingte Wellen von Erwärmung und Abkühlung gibt, die sich auf der Nordhalbkugel allmählich von Ost nach West verlagern[131].

Je mehr Wasser in Form von Gletschereis gebunden ist, desto tiefer sinkt der Spiegel der Weltmeere. Eine allgemeine Erwärmung des Klimas würde zu einem Abschmelzen der Gletscher und damit zu einer Überflutung zahlreicher Zentren der gegenwärtigen menschlichen Zivilisation führen. Gegenwärtig befinden sich neun Zehntel des irdischen Gletschereises in der Antarktis. In früheren erdgeschichtlichen Perioden, als sich die Platte der Erdkruste, die den antarktischen Kontinent trägt, noch in gemäßigten Breiten befand und das Südpolgebiet ebenso wie das Nordpolgebiet ein Meer war, konnte es – unabhängig von der Temperatur – nicht soviel Eis geben wie heute, und der Meeresspiegel war daher erheblich höher. Umgekehrt muß die Verschiebung eines Kontinents ins Südpolgebiet und die sich daraus ergebende massive Vergletscherung mit begleitenden Veränderungen der Rückstrahlungseigenschaften des Erdballs erhebliche Rückwirkungen auf das globale Klima gehabt haben.

Die Frage nach den Ursachen von großen globalen Klimaschwankungen und Eiszeiten kann bisher nicht mit Sicherheit beantwortet werden. Es gibt viele Erklärungsversuche und einander zum Teil ergänzende Theorien, aber keine, die allgemeine Anerkennung gefunden hätte. Als mögliche Ursachen werden unter anderem genannt: Schwankungen der Sonnenaktivität, Veränderungen der Durchlässigkeit der Atmosphäre durch Flugasche nach starken Vulkanausbrüchen, Polverlagerungen und Schwankungen in der Neigung der Erdachse, Auswirkungen der Kontinentalverschiebung, Veränderungen in der globalen atmosphärischen Zirkulation und anderes mehr. Es ist denkbar, daß ein Zusammenwirken mehrerer dieser Faktoren für das Entstehen einer Eiszeit notwendig ist.

Sicherlich ist das, was wir als »Klima« bezeichnen, ein Endergebnis des Wechselspiels zwischen zahlreichen Vorgängen auf der Sonne, in der Atmosphäre und in der Hydrosphäre (also den Ozeanen, Seen, Gletschern usw.). In dieses Wechselspiel sind viele einander beeinflussende Rückkopplungs- und Verstärkermechanismen von verschiedener Zeitdauer eingebaut, die allem Anschein nach bewirken, daß das Gesamtsystem zwar nicht stabil ist, aber doch nur innerhalb der verhältnismäßig engen, am Anfang dieses Abschnitts erwähnten Grenzen schwankt. Versuche, dieses äußerst komplizierte System in einem mathematischen Modell zu erfassen, stehen erst in ihren Anfängen und stellen vorläufig noch sehr unvollkommene Annäherungen an die Wirklichkeit dar[132]. Demgemäß müssen auch alle Prognosen über eine bevorstehende Eiszeit oder sonstige klimatische Veränderungen mit einer guten Portion Skepsis aufgenommen werden.

Die das Klima beeinflussenden Wechselbeziehungen sind wesentlich komplizierter, als man bei oberflächlicher Betrachtung annehmen könnte. So behauptet eine moderne Theorie, daß ein Durchgang des Sonnensystem durch die staubreichen Spiralarme unseres Milchstraßensystems die Ursache der Eiszeiten ist[133]. Doch die naheliegende Annahme, daß der Eintritt in die Staubzone zu einer verminderten Sonneneinstrahlung auf der Erde führe, wird von dem englischen Astronomen McCrea zurückgewiesen. Der Staub müßte seiner Meinung nach vielmehr zu einer kräftigen Aufheizung der Sonnenoberfläche und zu verstärkter Sonneneinstrahlung auf der Erde führen. Die vielleicht paradox erscheinende Folge wäre aber verstärkte Verdunstung, mehr Wolken, mehr Niederschläge, daher zunehmende Eis- und Schneebedeckung und im Endeffekt verstärkte Rückstrahlung durch Wolken, Eis und Schnee, so daß es, seiner Meinung nach, insgesamt zu einer Abkühlung der Erde kommen würde.

Untersuchungen von Bohrkernen aus den Ablagerungen am Meeresgrund zeigen, daß es zu Beginn der letzten Eiszeitperiode außergewöhnlich große Menge von Vulkanasche in der Atmosphäre gab. Doch ist keineswegs ausgemacht, wer in diesem Zusammenhang die Henne und wer das Ei war. Es wäre denkbar, daß das Gewicht der aus anderen Gründen stark angewachsenen Gletscher einen so starken Druck auf bestimmte Platten der Erdoberfläche ausgeübt hat, daß es dadurch zu Verlagerungen *in* der Erde gekommen ist – die ja kein starrer, sondern ein plastischer Körper ist – und daß dies der Grund für die verstärkte Vulkanaktivität war. Die durch die Asche verursachte Trübung der Atmosphäre hätte dann eine Verminderung der Sonneneinstrahlung und weitere Abkühlung zur Folge gehabt, das heißt, es hätte zwei Prozesse gegeben, die einander wechselseitig verstärken[134]. Die Vereisung hat übrigens auch einen in sich selbst eingebauten Verstärkereffekt: sie führt zu verstärkter Reflexion des Sonnenlichts und damit zu geringerer Wärmeaufnahme, also zu Abkühlung.

In das Gesamtsystem sind aber nicht nur positive (verstärkende), sondern auch langsamer wirkende negative (dämpfende) Rückkopplungseffekte eingebaut. Der Rückgang der Temperaturen und die Verkleinerung der Meersoberfläche als Folge der eiszeitlichen Senkung des Meeresspiegels führt zu einer Verminderung der Wasserverdunstung, geringerer Wolkenbildung und weniger Niederschlägen. Die Gletscher erhalten in ihrem Nährgebiet nicht mehr genug Nachschub an Schneefällen, sie verhungern sozusagen von oben her und schmelzen allmählich wieder ab. Dieser negative Rückkopplungseffekt (und vielleicht auch noch zusätzliche andere) haben zumindest bisher immer verhindert, daß die Erde völlig vereiste und unbewohnbar wurde.

Eine neue Eiszeit würde für die meisten hochindustrialisierten Länder, die in der gemäßigten und subpolaren Zone liegen, eine ernste Verschlechterung bedeuten, doch wäre es eine grobe Übertreibung, von einer Katastrophe für die Menschheit zu sprechen. Für die meisten Länder der Dritten Welt, in denen insgesamt wesentlich mehr Menschen als in der gemäßigten Zone leben, aber auch für die europäischen Mittelmeerländer, für Teile der USA und Australiens sowie für Südafrika würde eine solche Entwicklung eher eine Verbesserung der Lage bedeuten. Die Wüsten würden kleiner, die Niederschläge in vielen heute unter Trockenheit leidenden Gebieten würden zunehmen. Tatsächlich war für viele dieser Länder das Ende der letzten Eiszeit eine Katastrophe, die Dürre und eine drastische Verminderung der Wildbestände brachte, so daß die Menschen dort nicht länger von der Jagd leben konnten. Das war sehr wahrscheinlich der Anlaß, warum gerade damals in diesen Ländern der Ackerbau erfunden wurde.

Da es also, wie man sieht, eine beträchtliche Zahl von »Nutznießern« einer neuen Eiszeit geben würde, ist die Frage berechtigt, ob man einen solchen Zustand künstlich herbeiführen könnte. Gordon J. F. MacDonald antwortet darauf mit einem vorsichtigen Ja. Er stützt sich dabei auf eine Theorie von A. T. Wilson, wonach Vorgänge in der Antarktis das auslösende Moment für weltweite Vereisung sind[135]. Solche Vorgänge könnte man nach Ansicht MacDonalds künstlich in Gang setzen. Allerdings würde – vorausgesetzt, daß Wilsons Theorie überhaupt richtig ist – eine Eiszeit jedenfalls nicht »über Nacht« ausbrechen. Das Gletscherwachstum ist ein Prozeß, der Jahrhunderte bis Jahrtausende in Anspruch nimmt.

Klimabeeinflussung — verändern oder stabilisieren?

Schon viele Jahrtausende, bevor sich die Menschen bewußt wurden, daß es auch noch andere Methoden als religiöse Zeremonien gibt, um das Wetter zu beeinflussen, haben sie durch ihre Tätigkeit an vielen Stellen der Erde das Klima zwar ungewollt, aber sehr nachhaltig verändert. Seit der Erfindung des Ackerbaus kurz nach dem Ende der letzten Eiszeit geht die Ausbreitung der »Zivilisation« im wesentlichen auf Kosten der Waldbestände vor sich. Ein großer Teil der heutigen »Kulturlandschaft« – sowohl Ackerland als auch verbaute oder nichtlandwirtschaftlich genutzte Flächen – war einst von Wäldern bedeckt, ebenso auch viele vom Menschen zerstörte Landschaften, die heute »Ödland« sind: verkarstete, kahle oder von Macchie-Gestrüpp bedeckte Gebirge, Heiden und sogar Wüsten. Nicht immer ist mit Sicherheit feststellbar, welche Veränderungen auf natürliche Klimaschwankungen und welche auf menschliche Einwirkungen zurückzuführen sind, aber es ist nicht zu bezweifeln, daß viele Wüsten durch den Menschen, und zwar durch Abholzen von Baumbeständen und übermäßiges Beweiden von Steppen, zumindest erheblich vergrößert wurden – und noch immer vergrößert werden.

Wälder wirken in vielfältiger Weise auf unsere Umwelt ein. Sie bremsen bodennahe Luftströmungen und vermindern damit die Menge von Staub, die von den Winden aufgewirbelt wird und die Atmosphäre trübt. Sie filtern Staub und Nebel aus der Luft. Sie wirken wie große Schwämme, die Niederschlag zurückhalten und nur langsam an die Gewässer abgeben. Sie haben eine wesentlich stärkere Wasserverdunstung als landwirtschaftliche Kulturflächen oder gar Ödland und tragen damit nicht unwesentlich zur Luftfeuchtigkeit bei. Sie entziehen der Luft im Zuge ihres Stoffwechsels Kohlendioxyd und binden es für lange Zeiträume, während sie gleichzeitig Sauerstoff an die Luft abgeben. Die seit Jahrtausenden vor sich gehende und auch heute noch fortgesetzte Verringerung der Waldbestände durch Menschenhand muß also zweifellos starke Auswirkungen auf die klimatischen Verhältnisse gehabt haben. Man nimmt an, daß sie die Hauptursache für immer häufiger auftretende Dürren in Osteuropa ist und daß sie im Laufe der letzten Jahrtausende eine starke Verringerung der Regenmenge im Mittelmeergebiet herbeigeführt hat[136].

Die Verstädterung und Industrialisierung in der Gegenwart, die sich in naher Zukunft offensichtlich noch verstärken werden, haben neue massive Einwirkungen auf Klima und Umwelt mit sich gebracht. Städte und große Industriekomplexe sind Wärmeinseln mit Temperaturen, die mehrere Grad über jenen der ländlichen Umgebung liegen. Auch für eine Reihe anderer meteorologischer Werte gibt es zwischen Stadt und Land deutliche Unterschiede. Amerikanische Untersuchungen (Durchschnittswerte für mehrere Städte) haben folgende Ergebnisse gebracht: in Städten herrscht verminderte Fernsicht (– 26 %), verminderte Windgeschwindigkeit (– 25 % gegenüber unbewaldeter Umgebung), verminderte Sonneneinstrahlung (– 22 %), verminderte relative Luftfeuchtigkeit (– 6 %) und wesentlich mehr Nebel (+ 60 %). Die Auswirkungen dieser Faktoren auf das Wetter können sich in der Windrichtung über Entfernungen von 50 und mehr Kilometer erstrecken und bringen mehr Bewölkung (+ 8 %), mehr Niederschläge (+ 14 %) und mehr Gewitter (+ 16 %)[137].

Auch der Wasserkreislauf ist durch die Menschen sehr deutlich verändert worden. Stauseen, bewässerte landwirtschaftliche Flächen, Kühltürme und anderes mehr verstärken die Verdunstung und wirken damit der durch die Abholzung der Wälder herbeigeführten Verdunstungsverminderung entgegen. Wie sich das im Endergebnis gegeneinander aufwiegt, ist nicht ganz klar, sicherlich kommt es aber zumindest zu lokalen Umverteilungen der Luftfeuchtigkeit.

Neben den räumlich begrenzten gibt es aber auch bereits weltweite Auswirkungen von Verstädterung und Industrialisierung. Der stark ansteigende Verbrauch fossiler Brennstoffe hat dazu geführt, daß der Kohlendioxydgehalt der Luft seit Beginn unseres Jahrhunderts um mehr als 10 Prozent zugenommen hat (von 0,29 auf 0,32 Promille) und bis zum Jahr 2000 voraussichtlich um weitere 20 Prozent wachsen wird. Da CO_2 für die kurzwellige Sonnenstrahlung besser durchlässig ist als für die langwellige Abstrahlung der Erde, entsteht dadurch ein »Glashaus-Effekt«, der zu einer Erwärmung der Erde führt. Ein amerikanisches Forscherteam schätzt, daß es dadurch bis zur Jahrhundertwende zu einem allgemeinen Temperaturanstieg um ein halbes Grad Celsius kommen werde, und daß eine Verdopplung der gegenwärtigen Kohlendioxydkonzentration die Temperaturen um 2 Grad anheben würde, was bereits sehr ernste Folgen haben könnte[138]. Ob und in welchem Ausmaß dadurch eine negative Rückkopplung (mehr Verdunstung, mehr Wolken und damit letzten Endes Abkühlung) eingeleitet würde, ist nicht klar.

Viele industrielle Prozesse, die Abholzung von Wäldern und die weithin praktizierte Verbrennung landwirschaftlicher Abfälle führen zu einer Vermehrung des Staubgehalts der Atmosphäre und damit auch zu einer Vermehrung der Kondensationskerne. Durch den Staub wird die Strahlungsdurchlässigkeit der Luft in beiden Richtungen vermindert, und ein Teil der einfallenden Strahlung wird vom Staub nicht reflektiert, sondern absorbiert, das heißt, der Staub erwärmt sich und erwärmt damit zugleich auch die umgebende Luft. Die Annahme, daß mehr Staub in der Luft auf jeden Fall zu verminderter Sonneneinstrahlung und »daher« zu Abkühlung führen müsse, ist in dieser vereinfachten Form also nicht richtig. Es hängt vielmehr weitgehend von der Art und Größe der Staubpartikel und ihrer vertikalen Verteilung ab, wie sie sich im Endergebnis auf den Strahlungshaushalt der Erde auswirken.

Die bei weitem massivste Einwirkung auf das Klima ist jedoch der ständig wachsende Energieverbrauch, durch den immer größere Mengen von Abwärme in unsere Umwelt gelangen. Bei einer Fortdauer des Wachstums von etwa 5 Prozent im Jahr müßte man nach Ansicht der in der Pugwash-Konferenz 1974 versammelten Wissenschaftler aus West und Ost spätestens in 80 bis 100 Jahren mit schwersten weltweiten Klimastörungen rechnen[139]. »Bedeutende regionale oder auch globale Klimastörungen könnten infolge der gemeinsamen Wirkung von CO_2- und Partikelimmission in die Atmosphäre, Veränderung der Erdoberfläche und der Flußsysteme und einer ungleichmäßigen Verteilung der Abwärme schon beträchtlich früher eintreten. Ihre wahrscheinlichsten unmittelbaren Folgen wären Mißernten und Hungersnöte.«

Auf längere Sicht ist zu befürchten, daß die allgemeine Erwärmung zu einem Abschmelzen von Gletschern und zu einem katastrophalen Anstieg des Meeresspiegels führen. »Die Folgen für das Klima könnten irreversibel sein«, meint ein besorgter Kommentar in der *Naturwissenschaftlichen Rundschau*[140]. Aber selbst wenn sie es streng genommen nicht sind, sondern durch die vom Menschen herbeigeführte Erwärmung ein in unser Klimasystem eingebauter Rückkopplungsmechanismus in Gang gesetzt würde, der in einigen tausend oder zehntausend Jahren wieder den heutigen Zustand herstellt, wäre das für mehrere hundert Generationen von Menschen, die unterdessen in schwerstens gestörten Umweltbedingungen leben müssen, nur ein sehr schwacher Trost[141].

Für viele Forscher, die sich mit Möglichkeiten der Klimabeeinflussung beschäftigen, steht daher heute nicht so sehr die Frage im Vordergrund, wie man zu einem günstigeren Zustand gelangen könnte, als vielmehr das Problem, unerwünschte — natürliche oder vom Menschen unbeabsichtigt herbeigeführte — Veränderungen zu vermeiden[142]. Gezielte vorsätzliche Klima*veränderungen* werden nach Ansicht von E. Fedorow »in den nächsten zwanzig oder dreißig Jahren praktisch kaum zu verwirklichen sein«. Denn größere Änderungen des bestehenden Klimas lassen sich nur dann zustandebringen, wenn man in der Lage ist, eine Kette von Ereignissen auszulösen, die alle in dieselbe Richtung zielen und in ihrem Gesamteffekt schließlich zu der geplanten Änderung der allgemeinen atmosphärischen Zirkulation führen. »Diese Änderung muß stabil sein, und es dürfen bei ihrer Vorhersage keine Fehler unterlaufen. Hierin und nicht in der technischen Durchführung oder dem Energieaufwand liegt die Grundschwierigkeit des Problems.«[143]

Ansatzpunkte für eine mit heutigen technischen Mitteln bereits durchführbare Einwirkung auf das Klima gibt es viele. Durch Aussäen von Ruß mit relativ billigen Bodengeneratoren kann das Schmelzen von Schnee oder Eis beschleunigt und dadurch die Zeit verlängert werden, in der Böden landwirtschaftlich genutzt, beziehungsweise Gewässer von Schiffen befahren werden können[144]. Umgekehrt kann man durch Impfen von Stratusbewölkung bei entsprechenden Temperaturverhältnissen eine dünne Schneedecke erzeugen und dadurch die Rückstrahlung verstärken und die Erwärmung verzögern[145]. In mäßig trockenen Gebieten kann durch die Errichtung eines Stausees und zugehöriger bewässerter Flächen das Klima fühlbar verbessert werden. Schon Bergeron hat in diesem Zusammenhang darauf hingewiesen, daß die klimatische Wirksamkeit einer solchen Anlage weniger von ihrer Größe als von ihrer wohlüberlegten Placierung abhängt[146]. In Gebieten, wo die Luft so trocken ist, daß auch eine kräftige Verdunstung nicht zu einer Sättigung mit Wasserdampf führt – wie etwa beim Assuan-Stausee –, könne man keine nachhaltige klimatische Verbesserung erwarten.

Neben Projekten von lokaler bis regionaler Bedeutung sind aber auch Eingriffe mit wesentlich weiter reichenden Auswirkungen möglich, so etwa eine Umlenkung kalter oder warmer Meeresströmungen, die auf das Klima entscheidenden Einfluß haben. Ein besonders beliebtes Spekulationsobjekt für klimatische Großprojekte ist das Nördliche Eismeer, weil dort ein »Umkippen« in eine andere relativ stabile Situation verhältnismäßig leicht vorstellbar ist. Zur Zeit ist das Eismeer von einer zwei bis drei Meter dicken Eisschicht bedeckt, die die Sonnenstrahlung stark reflektiert und die Region kalt hält. Auch im Sommer bleibt ein Großteil dieser Eisdecke erhalten. Wenn es gelänge, das Eis einmal zu entfernen, dann würde die Rückstrahlung geringer, es käme zu einer Erwärmung, und die atmosphärische Zirkulation würde sich in einer Weise verändern, daß das arktische Becken voraussichtlich »dauernd« (jedenfalls lange Zeit) eisfrei bliebe[147].

Es gibt verschiedene, zum Teil nicht ganz realistisch anmutende Vorschläge, wie man eine solche Veränderung herbeiführen könnte[148]: Sprengung der Eisdecke mit Wasserstoffbomben, wobei gleichzeitig wärmeres Wasser aus der Tiefe an die Oberfläche gebracht würde (verbunden mit ernsten Umweltschäden); aufsprühen von Ruß auf die Eisdecke (erfordert sehr großen Materialtransport); Errichtung eines Damms in der Beringstraße mit eingebauten Turbinen, die kaltes Eismeerwasser in den Stillen Ozean pumpen, so daß mehr warmes atlantisches (Golfstrom-)Wasser in das arktische Becken gelangt (voraus-

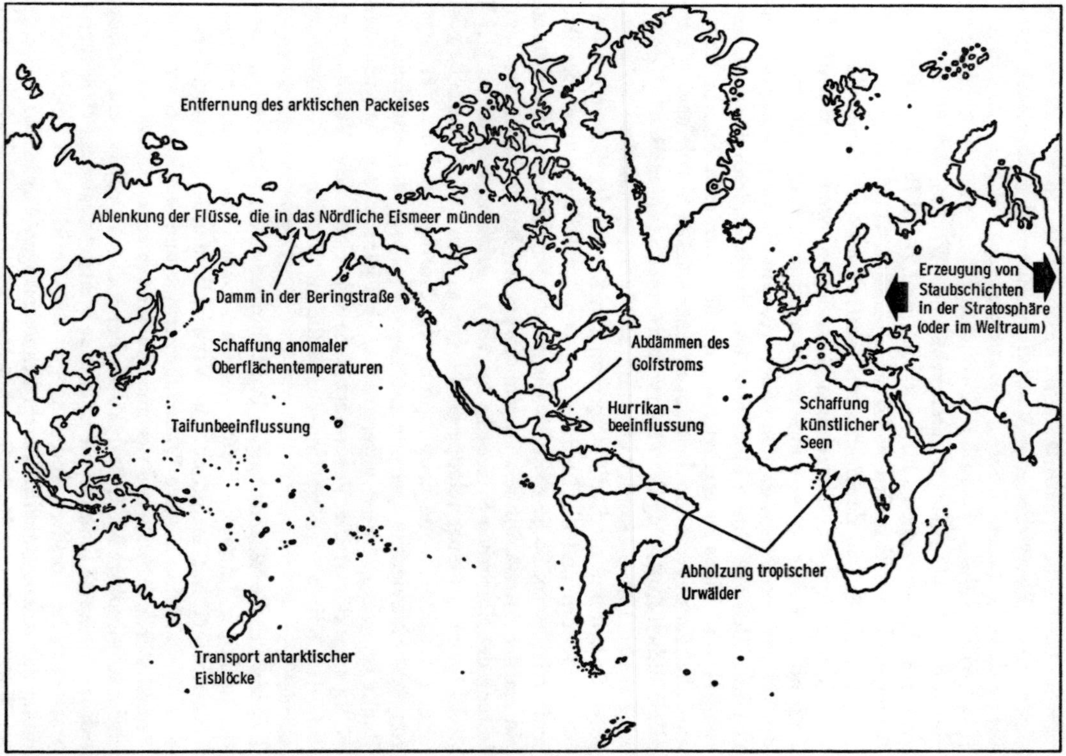

Abbildung 15: Verschiedene mit heutigen technischen Mitteln durchführbare Möglichkeiten, das Klima zu beeinflussen. (Nach W. W. Kellog/ S. H. Schneider, *Science*, 27. Dezember 1974.)

sichtlich Umweltbeeinträchtigung im Pazifik, große Investitionen, ständiger großer Energiebedarf). Wahrscheinlich würden aber auch schon vergleichsweise bescheidenere Projekte genügen, um den gleichen Effekt herbeizuführen. Denn im Nördlichen Eismeer befindet sich unter einem dünnen »Deckel« kälteren salzarmen Wassers, das zu 60 Prozent aus den sibirischen Flüssen stammt und zu 40 Prozent durch die Beringstraße aus dem Stillen Ozean einströmt, verhältnismäßig warmes, salzreiches und daher schweres Golfstromwasser. Schon die Verwirklichung der seit Jahrzehnten diskutierten, wenn auch vorläufig noch nicht in Angriff genommenen sowjetischen Projekte, einen Teil des Wassers von Petschora, Ob und Jenissej in die wasserarmen Regionen im Süden der Union abzuleiten und damit zugleich die Entsumpfung Nordsibiriens zu ermöglichen, würde daher nach Ansicht amerikanischer Fachleute wahrscheinlich zu einer starken Verkleinerung oder allmählichen Auflösung des »Kaltwasserdeckels« führen[149].

Eine solche Entwicklung würde die Schiffahrtsverhältnisse im arktischen Becken und die Bedingungen an den Küsten des Eismeers sicherlich verbessern und die Erschließung von Nordsibirien und Nordkanada erleichtern. So gesehen besteht für die Sowjetunion offensichtlich ein starker Anreiz, die seit langem erwogenen Bauvorhaben zur Umleitung der sibirischen Ströme in Angriff zu nehmen, weil damit gleich drei Fliegen mit einer Klappe geschlagen werden könnten: die Bewässerung des Südens, die Entsumpfung des Nordens und die Verlängerung der Navigationsperiode im Eismeer. Doch der entscheidende Punkt ist, wie Fedorow unterstreicht, »bis jetzt wissenschaftlich noch völlig ungeklärt«: die Voraussage, wie sich eine solche Veränderung auf das Klima der gesamten nördlichen Hemisphäre auswirken würde[150].

Der sowjetische Wissenschaftler P. M. Borissow, der schon gegen Ende der fünfziger Jahre die Errichtung eines Damms in der Beringstraße vorgeschlagen hat, meint, daß die Verwirklichung seines Projekts mildere Winter, eine längere Wachstumsperiode und weniger Dürren bedeuten würde[151], während der auch im Westen sehr angesehene sowjetische Klimatologe M. I. Budyko als Folge dieses Projekts ein wesentlich trockeneres Klima für die mittleren Breiten voraussagt[152]. Mehrere amerikanische Forscher sind hingegen der Ansicht, daß eine Erwärmung der Arktis wesentlich mehr Schnee bringen würde, der vielleicht im Sommer nicht vollständig schmelzen würde, so daß es zu einem Wachstum der Gletscher, ja in längerer Sicht zu einer neuen Eiszeit kommen könnte[153]. Und wenn das arktische Eis einmal entfernt ist, läßt sich diese Veränderung wahrscheinlich nicht mehr rückgängig machen.

Deshalb fordern die amerikanischen Klimatologen W. W. Kellog und S. H. Schneider vom Institut für atmosphärische Forschungen in Boulder, Colorado – übrigens in voller Übereinstimmung mit Professor

Fedorow –, daß Großprojekte zur Klimabeeinflussung bis auf weiteres nicht in Angriff genommen werden sollten. »Es wäre der Gipfel der Verantwortungslosigkeit, mit einem System, das den Lebensunterhalt der Völker der Erde bestimmt, herumzuspielen, solange man das Ergebnis nicht mit Sicherheit voraussehen kann.«[154]

Ein weiterer Bereich, in dem man wahrscheinlich mit verhältnismäßig geringem Aufwand das Klima beeinflussen könnte, sind die äußeren Schichten der Erdatmosphäre. Daß Vorgänge in diesen »höheren Regionen« einen starken Einfluß auf Wetter und Klima ausüben, wird heute von den meisten Geophysikern angenommen, doch ist man sich über die Details der Zusammenhänge noch lange nicht klar. Deshalb besteht auch hier die ernste Gefahr, daß man die Folgen eines Eingriffs nicht richtig voraussehen kann. Da die Luft in der Stratosphäre und in noch höher gelegenen Schichten sehr dünn ist, genügen schon kleine Mengen von Energie oder Materie, um dort fühlbare Veränderungen auszulösen. Viele Wissenschaftler sind deshalb in großer Sorge, daß die Auspuffgase in großer Höhe fliegender Überschallflugzeuge sowie von Weltraumraketen dort Veränderungen auslösen könnten, deren Auswirkungen sich heute noch gar nicht absehen lassen[155].

Von besonderer Bedeutung für alles irdische Leben ist die in etwa 20 bis 40 Kilometer Höhe anzutreffende Ozonschicht. Diese dreiatomigen Sauerstoffmoleküle schirmen die Erdoberfläche vor energiereicher ultravioletter Sonnenstrahlung ab, die für alles Leben auf der Erdoberfläche und in den Lüften – Menschen, Tiere und Pflanzen – verderblich wäre. Es gibt ernste, wenn auch vorläufig noch umstrittene Befürchtungen, daß durch die gemeinsame Wirkung von Auspuffgasen hochfliegender Flugzeuge sowie verschiedener ozonzersetzender Substanzen, die ständig in die Atmosphäre gelangen – Abbauprodukte von Kunstdünger, Treibmittel von Sprühdosen, die in der Stratosphäre eine ozonabbauende Katalysatorwirkung haben – eine Verdünnung der Ozonschicht herbeigeführt werden könnte. Dies hätte schwerste Strahlenschädigungen für die Lebewesen auf Erden zur Folge und wahrscheinlich auch nachhaltige Auswirkungen auf die atmosphärischen Vorgänge[156]. Manipulationen der Ozonschicht sind laut MacDonald auch für militärische Zwecke denkbar[157]. Ozon wird zwar ständig neu gebildet, doch könnte man mit Raketen geeignete, die Zersetzung dieses Gases fördernde Katalysatoren über einem gegnerischen Land versprühen und auf diese Weise zeitweilig »Löcher« in der Strahlenschutzdecke erzeugen. Die Folgen wären verheerend.

III
Probleme und Gefahren

Soll man überhaupt das Wetter beeinflussen?

Im Frühjahr 1972, vor Anlaufen eines großen mehrjährigen Hagelschutz- und Regenvermehrungsprogramms im amerikanischen Bundesstaat Süddakota, ließen die Behörden eine Meinungsumfrage über die Wettermacherei durchführen, die seither jeden Herbst wiederholt wird[1]. Damit soll festgestellt werden, ob und wie sich die Einstellung der Bürger aufgrund ihrer praktischen Erfahrungen mit dem Programm verändert. Eine der von den Meinungsforschern gestellten Fragen lautete: »Halten Sie es für wahrscheinlich, daß das Wolkenimpfen die Pläne Gottes für den Menschen und das Wetter verletzt?« Die Prozentsätze der Antworten verteilten sich vor Anlaufen des Programms, beziehungsweise im Herbst 1973 nach zwei Impfsaisons wie folgt:

	Frühjahr 1972	Herbst 1973
Ja	43	38
Ungewiß	14	15
Nein	43	47

Auf die Frage »Glauben Sie, daß das Wolkenimpfen, auch wenn es sehr sorgfältig überwacht wird, sehr wahrscheinlich das Gleichgewicht der Natür stören würde?« antworteten

	Frühjahr 1972	Herbst 1973
Ja	42	40
Ungewiß	21	23
Nein	37	37

Doch auf die schon vorher gestellte Frage, ob man ein Wolkenimpfprogramm versuchen solle, wenn die Aussicht bestehe, daß man damit den Farmern helfen könne, hatten die Antworten gelautet:

	Frühjahr 1972	Herbst 1973
Ja	69	72
Ungewiß	11	8
Nein	20	20

Ähnliche Umfragen in anderen Bundesstaaten brachten ähnliche Ergebnisse[2].

Zwischen der verhältnismäßig großen Zahl von Ja-Stimmen bei den beiden zuerst angeführten Fragen und der wesentlich kleineren Zahl von Nein-Stimmen bei der dritten (die von den Interviewern als erste einer großen Zahl von Fragen gestellt wurde) besteht ein Widerspruch. Der amerikanische Soziologe Eugene Haas erklärt dies damit, daß für die meisten der Befragten die Wetterbeeinflussung kein Problem darstelle, mit dem sie sich intensiv beschäftigen; sie hätten daher auch keine ausgeprägte Meinung dazu und bemerkten es nicht, wenn sie im Zuge der Beantwortung vieler Fragen zum Teil widersprüchliche Antworten gäben[3]. Die verhältnismäßig häufig anzutreffende religiös motivierte Ablehnung der Wettermacherei kann sich übrigens, soweit mir bekannt ist, nicht auf die offizielle Lehrmeinung einer anerkannten Religionsgemeinschaft stützen.

Über religiöse Auffassungen kann man keine Diskussionen auf naturwissenschaftlicher Grundlage führen, wohl aber über das Argument, daß das Wettermachen das Gleichgewicht der Natur stören könnte. Diese Ansicht geht von der Annahme aus, daß die Wissenschaft die komplizierten und vielfältigen Wechselbeziehungen in der Natur niemals vollständig erkennen und die langfristigen Folgen menschlicher Eingriffe daher niemals zuverlässig voraussagen könne. Bei ernster Erörterung wird noch hinzugefügt, daß Techniken wie die Wetterbeeinflussung Elemente einer künstlichen Umwelt schaffen, von deren Aufrechterhaltung die Menschen dann abhängig werden. Kurzfristig könne man damit zwar Probleme lösen, da die Dinge aber niemals ganz so verlaufen wie erwartet und der Mensch nicht imstande ist, die Natur dauerhaft zu »beherrschen«, schaffe man auf diese Weise langfristig nur noch größere Probleme[4].

Wenn diese Argumentation in einer solchen Form ohne die sie oft begleitenden Überspitzungen vorgebracht wird, ist sie durchaus ernstzunehmen. Nur ist der durchklingende Wunsch nach Rückkehr zu einer weniger künstlichen Umwelt leider kaum zu erfüllen. Der Weg »zurück zur Natur« ist uns versperrt, seit unsere Vorfahren vor etwa zehntausend Jahren den Ackerbau erfunden haben, ohne ein angemessenes *technology assessment*, also eine Abschätzung der langfristigen Folgen dieser technischen Neuerung durchzuführen. Die Gesamtheit dieser Folgen ist das, was man die menschliche Zivilisation nennt – mit all ihren Errungenschaften und Problemen.

Als in den subtropischen Ländern nach dem Ende der Eiszeit das

Klima heißer und trockener wurde, standen unsere Vorfahren vor einer verzweifelten Situation: die Jagderträge wurden immer geringer, und um dem Hunger zu entgehen, begannen sie, Elemente einer künstlichen Umwelt zu schaffen, indem sie Getreide und andere »künstliche« Pflanzen züchteten, die unter natürlichen Bedingungen von »Unkräutern« (also wildwachsenden Pflanzen) überwuchert werden und die nur mit ständiger menschlicher Wartung gedeihen können. Damit haben sie jene Kettenreaktion in Gang gesetzt, bei der die Lösung eines Problems langfristig immer wieder die Entstehung eines neuen und größeren schafft. Denn mit wachsendem Nahrungsangebot wächst die Bevölkerung und damit die Notwendigkeit, die Nahrungsmittelversorgung weiter zu steigern. So ist die Menschheit von der Rodung von Wäldern über Bewässerung von Ackerland bis zum Kunstdünger nach und nach in immer »künstlichere« Umwelten fortgeschritten. Die Zahl der auf der Erde lebenden Menschen hat sich im Zuge dieser Entwicklung in den letzten 10 000 Jahren etwa *vertausendfacht*, und heute müssen wir mit Schrecken erkennen, daß uns dieser Fortschritt an »Grenzen des Wachstums« bringt, die man nicht ungestraft überschreiten kann[5]. Wir stehen vor der Gefahr, daß bei weiterer Fortdauer der sogenannten »Bevölkerungsexplosion« unsere Umwelt, die Grundlage allen Lebens, schließlich völlig zerstört würde.

Ob es wirklich wünschenswert wäre, in eine »natürliche Umwelt« zurückzukehren, in der der Mensch die Natur nicht zu beherrschen sucht, sondern von ihr beherrscht wird und ihren Wechselfällen hilflos ausgeliefert wäre, scheint mehr als fraglich. Jedenfalls ist eine solche Rückkehr schon allein deshalb nicht möglich, weil unter »natürlichen Verhältnissen« eben nur einige Millionen und nicht einige Milliarden Menschen auf der Erde leben können.

Wir müssen in dieser wahrhaft verzweifelten Situation nach einem Ausweg suchen, bei dem weder die sich beängstigend rasch vermehrende Menschheit noch die schwerstem Druck ausgesetzte Umwelt zugrundegeht. Auf »künstliche« Umwelten werden wir dabei nicht verzichten können, aber wir müssen die Idee aufgeben, daß wir die Natur »beherrschen« und ohne jede Rücksicht ausbeuten können. Vielmehr müssen wir versuchen, so gut das eben unter den gegebenen Umständen möglich ist, mit ihr zusammenzuarbeiten[6]. Das wird uns um so besser gelingen, je besser wir die Naturgesetze verstehen; und auch wenn die menschliche Naturerkenntnis immer nur unvollständig ist, sollten wir wenigstens das, was wir erkannt haben, sinnvoll anwenden – was heute leider nur allzuoft versäumt wird.

Die Lösung der ungeheuren Aufgabe, einer rasch wachsenden Menschheit wenigstens einigermaßen menschenwürdige Lebensbedingungen zu sichern, ohne dabei die Umwelt total zu zerstören, erfordert nicht den Verzicht auf die Errungenschaften von Wissenschaft und Technik, sondern ihren maximalen Einsatz in einer vernünftigen, weltweit geplan-

ten Anstrengung[7]. Im Rahmen einer solchen Orientierung kann wahrscheinlich auch die Wettermacherei eine sinnvolle Aufgabe erfüllen – allerdings nur dann, wenn man rechtzeitig ein gründliches *technology assessment* durchführt, damit man wenigstens all jene unerwünschten Folgeerscheinungen vermeidet, die man mit unserem heutigen – zugegebenermaßen begrenzten – Wissen um natürliche und gesellschaftliche Zusammenhänge voraussehen kann.
Wenn sich in den letzten Jahren, vor allem in Amerika, nun endlich auch einige Vertreter anderer Wissenschaftszweige als der Meteorologie mit den möglichen Folgen der Wetterbeeinflussung zu beschäftigen beginnen, dann ist das ganz gewiß nicht verfrüht – obwohl viele Techniken der Wettermacherei heute noch in den Kinderschuhen stecken, und ihre Durchführbarkeit und Lebensfähigkeit erst bewiesen werden muß. Ganz im Gegenteil: man hat allzulange gewartet. Hätte man diese Diskussionen schon zu Langmuirs Zeiten begonnen, statt ausschließlich darüber zu debattieren, ob eine Beeinflussung des Wetters überhaupt durchführbar sei, dann hätte man sich vielleicht damals schon Gedanken darüber gemacht, ob es wirklich die beste aller möglichen Lösungen war, die Finanzierung einer Entwicklung, die so weitreichende Folgen haben kann, zunächst ausschließlich den Militärs und der Privatwirtschaft zu überlassen.
Die Beurteilung der Wetterbeeinflussung, schreibt der kanadische Wirtschaftsgeograph W. R. D. Sewell, habe sich bisher vor allem auf die Frage der Durchführbarkeit konzentriert, und die Diskussion sei vor allem von zwei Gruppen geführt worden: von Wissenschaftlern, die an atmosphärischen Vorgängen interessiert sind und weitere Mittel für ihre Forschungen erhalten wollen, und von Vertretern verschiedener Behörden, die in der Wettermacherei ein mögliches Hilfsmittel zur Erfüllung ihrer Aufgaben wie Wasserbeschaffung, Hilfe für die Landwirtschaft und so weiter sehen. Diese beiden Gruppen hätten die Tendenz, die Möglichkeiten der Wetterbeeinflussung mit einigem Enthusiasmus einzuschätzen. Aber unglücklicherweise, fährt Sewell fort, »ist es noch immer nicht klar, ob die Wetterbeeinflussung für die Gesellschaft überhaupt wünschenswert ist, und wenn ja, in welchen Situationen«[8].
Selbstverständlich ist auch Sewell wie jeder Wissenschaftler daran interessiert, mehr Mittel für seinen Forschungszweig zu erhalten. Trotzdem vertritt er nicht nur seine engen Fachinteressen, wenn er darüber klagt, daß von den im Budget der USA für das Haushaltsjahr 1973 für Wetterbeeinflussung vorgesehenen Mitteln 98,5 Prozent für physikalische Forschung und technische Entwicklung vorgesehen sind und nur 1,5 Prozent für Untersuchungen der menschlichen und ökologischen Aspekte; und noch beunruhigender ist sein Hinweis, daß offensichtlich nicht genug getan wid, um Vertreter anderer Disziplinen für dieses Problem zu interessieren, so daß nicht einmal die im Budget vorgesehenen bescheidenen 1,5 Prozent voll ausgeschöpft werden[9].

Sewells Frage, ob die Wettermacherei überhaupt gesellschaftlich wünschenswert sei, scheint zwar theoretisch durchaus berechtigt, in der Praxis jedoch bereits überholt. Die Entwicklung ist schon viel zu weit fortgeschritten, als daß man die Anwendung dieser Techniken einfach in Bausch und Bogen wieder abschaffen oder auch nur so lange suspendieren könnte, bis man festgestellt hat, ob die möglichen Nachteile für die Gesellschaft nicht vielleicht größer sind als die zu erwartenden Vorteile. Die bloße Möglichkeit, daß langfristig negative Folgen entstehen könnten, hat bisher noch nie dazu geführt, daß eine technische Entwicklung eingestellt wurde, von der sich Unternehmer Gewinn, Wissenschaftler erhöhtes Ansehen und Militärs »interessante« Anwendungsmöglichkeiten versprachen[10].

Aber die Fragen nach dem Wann, Wo, Wie und Wozu der Wettermacherei kommen noch nicht zu spät. Denn die *Richtung* der weiteren Entwicklung ist wahrscheinlich noch korrigierbar, wenn sich irgendwo besondere Gefahrenzonen erkennen lassen.

Die in diesem Zusammenhang zu untersuchenden Probleme lassen sich in zwei große Gruppen einteilen: unerwünschte Begleiterscheinungen und divergierende Wetterinteressen. In die erste Gruppe fallen alle jene Folgen, die der einzelne Wettermacher auch bei gewissenhaftester Ausübung seines Berufs nicht vorhersehen kann: meteorologische Fernwirkungen gehören hier ebenso dazu wie mögliche Folgeerscheinungen in der Volksgesundheit, der Umwelt, der Wirtschaft und der Gesellschaft. Die Beurteilung, ob und wie sich beispielsweise eine voraussichtliche zwanzigprozentige Vermehrung der sommerlichen Niederschläge auf die Verbreitung bestimmter Landwirtschaftsschädlinge, auf die Häufigkeit und Schwere von Erkrankungen der Atmungsorgane oder auf die zu erwartenden Einnahmen des Fremdenverkehrs in dem betroffenen Gebiet auswirken wird, ist eine schwierige Aufgabe für Fachleute der verschiedensten Sparten. Die Meinungen werden dabei sicher weit auseinandergehen, aber immerhin handelt es sich hier um Fragen, die auf einer wissenschaftlichen Grundlage diskutiert werden können. Eine solche Diskussion kann zu dem Ergebnis kommen, daß bestimmte Folgen »nach Ansicht der Fachleute« mit einer bestimmten Wahrscheinlichkeit eintreten werden. Dieses Ergebnis kann anhand der Erfahrungen ständig überprüft und korrigiert werden.

Solche ohnehin schon umstrittenen Prognosen sind aber bloß das Ausgangsmaterial für das eigentliche *technology assessment*, und bei der *Bewertung* der möglichen Folgen einer neuen Technik ist eine Objektivität im naturwissenschaftlichen Sinne schlechthin unmöglich, weil man dabei auf jeden Fall von subjektiv gesetzten Wertmaßstäben ausgehen muß. Es gibt keine »objektive« Vergleichsmöglichkeit, nach der man beispielsweise den Vorteil einer zu erwartenden zehnprozentigen Steigerung des Gersteertrags gegen den Nachteil einer vorausgesagten dreiprozentigen Zunahme der Häufigkeit von Erkältungskrankheiten

abwägen könnte. Noch viel schwieriger wird die Sache, wenn man an »Werte« stößt, die sich zahlenmäßig überhaupt nicht erfassen lassen. Wie soll man beispielsweise vorgehen, wenn Wetterbeeinflussungsmaßnahmen in einem bestimmten Gebiet möglicheweise zum Aussterben einer bestimmten Tier- oder Pflanzenart führen könnten? Und wer soll befugt sein, solche Entscheidungen zu fällen?
Damit sind wir schon mitten im zweiten Problemkreis, der sich daraus ergibt, daß verschiedene Menschen verschiedene Interessen haben, und zwar nicht nur hinsichtlich schwer voraussehbarer Neben- und Folgeerscheinungen, sondern auch beim Wetter selbst. Im Prinzip wäre es vielleicht nicht schwer, sich darauf zu einigen, daß die Wetterbeeinflussung dem Allgemeinwohl dienen soll und nicht den Interessen kleiner, aber einflußreicher Gruppen. Nur — wie stellt man fest, was das Allgemeinwohl ist? Die Meinungen darüber gehen bekanntlich oft sehr weit auseinander, und ein Buch über Wetterbeeinflussung kann diese Frage sicherlich nicht eingehend erörtern. Es muß sich damit begnügen, auf einige konkrete Probleme hinzuweisen, die sich zwangsläufig einstellen werden, wenn das Wetter nicht mehr eine Naturerscheinung ist, die man wohl oder übel hinnehmen muß, sondern vom Menschen beeinflußt werden kann. Und das sind Probleme, mit denen man sich schon beschäftigen sollte, bevor sie noch akut geworden sind.

Kleine Ursachen — falsche Wirkungen

Die Wettermacherei ist eine junge Technik mit einem noch recht kleinen Erfahrungsschatz. Gelegentliche Pannen sind unvermeidlich, und manchmal kann ein Eingriff sogar das Gegenteil des gewünschten Effekts hervorbringen. Solange man beispielsweise nicht wußte, daß Wolkenimpfen nur in einem bestimmten Temperaturbereich Niederschlagsvermehrung bringt, bei niedrigeren Temperaturen aber möglicherweise Niederschlagsverminderung (siehe S. 65 f.), haben kommerzielle Wettermacher ihren Kunden zweifellos manchmal weniger Regen gebracht anstatt mehr; und auch heute noch kann man bei der Regenmacherei aus Cumuluswolken oder Störungsfronten unangenehme Überraschungen nicht mit Sicherheit ausschließen. Eine durch fehlerhaftes Impfen herbeigeführte Niederschlagsverminderung liegt wahrscheinlich in der gleichen bescheidenen Größenordnung wie das Ausmaß der Niederschlagsvermehrung bei erfolgreichen Operationen. Daß ein Wettermacher durch einen »Kunstfehler« eine langanhaltende Dürre auslösen könnte, die sonst nicht eingetreten wäre, ist kaum vorstellbar.
Beim Hagelschutz ist das Risiko schon erheblich größer. Einerseits han-

delt es sich um eine auf empirischen Grundlagen entwickelte Technik, deren Theorie umstritten ist (siehe S. 62 f.); andererseits kann schon ein verhältnismäßig geringer Effekt in die falsche Richtung, sagen wir eine Vergrößerung des durchschnittlichen Korndurchmessers um »nur« 10 Prozent, die vom Hagelschlag angerichteten Schäden gewaltig steigern. Die tatsächlichen Auswirkungen der Tätigkeit kommerzieller Wettermacher sind in diesem Bereich schwer überprüfbar. Ob beispielsweise der in der Einleitung dieses Buches erwähnte Bankrott der Hagelversicherung im San Luis Valley (siehe S. 9) von den Wettermachern mitverschuldet wurde oder ob ihre Tätigkeit nur wirkungslos war, bleibt eine offene Frage.

Weitgehend ungeklärt sind, wie bereits erwähnt, die Wechselbeziehungen zwischen Niederschlag und elektrischen Vorgängen. Man kann daher vorläufig keinerlei verbindliche Aussagen darüber machen, ob nicht Impfmaßnahmen, die anderen Zwecken dienen, unter Umständen die Häufigkeit oder Stärke von Blitzen beeinflussen könnten.

Neben dem Risiko, daß eine Wetterbeeinflussungsoperation das Gegenteil der beabsichtigten Wirkung erzielt, gibt es aber auch die umgekehrte Gefahr, daß sie »zu erfolgreich« verläuft. Mehrmals sind Regenmacher bereits beschuldigt worden, daß sie durch ihre Tätigkeit Hochwasserkatastrophen ausgelöst oder zumindest mitverschuldet hätten – doch konnte ein solcher Zusammenhang bisher nie nachgewiesen werden und ist nach Ansicht der Meteorologen auch unwahrscheinlich.

Der bekannteste Fall ist der Bruch des Uferdamms in Yuba City, Kalifornien, nach heftigen Regenfällen Weihnachten 1955. Die Überschwemmung forderte mehr als 60 Todesopfer und richtete einen Sachschaden im Gesamtausmaß von 200 Millionen Dollar an. Etwa 150 Geschädigte strengten einen Schadenersatzprozeß gegen den für die Erhaltung der Uferdämme zuständigen Staat Kalifornien an; als dem Anwalt der Geschädigten im Zuge der Prozeßvorbereitung zu Ohren kam, daß die Pacific Gas & Electric Company in der fraglichen Zeit in dem Gebiet ein orographisches Wolkenimpfprogramm betrieben hatte, dehnte er seine Klage auch auf diese Gesellschaft und die von ihr beschäftigte Wettermacherfirma aus. Im Laufe des Verfahrens konnten die Vertreter der Elektrizitätsgesellschaft das Gericht überzeugen, daß zumindest der größere Teil des von ihrem Programm zusätzlich erzeugten Niederschlags in das Einzugsgebiet eines flußaufwärts gelegenen Stausees gefallen war, dessen Damm zu jener Zeit nicht überflutet worden war. Vermehrung des Wassers im Stausee konnte also nicht zur Katastrophe beigetragen haben. Überdies hatten die Wettermacher während der schweren Regenfälle ihre Operationen eingestellt. So wurde die Elektrizitätsgesellschaft nach einem Verfahren, das einschließlich Vorbereitungszeit mehr als zehn Jahre gedauert hatte, schließlich freigesprochen; doch glaubt der Politologe D. E. Mann, daß der Prozeß wahrscheinlich anders ausgegangen wäre, wenn es nicht

noch einen zweiten Beschuldigten gegeben hätte: den für die Erhaltung der Uferdämme zuständigen Staat Kalifornien. Denn, so meint Mann, es wäre schwer möglich gewesen, 150 schwer geschädigte Familien einfach leer ausgehen zu lassen. Im Hinblick auf den sich abzeichnenden Ausgang hatten der Rechtsanwalt der Geschädigten und der der Pacific Gas & Electric Company schon vor Abschluß des Prozesses vereinbart, daß die Geschädigten auf eine Berufung gegen einen Freispruch der Elektrizitätsgesellschaft verzichten würden, wofür der Anwalt der Gesellschaft auf die Ladung weiterer Zeugen und auf sonstige Maßnahmen, die das Verfahren noch mehr verlängert hätten, verzichtete[11].
Obwohl dieser Prozeß also schließlich zugunsten der Pacific Gas & Electric Company endete, brachte die Katastrophe von Yuba City doch einen schweren Rückschlag für die kommerzielle Wettermacherei. Eine Anzahl von Elektrizitätsgesellschaften stellten damals ihre Impfprogramme ein, und der Umsatz der Wettermacherfirma, die in diesen Fall verwickelt war, sank vorübergehend auf ein Drittel des vorherigen Standes [12].
In Kanada kam es nach Anlaufen eines von der Elektrizitätsgesellschaft Quebec Hydro in Auftrag gegebenen Impfprogramms – offenbar zufällig – zu schweren, drei Wochen lang anhaltenden Regenfällen. Überschwemmungen und Erdrutsche waren die Folge, die Landwirtschaft und der Fremdenverkehr erlitten schwere Verluste. Die Bewohner des Gebietes sahen in den Wettermachern die Schuldigen. Obwohl angesichts der starken Regenfälle alle Impfoperationen ohnehin eingestellt worden waren, unterzeichneten 60 000 Personen eine Petition, in der ein Verbot der Wettermacherei gefordert wurde. Den Wettermachern wurde angedroht, man werde ihre Tätigkeit notfalls mit Gewalt verhindern. Dem Minister für Naturschätze, René Levesque, wurde mit Mord gedroht, wenn er nicht dafür sorgen würde, daß der Regen aufhörte. Auch ein von der Regierung veröffentlichter Bericht, daß die schweren Regenfälle natürliche Ursachen gehabt hätten und nicht eine Folge des Wolkenimpfens gewesen seien, konnten den Volkszorn nicht besänftigen[13].
Ganz anders war die Reaktion in Süddakota, als im Juni 1972 die in einem Wolkenimpfgebiet gelegene Stadt Rapid City von einer Überschwemmung heimgesucht wurde. Dort hatten die Behörden schon vorher großen Wert darauf gelegt, die Bevölkerung über das vor sich gehende Wetterbeeinflussungsprogramm zu informieren. Meinungsumfragen ergaben, daß die große Mehrheit der Bewohner der Stadt *keinen Zusammenhang* zwischen dem Hochwasser und der Wettermacherei sah. Die Mehrheit, die das Impfprogramm befürwortete, änderte sich auch nach der Katastrophe nicht[14].

Die Frage, ob Wetterbeeinflussungsmaßnahmen möglicherweise unerwünschte *Fernwirkungen* zur Folge haben, ist noch völlig ungeklärt.

Ob mehr Regen an einem Ort zwangsläufig weniger Regen an einem anderen Ort bedeutet, darauf läßt sich nach dem heutigen Stand der Erkenntnis noch keine zuverlässige Antwort geben. Ebenso ist es unklar, ob und unter welchen Voraussetzungen es überhaupt möglich ist, die Niederschläge nicht nur in einem relativ kleinen Zielgebiet, sondern in einer großen Region zu erhöhen. Selbstverständlich gibt es neben dem orographischen Overseeding auch noch andere Situationen, in denen schon eine bloße *Umverteilung* von Niederschlägen – etwa vom Meer auf das Land – nützlich sein kann. Es ist jedoch heute nicht feststellbar, ob jedes Wolkenimpfen im Grunde genommen nur eine Umverteilung verursacht.

Gewiß wird durch das Impfen kein zusätzliches Wasser geschaffen, doch folgt daraus noch lange nicht, daß der an einem Ort erzeugte Regen jemand anderem sozusagen »weggenommen« wird. Es wäre zum Beispiel denkbar, daß durch dynamisches Wolkenimpfen mehr feuchte Luft von den Wolken angesaugt und damit auch die Verdunstung verstärkt wird. Jedenfalls sind die Wechselwirkungen zwischen Ausmaß der Bewölkung, Niederschlägen, Verdunstungsrate und Veränderungen der Reflexionseigenschaften durch Schneefall so kompliziert, daß man sie sicherlich nicht in einer einfachen allgemeingültigen Faustregel erfassen kann.

Eine systematische Untersuchung möglicher Fernwirkungen war bei bisher durchgeführten Impfprojekten noch niemals Gegenstand des Versuchsprogramms. Man kann sich daher bei nachträglichen statistischen Analysen nur auf die Angaben der ständigen Meßstationen der Wetterdienste stützen, deren Netz für diesen Zweck in vielen Fällen nicht eng genug ist. Solche nachträglichen Analysen werden nun in den USA systematisch durchgeführt, und zur Überraschung der Meteorologen zeigte sich dabei, daß orographisches Impfen oft noch in Entfernungen von 100 bis 200 Kilometer jenseits des Zielgebiets Niederschlagsvermehrungen um 20 bis 100 Prozent verursacht hat. Die Wahrscheinlichkeit, daß es sich dabei um bloße Zufallseffekte handelt, ist sehr gering. Bei detaillierter Aufgliederung zeigte sich überdies, daß diese Fernwirkungen immer dann auftraten beziehungsweise besonders deutlich ausgeprägt waren, wenn es aufgrund der meteorologischen Bedingungen (Windrichtung, Wolkentemperatur usw.) zu erwarten war[15]. Fernwirkungen des Colorado-Projekts reichen anscheinend bis ins benachbarte Rio-Grande-Becken[16]. Als Gründe für diese Effekte vermutet man Verfrachtung von Impfmaterial, Abtreiben von künstlich gebildeten Eiskristallen bis zur Entstehung künstlicher Cirruswolken und auch dynamische Fernwirkungen, doch sind das vorläufig nur Annahmen, die sich nicht auf tatsächlich durchgeführte Beobachtungen stützen können[17].

Die Statistiker sprechen von einer »positiven« Fernwirkung, wenn dabei der gleiche Effekt ausgelöst wurde wie im Zielgebiet, also beispielsweise hier wie dort Niederschlagsvermehrung. Man kann annehmen, daß eine solche Fernwirkung in den meisten Fällen auch von den Betroffenen als »positiv«, also als wünschenswert empfunden wird. Was aber, wenn im Fernwirkungsgebiet beispielsweise Lawinengefahr herrscht? Oder wenn dort schon so starke natürliche Niederschläge gefallen sind, daß man eine Hochwasserkatastrophe befürchten muß? Wird man die Regeln, wann Impfaktionen einzustellen sind, in Zukunft nicht nur auf das Zielgebiet, sondern auch auf mögliche Fernwirkungsgebiete anwenden? Werden die Wettermacher oder ihre Auftraggeber an Straßenverwaltungen oder Gemeinden im Fernwirkungsgebiet Entschädigungen für vermehrte Schneeräumungsausgaben zahlen? Oder wird man verlangen, daß mögliche Nutznießer der Fernwirkung (die ja im allgemeinen nicht mit den Nutznießern des Effekts im Zielgebiet identisch sein werden) ebenfalls Zahlungen leisten? Fragen über Fragen, deren Beantwortung schon kompliziert genug ist, wenn sich all das innerhalb eines Landes abspielt; was geschieht aber, wenn Fernwirkungen über Staatsgrenzen hinausreichen?

»Positive« Fernwirkungen israelischer orographischer Impfprogramme konnten zum Teil anhand der veröffentlichten Angaben von Meßstationen in benachbarten arabischen Ländern (Libanon, Syrien, Jordanien) nachgewiesen werden[18]. Mehr Wasser ist sicherlich auch in diesen Ländern erwünscht. Aber haben die israelischen Wettermacher vor Anlaufen ihres Programms wissen können, daß es in den Nachbarländern positive und nicht negative Wirkungen haben würde? Und würden sie das für ihr Land lebenswichtige Programm einstellen, wenn seine Fernwirkungen in den Nachbarländern nicht erwünscht wären? Hier stoßen wir auf völkerrechtliche Fragen, mit denen wir uns noch eingehend werden beschäftigen müssen.

Niederschlagsvermindernde Fernwirkungen orographischer Projekte sind bei den bisherigen Nachforschungen noch nie festgestellt worden – was allerdings noch kein Beweis dafür ist, daß es solche Wirkungen nicht irgendwo gegeben haben könnte.

Eine ähnliche nachträglich durchgeführte statistische Analyse von Cumulusexperimenten ließ keinen einheitlichen Trend erkennen[19], was angesichts der Schwierigkeit der Arbeit mit diesem Wolkentyp auch nicht überraschend ist. Man hat jedoch in einigen Fällen »positive«, in anderen »negative« Fernwirkungen von einer Größenordnung festgestellt, die schwerlich als bloße Zufallswirkungen angesehen werden können. Theoretisch kann man sich verschiedene Mechanismen vorstellen, die solche Wirkungen auslösen könnten[20], doch das einzige, was man heute mit einiger Sicherheit sagen kann, ist, daß Fernwirkungen bei Cumulusprojekten je nach Großwetterlage und lokalen Gegebenheiten von Fall zu Fall verschieden und schwer voraussagbar sind.

Daß es bei einem derart unzulänglichen Stand der Erkenntnis nicht möglich ist, Aussagen über die gegenseitige Beeinflussung von zwei oder mehr Wolkenimpfprojekten zu machen, die unabhängig voneinander gleichzeitig in »Fernwirkungs-Abstand« durchgeführt werden, liegt auf der Hand. Ebenso ist heute noch völlig ungeklärt, welche Wirkungen entstünden, wenn man von den gegenwärtigen relativ kleinräumigen Operationen zu echten Großprojekten fortschreiten würde. Solange aber all diese Fragen unbeantwortet bleiben, ist es nicht möglich, sich ein abschließendes Urteil über den volkswirtschaftlichen Nutzen des Wolkenimpfens zu bilden.

Falsche Kosten-Nutzen-Rechnungen

»Entscheidungen der öffentlichen Hand kommen im allgemeinen in einem Prozeß zustande, in dem sich politische und wirtschaftliche Überlegungen mischen«, schreibt Eugene Haas. »Kongreßabgeordnete und Beamte von Bundesbehörden, die die Ausgabe von Steuergeldern für Wetterbeeinflussung befürworten, benutzen oft wirtschaftliche Argumente zur Unterstützung ihrer Lieblingsvorschläge. Das Spiel mit den Kosten-Nutzen-Vergleichen gehört bereits zur normalen Routine des politischen Entscheidungsprozesses. Jede Behörde hat ihre eigene Lieblingsserie von Zahlen, die beweisen sollen, daß der *potentielle* Nutzen eines vorgeschlagenen Wetterbeeinflussungsprogramms wesentlich größer ist als dessen Kosten. Die Tatsache, daß es sich dabei im allgemeinen um Schätzungen handelt, die ohne Hinzuziehung von Volkswirtschaftlern und aufgrund unzulänglicher Daten erstellt wurden, ist bisher in der Fachliteratur noch keiner ernsten Kritik unterzogen worden. In einem Fall ist sogar einer Gruppe von Wirtschaftswissenschaftlern, die bei einer in offiziellem Auftrag vorgenommenen Studie zu dem Schluß gekommen waren, daß ein geplantes großes Wetterbeeinflussungsprojekt voraussichtlich gerade noch kostendeckend arbeiten würde, ihr Bericht mit der Aufforderung zurückgesandt worden, das Ergebnis noch einmal zu überprüfen. [Es handelt sich um die auf S. 70 erwähnte pessimistische Einschätzung des Projekts zur Niederschlagsvermehrung im Colorado-Becken.] Damit soll nicht behauptet werden, daß sich das Kosten-Nutzen-Verhältnis nicht als sehr günstig erweisen könnte, sondern vielmehr, daß politische Überlegungen bei der Erstellung dieser Relationen häufig eine größere Rolle zu spielen scheinen als fundierte Fachkenntnis.«[21]

Für den Meteorologen, der die komplizierten Wechselwirkungen und Rückkopplungsmechanismen in der Atmosphäre besser kennt als jene, die im Weltwirtschaftssystem wirksam sind, scheint es klar, daß in einer Zeit, in der eine weltweite Verknappung der Nahrungsmittel befürchtet wird, die Wettermacherei zur Steigerung der landwirtschaftlichen

Produktion und damit zur Linderung des Hungers in der Welt beitragen kann. Doch der Volkswirtschaftler weiß, daß die Zusammenhänge keineswegs so einfach sind. Denn es gibt in unserer Welt voller Widersprüche zwar Millionen Menschen, die verhungern, und Hunderte Millionen, die unterernährt sind, aber zugleich gibt es »Butterberge« und »Milchschwemmen«, überfüllte Lagerhäuser und landwirtschaftliche »Überschuß«-Produkte, die nicht abgesetzt werden können. Die auf dem Weltmarkt in Erscheinung tretende *Nachfrage* ist wesentlich kleiner als der tatsächliche *Bedarf*.

Über die Frage, wie man diesen entsetzlichen Widerspruch beseitigen könnte, gab und gibt es noch viel mehr Meinungsverschiedenheiten als über die Erfolgschancen der Wettermacherei – doch das zu behandeln, würde den Rahmen dieses Buches sprengen. Bei der Beurteilung des Nutzens der Wetterbeeinflussung unter *heutigen* Bedingungen muß man jedenfalls davon ausgehen, wie die Welt ist, und nicht davon, wie sie sein sollte. Und in dieser wirklichen Welt ist es wenig sinnvoll, die Produktion unabsetzbarer Waren zu steigern oder bei Kosten-Nutzen-Analysen von Preisen für Landwirtschaftsprodukte auszugehen, die durch staatliche Stützungsaktionen künstlich auf einem kostendeckenden Niveau gehalten werden[22].

Für den einzelnen Landwirt kann erfolgreiche Wetterbeeinflussung Schutz vor Ruin durch Hagelschlag oder Dürre bedeuten. Aber gleichzeitig kann ein allgemein verbreiteter »allzu erfolgreicher« Schutz vor den Unbilden des Wetters zu einem Überangebot an leicht verderblichen Produkten des Obst- und Gemüsebaus führen und damit zu einem Preisverfall, der zwar den Konsumenten nützt, den Landwirten jedoch, die die Wettermacher bezahlt haben, unter Umständen schwere Einbußen bringt[23]. Probleme dieser Art gibt es in der Landwirtschaft schon unabhängig von der Wetterbeeinflussung, und dies ist schließlich der Grund, warum es gerade in diesem Wirtschaftszweig auch in Ländern, die sich zur sogenannten »freien Marktwirtschaft« bekennen, verschiedene Formen von staatlichen Eingriffen und Lenkungsmaßnahmen gibt. Eine realistische Analyse des möglichen Nutzens, den die Wettermacherei in der Landwirtschaft bringen kann, muß also untersuchen, wie sich die Anwendung dieser neuen Technik in dem bestehenden komplizierten Wirtschaftsgefüge auswirken würde.

Im Prinzip gibt es drei Arten von Fehlerquellen, die in diesem Zusammenhang zu falschen Kosten-Nutzen-Analysen führen können: eine Vernachlässigung der Tatsache, daß es bei vielen Wetterbeeinflussungsoperationen nicht nur Nutznießer, sondern auch Geschädigte gibt; eine Beurteilung nach eng regionalen Interessen ohne hinreichende Berücksichtigung der Auswirkungen auf die gesamte Volkswirtschaft; und eine ungenügende Beachtung langfristiger sozio-ökonomischer Folgen.

Geschädigte der Wettermacherei für »die« Landwirtschaft können, wie wir bereits gesehen haben, in vielen Fällen Landwirte sein, die andere Produkte erzeugen und daher andere Wetterinteressen haben als die Auftraggeber der Wettermacher. Künstliche Vermehrung des Regens bedeutet aber auch Schäden für den Bausektor (sowohl Haus- wie Straßenbau), für den Fremdenverkehr (von den in Geld nicht zu messenden Interessen der Erholungssuchenden ganz zu schweigen!) und unter Umständen auch für andere Wirtschaftszweige wie etwa den Verkehr[24].

Engstirnige Regionalinteressen sind im Zusammenhang mit der Wetterbeeinflussung in den USA vor allem von Senatoren aus den wasserarmen Weststaaten vertreten worden, die zeigen wollten, daß sie etwas für ihre Wähler tun; ebenso auch von verschiedenen Behörden, die für diese Staaten zu sorgen haben. Aber volkswirtschaftlich gesehen war es widersinnig, die Landwirtschaft in nicht ertragreichen Gebieten durch künstliche Maßnahmen zu fördern, während die Regierung gleichzeitig, um »Überschuß«-Produktion zu verhindern, den Farmern in fruchtbaren Gebieten Prämien zahlte, damit sie einen Teil ihrer Ackerflächen *nicht* bebauen[25].

Mit Recht wird auch von mehreren Wissenschaftlern darauf hingewiesen, daß Kosten-Nutzen-Rechnungen für landwirtschaftliche Wettermacherei nur dann sinnvoll sind, wenn man auch Vergleiche mit anderen möglichen Alternativen anstellt[26]. Es geht dabei nicht nur um andere Methoden der Wasserbeschaffung, die zwar teurer, aber zuverlässig sind, sondern vor allem auch darum, ob es nicht volkswirtschaftlich sinnvoller wäre, den Wasserverbrauch zu vermindern und Produkte anzubauen, die unter den an Ort und Stelle gegebenen natürlichen Bedingungen gedeihen können – beziehungsweise solche Produkte zu züchten.

Weitblickende Ökonomen, Soziologen und Ökologen stellen aber noch weitergehende Fragen: Ist es überhaupt sinnvoll, die Wasserversorgung im Westen der USA durch künstliche Maßnahmen zu verbessern und dadurch mehr Menschen anzulocken – statt vielmehr die Zuwanderung in diese von Natur aus wasserarmen Regionen zu bremsen[27]? Ist es wirklich wünschenswert, der Abwanderung junger Menschen in die Städte durch Verbesserung der Bedingungen für die Landwirtschaft entgegenzuwirken, oder sollte man in der Landflucht nicht vielmehr einen natürlichen Anpassungsvorgang an sich verändernde wirtschaftliche Gegebenheiten sehen[28]? Wäre es nicht vielleicht ökologisch wie volkswirtschaftlich sinnvoller, einen Teil der heute unter großen Mühen landwirtschaftlich genutzten Flächen wieder in Wald rückzuverwandeln, was sich nur vorteilhaft auf den Wasserhaushalt und die Fruchtbarkeit der gesamten Region – einschließlich weiter unten gelegener landwirtschaftlicher Flächen – auswirken und zumindest auf längere Sicht höhere Erträge für die Gesamtwirtschaft des Gebiets bringen würde?

Die Art und Weise, wie der Westen der USA »erschlossen« wird, scheint manchen Fachleuten fragwürdig, und daraus leiten sich auch Fragen nach dem Sinn der Wettermacherei in diesem Gebiet ab. Zunächst, mein Charles Cooper, Professor für Umweltwissenschaft an der California State University, werde man die Wettermacher vor allem zur Abwendung von Katastrophen (Dürre, Hagel) heranziehen, aber wenn sie sich dabei bewähren, werde man auch versuchen, in »normalen« Jahren mit ihrer Hilfe mehr Regen zu bekommen. Die Produktionspalette der Landwirte werde sich den neuen, künstlich geschaffenen Witterungsbedingungen anpassen. Statt jene Produkte zu erzeugen, die unter den natürlichen Verhältnissen am besten gedeihen, werde man Produkte forcieren, die mehr Gewinn versprechen, jedoch nur dann gedeihen können, wenn die Wettermacher tatsächlich jedes Jahr zusätzlichen Regen und Hagelschutz bringen. Man werde Weideland in Ackerland verwandeln und dadurch die Gefahr der Winderosion verstärken; man werde die Viehbestände vergrößern und damit die Gefahr einer übermäßigen Beweidung in niederschlagsarmen Jahren verschärfen. Die Bodenpreise würden steigen und ebenso die Gewinne der Landwirte. Da aber die Tätigkeit der Wettermacher niemals hundertprozentig zuverlässig sein könne und es dann und wann einmal trotz ihrem Einsatz ein Dürrejahr oder Hagelschlag geben werde, müsse man damit rechnen, daß im Endeffekt nach einigen Jahrzehnten die durch Trockenheit und Hagel verursachten Schäden wahrscheinlich *größer* sein werden als vor Einführung der weithin angewandten Wettermacherei, weil der Anbau empfindlicherer und teurerer Produkte die Schadenssumme steigen lasse[29].

All die hier angeführten Einwände und Bedenken sind nicht so zu verstehen, daß die zitierten Autoren die Wettermacherei für die Landwirtschaft unter allen Umständen ablehnen. Es geht vielmehr um die Zurückweisung eines gutgläubigen naiven Optimismus – oder eines von interessierten Personen entwickelten Zweckoptimismus, der nur die Vorteile der neuen Technik sehen will und nicht auch die damit verbundenen Probleme.

Wirtschaftlich wesentlich weniger problematisch scheinen einige wichtige nicht-landwirtschaftliche Anwendungen der Wettermacherei zu sein, bei denen es, soweit überschaubar, nur Nutznießer gibt und keine Geschädigten. Das gilt für die Nebelauflösung auf Flugplätzen (wenn man von jenen absieht, die an der Umlenkung ein Geschäft machen, wie etwa Bahn oder Autobusunternehmer) wie für die Anwendungen in der Forstwirtschaft zur Verhütung oder Bekämpfung von Waldbränden[30].

Beim orographischen Wolkenimpfen für Kraftwerke gibt es zwar negative Begleiterscheinungen (vorwiegend Kosten für zusätzliche Schneeräumung), doch verbleibt auch nach reichlicher Abgeltung solcher Schäden ein beträchtlicher wirtschaftlicher Nutzen für die Elektrizitätsgesellschaften. Aus höherer volkswirtschaftlicher Sicht ist in der gegenwärtigen Energiesituation jede Vermehrung der Stromerzeugung aus Wasserkraft, die einen geringeren Verbrauch (Import) von fossilen Brennstoffen bedeutet, sicherlich wünschenswert – um so mehr, da bei dieser Form der Stromerzeugung keine Schadstoffe in die Umwelt gelangen.

Menschliche und allzumenschliche Dimensionen der Wettermacherei

Seit Mitte der sechziger Jahre beschäftigt sich im Auftrag der amerikanischen National Science Foundation eine kleine – viel zu kleine – Gruppe von Nicht-Meteorologen mit den sogenannten »menschlichen Dimensionen« der Wetterbeeinflussung. Soziologen und Ökologen, Wirtschaftsfachleute und Juristen haben in diesem Rahmen wertvolle Arbeit geleistet, haben viele Zusammenhänge aufgedeckt, die dem Laien wahrscheinlich verborgen geblieben wären – und dem Meteorologen auch. Bei der Durchsicht dieser Arbeiten, die in den vorhergehenden Abschnitten wiederholt zitiert sind, stößt man auf Überlegungen über mögliche Auswirkungen der Wettermacherei auf die verschiedensten Bereiche des natürlichen und gesellschaftlichen Lebens: auf die Entwicklung der Grundstückpreise in den Landwirtschaftsgebieten des Mittleren Westens, auf die Elchbestände in den Rocky Mountains, auf die Tätigkeit des Baugewerbes, die Möglichkeiten der Sportfischerei und auf viele andere Dinge, die für größere oder kleinere Menschengruppen von Bedeutung sind. Doch im Grunde genommen dreht sich fast alles nur um eine einzige »menschliche« – allzumenschliche – Dimension: ums liebe Geld. Selbst an den Elchen bestehen sehr handfeste wirtschaftliche Interessen: einige Orte in den Rocky Mountains verdanken ihre Prosperität vor allem der Tatsache, daß sie zahlungskräftigen Personen Möglichkeiten zur Elchjagd bieten können[31].
Selbstverständlich sind all diese Untersuchungen nützlich und notwendig, und es besteht aller Grund, *rechtzeitig* festzustellen, wer möglicherweise durch die Wettermacherei in seinen wirtschaftlichen Interessen geschädigt werden könnte. Aber hat der Mensch wirklich nur wirtschaftliche Interessen? Gibt es nicht auch noch andere menschliche Dimensionen, die Berücksichtigung finden sollten?
Für mich war es eine erschreckende Feststellung, daß ich in all den Quellenmaterialien, die ich im Zuge der Arbeit an diesem Buch gelesen habe, nirgendwo einen Hinweis gefunden habe, ob und in welchem Ausmaß die Wetterbeeinflussung Auswirkungen auf die körperliche oder seelische Gesundheit des Menschen haben könnte. In Bergerons

grundlegendem Artikel aus dem Jahre 1949 (vgl. S. 50) wird darauf verwiesen, daß orographisches Wolkenimpfen möglicherweise eine Föhnwirkung auslösen könnte – doch ist anscheinend noch niemals überprüft worden, ob diese Vermutung zutrifft. Als der Volkszorn in Quebec die Wettermacher – wahrscheinlich zu Unrecht – beschuldigte, eine langanhaltende Regenperiode herbeigeführt zu haben (vgl. S. 119), fanden einige Ärzte, daß die Gesundheit von Kindern und alten Leuten durch den Mangel an Sonnenschein beeinträchtigt worden sei[32]. Ob derartige Behauptungen bloß eine von vielen Erscheinungsformen einer Massenhysterie waren, ob es sich um eine unfundierte Verallgemeinerung von Einzelfällen gehandelt hat oder ob das damals tatsächlich eine weitverbreitete Erscheinung war, läßt sich nicht feststellen, denn einschlägige statistische Untersuchungen sind anscheinend nicht vorgenommen worden – ebensowenig aber auch in anderen Gebieten, wo die Wettermacherei nicht von Ausbrüchen des Volkszorns begleitet war.
In der Literatur über die »menschlichen Dimensionen« der Wetterbeeinflussung stößt man zwar gelegentlich auf *allgemeine* Hinweise, *daß* das Wetter Einfluß hat auf die menschliche Leistungsfähigkeit, die Selbstmordrate, die Unfallhäufigkeit sowie auf die Häufigkeit und Schwere verschiedener Krankheiten[33], doch habe ich keine konkrete Studie eines *Mediziners* gefunden, *wie* sich nun die Wettermacherei im Detail positiv oder negativ ausgewirkt hat oder auswirken könnte. Auch in einer Liste dringend notwendiger weiterer Forschungsarbeit, die von einem interdisziplinären Symposion im Center for Atmospheric Research in Boulder, Colorado, 1972 erstellt wurde, sind einschlägige medizinische Untersuchungen nicht vorgesehen[34].
In einer gründlichen Analyse möglicher ökologischer Folgen der Wettermacherei von Charles F. Cooper und William C. Jolly (mehr darüber im nächsten Abschnitt) wird ausdrücklich betont, daß unmittelbare Auswirkungen auf den Menschen nicht zum Gegenstand der Untersuchung gehörten[35]. Es wird jedoch auf die Möglichkeit hingewiesen, daß die Verbreitung von Krankheitsüberträgern wie etwa Moskitos durch zusätzliche Niederschläge gefördert wird[36] und die Wetterbeeinflussung sich auch auf Säugetiere auswirkt, die die Erreger von für den Menschen gefährlichen Krankheiten wie Pest, Tollwut, Gelbfieber, Fleckfieber und so weiter verbreiten. In den USA, meinen die beiden Wissenschaftler, würden Folgen dieser Art wahrscheinlich kein sehr großes Problem darstellen, vor einer umfangreichen Anwendung der Wettermacherei in den Tropen sollte dieser Aspekt jedoch gründlich untersucht werden[37].

Die nicht sehr menschliche Dimension der Wettermacherei wird aber nicht nur an der ungenügenden Beachtung medizinischer Fragen deutlich, sondern auch an der Zielrichtung der Projekte selbst. Alle bisherigen Anwendungen dienen ausschließlich entweder militärischen oder wirtschaftlichen Zwecken. Man löst Nebel für die Zivilluftfahrt (oder für Militärflugzeuge) auf, erzeugt Niederschlag für Kraftwerke oder die Landwirtschaft (oder zur Behinderung feindlichen Nachschubs), unterbindet Blitze für die Forstwirtschaft und so weiter und so weiter – aber nirgendwo habe ich Überlegungen gefunden, ob man nicht auch Schönwetter für die Menschen *als Menschen* und nicht für die Menschen als Wirtschaftstreibende, Konsumenten oder Soldaten schaffen könnte.

Auf die Interessen der Tomatenbauern in Südflorida, die im April und Mai Schönwetter brauchen, hat man Rücksicht genommen und in diesen Monaten keine Experimente zur Regenvermehrung gemacht[38], aber eine von Crutchfield vorgebrachte Anregung, daß man an Wochenenden im Interesse der Erholungssuchenden womöglich keine Impfoperationen durchführen sollte[39], ist meines Wissens von niemandem aufgegriffen worden. Wenn dieser Vorschlag vielleicht einmal irgendwo verwirklicht wird, dann wird man es wahrscheinlich eher den wirtschaftlichen Interessen des Fremdenverkehrsgewerbes zu verdanken haben als der in Geld nicht meßbaren Sehnsucht abgespannter Menschen nach einem schönen Wochenende.

Sicherlich sind die technischen Möglichkeiten, Schönwetter nach Wunsch zu erzeugen, heute noch recht begrenzt. Nach dem gegenwärtigen Stand der Wettermacherei ist es bestimmt noch nicht möglich, den Durchzug von Störungsfronten oder die Bewegung von Tiefdruckgebieten zu beeinflussen. Aber zumindest eine Form der »Schönwettererzeugung« wäre theoretisch bereits durchführbar: die Auflösung von unterkühltem Nebel oder Hochnebel – nicht nur über Flugplätzen, sondern auch über größeren Gebieten – im Interesse der Menschen, die gerne Sonnenschein haben wollen. Im Herbst und Winter gibt es in den mittleren Breiten oft viele Tage lang anhaltendes Hochdruckwetter, bei dem in den Bergen strahlender Sonnenschein herrscht, während es in tieferen Lagen grau, naßkalt und unfreundlich ist, weil eine sehr beständige Nebel- oder Hochnebeldecke entstanden ist. Löst man solche Nebeldecken über größeren Gebieten auf, kann der nebelfreie Zustand, wie sowjetische Versuche gezeigt haben, viele Stunden lang erhalten bleiben (vgl. S. 100). So könnte man einer Großstadt oder einem Ballungsgebiet ein paar Stunden Sonnenschein bringen.

»Das sind Utopien«, sagte mir ein Meteorologe, mit dem ich über diese Perspektiven sprach. »Der Aufwand wäre viel zu groß. Eine Volkswirtschaft ist doch kein Wohltätigkeitsverein. Keine Gemeindeverwaltung könnte ihr Geld so großzügig hinauswerfen.«

Solchen Argumenten kann ich keine exakten Kosten-Nutzen-Analysen entgegenhalten. Ich kann bestenfalls darauf verweisen, daß Nebel- oder Hochnebelauflösung Einsparungen bei den Beheizungs- und Beleuchtungskosten bringen würde und sehr wahrscheinlich auch indirekte

Einsparungen in Form einer geringeren Zahl von Arbeitsstunden, die der Volkswirtschaft infolge von Krankheiten (Erkältungen, Asthma usw.) verlorengehen würden. Trotzdem würde rein rechnerisch wahrscheinlich noch immer ein Defizit bleiben.
Aber besteht der »Wert« eines verhinderten Asthmaanfalls wirklich nur darin, daß der Volkswirtschaft weniger Arbeitsstunden verlorengehen? Hat die Verhinderung von Krankheiten bei Kindern, Hausfrauen und Rentnern nicht auch einen Wert? Und ist dieser Wert wirklich nur in den Kosten für Ärzte, Medikamente, Erholungsaufenthalte usw. zu messen, die nicht anfallen, wenn eine Erkrankung verhindert wird? Sicherlich ist es berechtigt, jenen, die alles nur in Geld messen, entgegenzuhalten, daß Krankheiten auch rein materielle Kosten verursachen. Aber viel wichtiger erscheint mir der Grundsatz, daß das menschliche Wohlbefinden ein Gut ist, für das sich auch Ausgaben lohnen, die keinen in Geld meßbaren Gegenwert einbringen.
Daß Gemeindeverwaltungen im Interesse der Volksgesundheit und des allgemeinen Wohlbefindens Parkanlagen errichten und instandhalten, ist heute schon eine Selbstverständlichkeit – obwohl es sich auch um Ausgaben handelt, die »nichts« einbringen (außer vielleicht Wählerstimmen). Auch viele andere kommunale Einrichtungen wie Bäder, Sportanlagen, Wärmestuben arbeiten meist nicht kostendeckend. Warum sollte man da nicht zumindest prüfen, ob man den Bürgern nicht auch dann und wann im Herbst und Winter ein paar Stunden Sonnenschein durch Nebelauflösung bringen könnte? Für eine Millionenstadt wären die Kosten pro Kopf vielleicht auch nicht viel größer als das, was viele Menschen ausgeben, wenn sie an einem Wochenende hinausfahren, um irgendwo außerhalb oder über der Nebeldecke zu sein.
Ich möchte nicht behaupten, daß eine solche Idee schon heute mit Ausgaben in einer realistischen Größenordnung zu verwirklichen wäre. Was mir entscheidend scheint, ist, daß die Wetterbeeinflussung in ihrer gesamten Planung und Ausrichtung mehr Gewicht auf jene »menschlichen Dimensionen« legen müßte, die man in Geldwert einfach nicht erfassen kann.
So wie die Dinge heute liegen, muß man annehmen, daß noch am ehesten eine Waschmittelfirma – statt eine neue Fernsehserie zu finanzieren – einmal auf die Idee kommen wird, den Bewohnern einer Großstadt ein paar Stunden Sonnenschein zu bescheren. »Die heutigen Sonnenstrahlen spendet Ihnen die Firma ›Sonnenstrahl‹.« Wäre doch ein hübscher Werbegag, nicht wahr?

Ökologische Folgen

Die Auswirkungen erfolgreicher Wetterbeeinflussung liegen in der Regel *innerhalb* des Rahmens der natürlichen Schwankungsbreite des Wetters. Es sind daher, wie erwähnt, oft umständliche statistische Untersuchungen nötig, um zu beweisen, daß es solche Auswirkungen überhaupt gegeben hat. Man könnte annehmen, daß solche relativ bescheidene Veränderungen auf die Tier- und Pflanzenwelt keinen großen Einfluß haben. Nach Ansicht der Ökologen, die sich mit diesem Problem beschäftigt haben, wäre dies jedoch ein gefährlicher Trugschluß. Denn von extremen Katastrophen abgesehen, wird die Struktur von Pflanzen- und Tiergemeinschaften vor allem von den *durchschnittlichen* klimatischen Bedingungen bestimmt und nicht von meteorologischen Einzelereignissen. Eine Vermehrung der durchschnittlichen jährlichen Niederschlagsmenge um etwa 10 Prozent wird daher zu allmählichen Anpassungsprozessen führen – auch wenn die natürliche Schwankungsbreite von Jahr zu Jahr bedeutend größer ist. Ein »Ökosystem« – also eine Gemeinschaft von pflanzlichen und tierischen Lebewesen in einem bestimmten Lebensraum, etwa einem Wald – wird sich im allgemeinen nicht plötzlich und schlagartig an neue, ein wenig veränderte Umweltbedingungen anpassen, sondern allmählich, so daß es der Laie kaum bemerken kann. Aber nach einigen Jahrzehnten wird sich die Struktur und Artenzusammensetzung der Gemeinschaft deutlich verändert haben[40].

Obwohl man also aufgrund theoretischer Überlegungen annehmen muß, *daß* die Beeinflussung des Wetters ökologische Folgen hat, wird der Nachweis solcher Folgen im Einzelfall keineswegs leicht sein. Denn in Pflanzen- und Tiergemeinschaften gehen ständig Anpassungsprozesse an die verschiedensten natürlichen und vom Menschen vorsätzlich oder unbeabsichtigt herbeigeführten Veränderungen vor sich, und die Wettermacherei ist bloß ein zusätzlicher Faktor, der andere Veränderungen überlagert und mit ihnen zusammenwirkt[41]. Will man also die speziellen, gerade von der Wetterbeeinflussung verursachten Folgen erkennen oder gar voraussagen können, dann ist intensive Forschungsarbeit nötig.

Leider sind derartige Untersuchungen lange Zeit völlig vernachlässigt worden. Erst nach zwei Jahrzehnten kommerzieller Wettermacherei ist in den USA Mitte der sechziger Jahre endlich ein einschlägiger Studienauftrag vergeben worden, doch auch der nur für eine rein theoretische Analyse. So ist die schon erwähnte Arbeit von Cooper und Jolly entstanden, vorläufig die einzige umfassende Untersuchung, die zu diesem Thema vorliegt. Zum Zeitpunkt ihrer Veröffentlichung (1969) war, wie die Autoren betonen, noch *kein einziger* Versuch durchgeführt worden, um mögliche ökologische Folgen der Wetterbeeinflussung im

Detail zu studieren[42]. Erst in den siebziger Jahren sind im Rahmen des Colorado-Becken-Projekts und des amerikanischen Hagelforschungsprojekts (NHRE) größere ökologische Freilanduntersuchungen angelaufen, doch liegen bisher noch kaum Ergebnisse vor[43].

Cooper und Jolly haben die vorhandene Fachliteratur nach Hinweisen durchsucht, wie sich natürliche oder in Experimenten herbeigeführte Veränderungen der Umweltbedingungen auf Pflanzen- und Tiergemeinschaften auswirken, und daraus Schlußfolgerungen über wahrscheinliche Folgen der Wettermacherei gezogen. Sie betonen ausdrücklich, daß man dies nur mit Vorbehalt tun könne, weil in der Natur Veränderungen der Niederschlagsmenge im allgemeinen mit Temperaturveränderungen Hand in Hand gehen, während bei künstlicher Vermehrung der Niederschläge die Temperatur unverändert bleibt. Man müsse, erklären sie, die Auswirkungen solcher Veränderungen auf Ökosysteme studieren, in denen es viele komplizierte Wechselbeziehungen gibt. Aus Versuchen, die nur mit einer Art durchgeführt wurden, könne man keine allzu weitreichenden ökologischen Schlüsse ziehen, denn in der Natur stünden verschiedene Arten miteinander im Konkurrenzkampf, und die günstigsten Bedingungen für eine Art könnten unter Umständen eine konkurrierende Art noch mehr begünstigen[44].

In ohnehin schon feuchten Gebieten werde eine Niederschlagsvermehrung (etwa für ein Kraftwerk) kaum nennenswerte ökologische Auswirkungen haben, und in sehr trockenen Gebieten würden die Folgen einer vermutlich nur geringfügigen Vermehrung der Regenmenge wahrscheinlich unbedeutend sein. Die stärksten Wirkungen müsse man in Gebieten mit mittleren Niederschlagsmengen erwarten, denn gerade dort könnte auch bereits eine bescheidene Niederschlagsvermehrung das Eindringen (beziehungsweise die starke Ausbreitung) von Arten ermöglichen, die vorher gerade noch nicht (oder nur sehr vereinzelt) in dem Gebiet gedeihen konnten. Ebenso müsse man auf mäßig beweideten natürlichen Wiesen, wo das Vieh eine zusätzliche Selektion vornimmt, stärkere Veränderungen erwarten als auf unbeweidetem Grasland[45].

Nebelauflösung werde kaum nennenswerte ökologische Folgen haben. Hagelverminderung werde sich günstig auf die Verbreitung von Singvögeln auswirken, deren Eier und Nester häufig von Hagelschlag zerstört werden — ein Effekt, der für die Landwirtschaft von Vorteil sei, weil die Singvögel Schädlinge vernichten[46].

Vermehrung von Scheefällen im Gebirge durch orographisches Wolkenimpfen, wie es vor allem für Kraftwerke betrieben wird, könne zu einer Verminderung des Nahrungsangebots für Rotwild und Elche führen; insbesondere dort, wo durch Errichtung hochgelegener großer Stauseen und andere menschliche Aktivitäten der dem Wild zur Verfügung stehende Lebensraum ohnehin schon sehr eingeengt ist, könne dies zu einer merklichen Verminderung der Wildbestände führen, und dies werde wahrcheinlich eine der ersten ökologischen Folgen von Eingriffen in das Wettergeschehen sein, die auch für ein breiteres Publikum erkennbar ist. Allerdings könnte in gut bewirtschafteten Jagdgebieten das Problem durch Zufütterung im Winter weitgehend gelöst werden[47].

Es sei unwahrscheinlich, daß Wettermacherei in heute durchführbarer Größenordnung zum völligen Aussterben von Säugetierarten in Nordamerika führen könnte; hingegen sei es denkbar, daß einzelne seltene Pflanzen, die nur mehr auf ein kleines Verbreitungsgebiet mit sehr spezifischen Bedingungen beschränkt sind, infolge von Wetterbeeinflussung ihre letzten Zufluchtsstätten verlieren. Im Nahen Osten könnte eine weitgehende Anwendung der Wetterbeeinflussung zum Aussterben ursprünglicher Wildformen unserer wichtigsten Getreidepflanzen führen, die wertvolle Erbanlagen für die Züchtung neuer (beispielsweise gegen bestimmte Krankheiten widerstandsfähiger) Sorten enthalten. Eine amerikanische Bemühung, aus diesem Grunde die Wettermacherei in den arabischen Ländern zu beschränken, während sie in den USA selbst gefördert wird, würde jedoch nach Aussicht von Cooper und Jolly »mit Recht als eine besonders unerträgliche Form von Neokolonialismus angesehen werden«[48].

Niederschlagsvermehrung für Kraft- und Wasserwerke wird die Wasserführung der Flüsse vermehren; der Wirtschaftsfachmann Crutchfield erhofft sich davon Vorteile für die kommerzielle Flußfischerei, insbesondere bei Lachsen, sowie für die Sportfischerei[49]. Cooper und Jolly sind in ihrer Einschätzung vorsichtiger: die Auswirkungen würden je nach Fischart und lokalen Gegebenheiten verschieden sein und sollten, wo größere Fischereiinteressen auf dem Spiele stehen, für jedes betroffene Gewässer vor Beginn größerer Wetterbeeinflussungsprojekte im Detail untersucht werden. Wo Kraftwerke größere Wassermengen in Flußsysteme ablassen, könne dies sehr fühlbare Folgen für das Leben im Wasser haben, und man müsse sich bemühen, daß das durch Wolkenimpfen zusätzlich anfallende Wasser wenigstens zum Teil für eine flexiblere, die Interessen der Fischer stärker berücksichtigende Vorgangsweise verwendet werde[50].

Eine katastrophale Vermehrung von Pflanzenschädlingen im Gefolge von Regenmacherei sei nicht wahrscheinlich, weil die Verbreitung der meisten Arten eher temperatur- als niederschlagsabhängig ist; hingegen könnte vermehrter Regen während der Blütezeit die Bestäubung durch Bienen und andere Insekten behindern. Pilzerkrankungen von Pflanzen würden möglicherweise zunehmen, weil bestimmte krankheitserregende Pilze bei vermehrter Feuchtigkeit besser gedeihen. Viele Unkräuter würden sich bei höherer Bodenfeuchtigkeit stark vermehren; einzelne Pflanzenarten, die heute keine wesentliche Rolle spielen, könnten sich bei mehr Regen sehr stark vermehren und zu einer echten Plage werden[51].

Als allgemeine Grundsätze fordern Cooper und Jolly, daß in jedem größeren Wetterbeeinflussungsprojekt etwa zehn Prozent der Budgetmittel für ökologische Untersuchungen bereitgestellt werden. Notwendig sei sowohl eine sorgfältige Bestandsaufnahme vor Anlaufen des Projekts als auch eine laufende Überwachung während der Durchführung, damit man sich abzeichnende Veränderungen möglichst früh erkennen könne[52]. Im gleichen Sinne hat sich auch eine Kommission der Amerikanischen Ökologischen Gesellschaft geäußert, die sich mit ökologischen Aspekten der Wettermacherei befaßt hat. Großoperationen, die die klimatischen Bedingungen in einem beträchtlichen Teil des Landes beeinflussen könnten, sollten nach Ansicht dieser Kommission beim gegenwärtigen Stand der Kenntnisse nicht vorgenommen werden, weil ihre Folgen unabsehbar wären[53].

Die Frage, ob das beim Wolkenimpfen in die Umwelt gelangende Silberjodid Schaden anrichten könnte, ist von mehreren Forschergruppen untersucht worden. Das übereinstimmende Ergebnis all dieser Arbeiten ist, daß bei den in vorhersehbarer Zukunft zu erwartenden Größenordnungen der Umweltbelastung keine nachteiligen Folgen zu befürchten seien[54]. Selbst bei Bedienungspersonen von Bodengeneratoren, die über lange Zeiträume wesentlich stärkeren Silberjodidkonzentrationen ausgesetzt waren als die Bevölkerung im allgemeinen, sind bisher niemals nachteilige Folgen festgestellt worden[55].
Mikroorganismen sprechen auf die Wirkung von Silberjodid stärker an als vielzellige Lebewesen; deshalb halten manche Forscher Auswirkungen auf Bodenmikroben für möglich. Untersuchungen im Zusammenhang mit dem Colorado-Projekt haben jedoch ergeben, daß die tatsächlich im Boden gemessenen Silberjodidmengen für merkliche Auswirkungen viel zu gering sind und daß erst zehn- bis hundertmal stärkere Konzentrationen zu einer leichten Beeinträchtigung der Bodenmikroben führen könnten[56].
Die Verwendung von Trockeneis oder flüssigem CO_2 für Nebelauflösung ist unter Umweltgesichtspunkten zweifellos unbedenklich, auch gegen Flüssiggas besteht kein Einwand. Für die Zukunft denken manche Techniker der Wettermacherei daran, Silberjodid durch billigere Kohlenstoffverbindungen mit geeignetem molekularen Aufbau zu ersetzen. Die Umweltverträglichkeit der in Betracht kommenden Stoffe, insbesondere die Frage, ob sie vielleicht Krebs oder Mißbildungen an Neugeborenen auslösen könnten, wird zur Zeit untersucht[57].
Anstelle von Silberjodid könnte auch das billigere Bleijodid verwendet werden, das eine ähnliche Kristallstruktur hat, doch bestehen dagegen im Westen ernste Bedenken, weil ohnehin schon viel zu viel Blei, vor allem durch Anti-Klopf-Zusätze im Benzin, in unsere Umwelt gelangt. In der sowjetischen Hagelbekämpfung wird jedoch Bleijodid häufig verwendet[58], obwohl dadurch zweifellos Blei in die in diesen

Gebieten erzeugten Nahrungsmittel gelangt. Die amerikanischen Militärs haben dieses billige Impfmaterial bei ihren Operationen in Vietnam benutzt[59]; es war ihnen für diesen Krieg zwar nichts zu teuer, aber wo sie es auch billiger haben konnten, sahen sie keinen Anlaß, auf die Gesundheit der Zivilbevölkerung in gegnerischen oder neutralen Ländern die gleiche Rücksicht zu nehmen, wie es die kommerziellen Wettermacher zuhause in bezug auf die Gesundheit der eigenen Bevölkerung tun müssen.

Wettermacher vor dem Richter

In den achtziger Jahren des vorigen Jahrhunderts wurden die höher gelegenen Gebiete des amerikanischen Bundesstaats New York von einer langanhaltenden Dürre heimgesucht. Der presbyterianische Geistliche Duncan McLeod veranstaltete daraufhin an einem Samstag im August einen großen Bittgottesdienst, der ein voller Erfolg wurde. Nur ein einziger Farmer der Gegend, Phinneas Dodd, blieb dem gemeinsamen Gebet fern; er war der Meinung, daß dies eine unangemessene Einmischung in den Lauf der Natur sei. Drei Stunden nach dem Gottesdienst brachte ein schweres Gewitter den lang ersehnten Regen. Einer der Blitze schlug in Dodds Scheune ein, die bis auf den Grund abbrannte.

Was weiter geschah, kann man sich leicht ausmalen: der Pfarrer wurde gefeiert, von Dodd aber sagten spitze Zugen, der Blitzschlag sei eine Strafe Gottes gewesen. Das war vielleicht nicht sehr christlich gedacht, und der Pfarrer hätte solchem Gerede entgegentreten oder auch eine Kollekte für das geschädigte Mitglied seiner Gemeinde veranstalten sollen. Doch McLeod tat nichts dergleichen. Dodd wurde über das ständige Gespött so wütend, daß er schließlich eine Schadenersatzklage gegen den Geistlichen anstrengte – denn das Gewitter, das seine Scheune zerstört hatte, sei die unmittelbar Folge des von McLeod veranstalteten Bittgottesdienstes gewesen.

Vor Gericht befand sich der Pfarrer in einer unangenehmen Lage. Er war für den Regen gefeiert worden, hatte seiner Gemeinde wiederholt gepredigt, daß Gott ihr Gebet erhört habe; sollte er nun vor Gericht in Anwesenheit vieler Zuhörer aus seiner Gemeinde erklären, daß eine unmittelbare Ursache-Wirkung-Beziehung zwischen Bittgottesdienst und Gewitter ja keineswegs erwiesen sei? Schon hatte man den Eindruck, daß McLeod den Prozeß verlieren würde, da kam seinem Verteidiger ein rettender Gedanke: man hatte ja schließlich um *Regen* gebetet und *nicht um Gewitter*. Für den Blitzschlag, der Dodds Scheune vernichtet hatte, sei daher sein Mandant nicht verantwortlich. Aufgrund dieses Plädoyers wurde der Pfarrer freigesprochen[60]. Ob er verurteilt worden wäre, wenn nicht Blitzschlag, sondern Hochwasser den Farmer geschädigt hätte, bleibt offen.

Wettermacher, die heutzutage auf Schadenersatz verklagt werden, befinden sich in einer günstigeren Lage als seinerzeit Pfarrer McLeod. Sie stützen sich in ihrer Tätigkeit nicht auf den religiösen Glauben, sondern auf wissenschaftliche Erkenntnis. Sie können daher mit reinem Gewissen und ohne in innere Widersprüche zu geraten, ihren Kunden versichern, daß sie das Wetter in bestimmten Grenzen beeinflussen können und zugleich vor Gericht den Zusammenhang zwischen ihrer Tätigkeit und einem besonderen Wetterereignis, das den Kläger geschädigt hat, in Frage stellen. Da nach allgemein gültigen Rechtsauffassungen nicht der Angeklagte seine Unschuld beweisen muß, sondern der Kläger die Beweislast zu tragen hat, haben sie mit einer solchen Haltung gute Aussichten auf Erfolg. Jedenfalls ist es in den acht bisher in den USA durchgeführten einschlägigen Prozessen noch niemals einem Kläger gelungen, das Gericht von dem Kausalzusammenhang zwischen Wetterbeeinflussung und einem erlittenen Schaden zu überzeugen[61]. Bei der gegenwärtigen Rechtslage besteht auch kaum Aussicht, daß dies in Zukunft gelingen könnte; denn selbst wenn es nach naturwissenschaftlichen Gesichtspunkten guten Grund für die *Annahme* gibt, daß tatsächlich eine Schädigung vorliegt, reicht das für einen *juristisch gültigen Beweis* meist nicht aus[62].
Dieser unbefriedigende Rechtszustand bringt überdies oft noch eine schwere soziale Härte mit sich. Denn die Geschädigten sind in vielen Fällen kleine Leute, die es sich einfach nicht leisten können, ein kostspieliges Gerichtsverfahren mit nur geringen Erfolgschancen anzustrengen. Aber gerade weil sie kleine Leute sind, trifft sie der Schaden viel härter, als die Auftraggeber der Wettermacher – Elektrizitätsgesellschaften, landwirtschaftliche Großbetriebe, öffentliche Stellen und so weiter – von einer Schadenersatzleistung getroffen würden[63].
Dazu kommt noch, daß ordentliche Gerichte und erst recht Geschworenengerichte in diesen Fragen nur geringe Sachkenntnis haben[64]. Sie müssen sich ihr Urteil daher vor allem anhand der Aussagen von Sachverständigen bilden, die nach amerikanischen Rechtsgepflogenheiten von den beiden Streitteilen als Zeugen angerufen werden. In den USA ist deshalb vorgeschlagen worden, eine eigene Kommission aus unabhängigen Fachleuten einschlägiger Disziplinen zu bilden, die in allen die Wettermacherei betreffenden Streitfällen als sachkundiges Schiedsgericht dienen könnte.[65]
Für das große Colorado-Projekt hat eine Studie des Stanford Research Institute empfohlen, daß man alle einigermaßen begründet erscheinenden Schadenersatzansprüche entgegenkommend behandeln und auf dem Vergleichsweg abgelten sollte, ohne es erst zu Prozessen kom-

men zu lassen. Ebenso sollte es eine allgemeine Richtlinie sein, daß Gemeinden im Zielgebiet prinzipiell und ohne langwierige Detailverhandlungen Entschädigungen für zusätzliche Schneeräumungsarbeiten und andere Belastungen erhalten[66].

Gerichtsverfahren über Wettermacherei werfen aber nicht nur komplizierte Probleme der Wahrheitsfindung und der Beweisführung auf, sondern auch juristische Grundsatzfragen, die nach einer Klärung verlangen. Tatsächlich ist jedoch die Rechtsentwicklung auf diesem Gebiet – wie auf vielen anderen – weit hinter der technischen Entwicklung zurückgeblieben. In den meisten Ländern, in denen Wettermacherei betrieben wird, gibt es nur wenige oder überhaupt keine Gesetze, die sich auf diese Tätigkeit beziehen. In den USA ist die Regelung weitgehend den einzelnen Bundesstaaten überlassen. Nur wenige von ihnen haben auch nur einigermaßen ins Detail gehende Bestimmungen erlassen – und diese sind überdies noch von Staat zu Staat sehr unterschiedlich; viele haben keinerlei einschlägige Gesetze und ein Staat (Maryland) hat die Wettermacherei sogar völlig verboten. Solange es aber kein eigenes kodifiziertes »Wetterrecht« gibt, ist im Prinzip alles erlaubt, was nicht durch allgemeine, nicht speziell für diesen Zweck geschaffene Gesetze verboten ist. Wie solche allgemeine Rechtsnormen auf die Wetterbeeinflussung anzuwenden seien, darüber gehen die Meinungen der Richter schon in den wenigen bisher verhandelten Fällen zum Teil weit auseinander.

»Extremisten« des Naturschutzgedankens lehnen die Beeinflussung des Wetters in allen Formen *grundsätzlich* als «Störung des Gleichgewichts der Natur« ab (vgl. S. 112). Oft behaupten sie auch, daß Silberjodid ein Schadstoff sei, den man nicht in die Umwelt bringen sollte. In der gesetzgebenden Körperschaft von Pennsylvania vertrat einer der Abgeordneten die Ansicht, daß das Silberjodid Tiere und Pflanzen schädige und die Fortpflanzungsfähigkeit von Adlern beeinträchtige; ebenso sei das in der Wetterbeeinflussung gelegentlich verwendete Trockeneis (gefrorenes Kohlendioxyd) ein hochgefährlicher Stoff[67]. Tatsächlich wurde in Pennsylvania eines der ersten Gesetze beschlossen, das Schädigungen der Natur durch Wettermacherei verhindern sollte.

Im Bezirk Ayr in Pennsylvania erließen die lokalen Behörden unter Berufung auf ihre Umweltschutzkompetenzen ein allgemeines Wolkenimpfverbot. Ein kommerzieller Wettermacher, der sich nicht daran gehalten hatte, wurde verurteilt, denn eine Behörde ist berechtigt, ein solches Verbot zu erlassen, wenn sie der Meinung ist, daß die *Möglichkeit* einer Umweltschädigung besteht. Als jedoch eine *Natural Weather Association* (Vereinigung für natürliches Wetter), also ein privater Verein, in einem anderen Bezirk von Pennsylvania mit der gleichen Begründung einen Gerichtsbeschluß anstrebte, der einem Wettermacher seine Tätigkeit verbieten sollte, erlitt sie eine Niederlage, denn ein privater Kläger muß in einem solchen Fall die *Wahrscheinlichkeit* einer

Umweltschädigung nachweisen können – was der *Natural Weather Association* nicht möglich war[68]. Der Richter räumte zwar ein, daß jeder Landbesitzer ein Eigentumsrecht auf die über seinem Grund befindlichen Wolken und das darin enthaltene Wasser habe, doch konnten die Kläger auch nicht beweisen, daß durch die Tätigkeit des Wettermachers der ihnen »rechtmäßig zustehende« Niederschlag geschmälert worden war[69].

Von wesentlich größerer Grundsatzbedeutung als diese recht amerikanisch anmutenden Prozesse ist ein Rechtsstreit, der bereits 1950 im Staat New York ausgetragen wurde, als die Stadt New York ihre Wasserversorgung durch ein Wolkenimpfprogramm zu verbessern suchte. Der Besitzer eines Ferienheimes im Zielgebiet der Wetterbeeinflussungsoperationen klagte damals gegen die Stadt wegen Geschäftsstörung und forderte einen Gerichtsbeschluß auf Einstellung der künstlichen Regenmacherei. Der Richter lehnte die Klage mit der Begründung ab, daß die Wasserversorgung einer Zehnmillionenstadt vor den Privatinteressen eines einzelnen Vorrang haben müsse, und daß überdies die Unbequemlichkeit, die dem Besitzer des Ferienheims und seinen Gästen möglicherweise entstehen könnte, nicht erwiesen sei[70].

Der Grundsatz, daß das Allgemeinwohl vor den Besitzansprüchen des einzelnen Vorrang hat, wird in vielen anderen Situationen (etwa beim Straßenbau oder im Bergbau) weithin angewandt. Allerdings werden in solchen Fällen stets Entschädigungen bezahlt. In dem vorerwähnten Prozeß wurden solche Ansprüche nicht gestellt und wären angesichts der Schwierigkeiten der Beweisführung wahrscheinlich auch nicht durchsetzbar gewesen. Bei objektiver Beurteilung ist jedoch kaum zu bezweifeln, daß Regenmacherei eine zwar schwer meßbare, aber durchaus reale Beeinträchtigung der Geschäftsinteressen eines Fremdenverkehrsbetriebs darstellen kann, die zwar nicht die Einstellung eines im Interesse des Allgemeinwohls nötigen Projekts rechtfertigt, wohl aber eine angemessene Entschädigung.

Die Frage, was dem Allgemeinwohl entspricht, läßt sich aber gewiß nicht in allen Fällen so leicht entscheiden wie in diesem Prozeß gegen die Stadt New York. In Texas gab es 1958 einen Rechtsstreit zwischen einer Gruppe von (ärmeren) Viehzüchtern und einem kommerziellen Wettermacher, der im Auftrag von (wohlhabenderen) Getreide-, Obst- und Gemüsebauern ein Hagelschutzprogramm durchführte. Die Viehzüchter behaupteten, daß dadurch die Regenfälle auf ihr Land vermindert worden seien. Wären Fachmeteorologen als Sachverständige angehört worden, hätten sie wahrscheinlich ausgesagt, daß noch nicht eindeutig geklärt sei, ob Hagelbekämpfung zu einer Verringerung der Regenfälle führe, daß aber bisherige mit wissenschaftlicher Sorgfalt durchgeführte Beobachtungen eher das Gegenteil vermuten lassen (vgl. S. 62). Doch der Richter begnügte sich mit Aussagen von Einwohnern der Gegend, denenzufolge das Wolkenimpfen tatsächlich eine Regenverminderung herbeigeführt hätte. Er verfügte, daß die Flugzeuge der Wettermacher nicht mehr über dem Gebiet der Viehzüchter operieren dürfen, weil jedermann ein Recht auf den Regen habe, der entsprechend Launen der Natur auf seinen Grundbesitz fällt[71]. Um das gleiche Problem – ob ein Hagelschutzprogramm für die Gerstebauern den Regen für die Viehzüchter und Gemüsebauern vermindert habe – ging es übrigens auch bei der in der Einleitung dieses Buches erwähnten Auseinandersetzung im San Luis Valley.

Die Meteorologen sind offensichtlich überfordert, wenn sie nach dem gegenwärtigen Stand der wissenschaftlichen Erkenntnis verbindliche Aussagen darüber machen sollen, ob ein Hagelschutzprogramm tatsächlich zu einer Verminderung der Regenfälle geführt haben könnte. Und die Gerichte sind überfordert, wenn sie beim gegenwärtigen Stand der Rechtsentwicklung in solchen Prozessen entscheiden müssen. Doch die Probleme sind da und lassen sich mit Hinweisen auf allgemeine Unzuständigkeit nicht aus der Welt schaffen. Sie fordern nach in der Praxis anwendbaren Regelmechanismen.

Wem gehört das Wetter?

»Ein Wissenschaftler kann einen Atomkern mit Neutronen bombardieren, ohne ihn um Erlaubnis zu fragen«, erklärte Myron Tribus auf der zweiten amerikanischen Konferenz über Wetterbeeinflussung, 1970. »Er kann aber nicht die Umwelt manipulieren, ohne die Leute zu konsultieren, die davon betroffen sind.«[72] Bei der Planung von Wetterbeeinflussungsoperationen müsse daher für ein Mitspracherecht betroffener öffentlicher und privater Interessen gesorgt werden. Alle Betroffenen müßten die gleiche Gelegenheit haben, gehört zu werden. Der Entscheidungsprozeß dürfe nicht vorzeitig abgeschlossen werden, denn seine Ergebnisse seien für zu viele Bürger und Gruppen zu wichtig.

In dieser allgemeinen Formulierung werden die Thesen von Tribus wohl weithin Zustimmung finden. Doch sobald man versucht, diese allgemeinen Grundsätze ein wenig mehr im Detail auszuführen, ergeben sich viele Fragen, die leichter gestellt als beantwortet sind:

Wem »gehören« das Wetter und seine »Bestandteile« wie etwa Wolken?

Gibt es einen allgemeinen Rechtsanspruch auf natürliches, von menschlichen Eingriffen ungestörtes Wetter?

Wer hat über die »Wetterpolitik« zu bestimmen?

Nach welchen Gesichtspunkten sollen diese Entscheidungen gefällt werden?

Wer ist »betroffen« und sollte daher vorher gehört werden?

Wer hat Einspruchsrecht gegen Entscheidungen und bei wem?
Wer hat Anspruch auf Entschädigung für Folgen der Wettermacherei, und wie kann die Höhe solcher Ansprüche wenigstens einigermaßen objektiv festgestellt werden?
Wem gehören die »Produkte« der Wettermacherei, beispielsweise zusätzlicher Niederschlag, der nicht auf den Boden der Auftraggeber der Wettermacher fällt[73]?
Dieses Buch kann sich nicht die Aufgabe stellen, alle die Antworten auf diese Fragen zu geben, die Gesetzgeber und Juristen bisher schuldig geblieben sind. Es kann lediglich auf einige Probleme hinweisen, mit denen man sich dabei auseinanderzusetzen haben wird, und auf einige Grundsätze, die dabei beachtet werden sollten.
Das Wetter ist international. Es kümmert sich nicht um Landes- oder Besitzgrenzen. Vorstellungen, daß sich jeder Staat oder gar jeder Grundbesitzer »sein« Wetter aneignen und nach Belieben verändern könne, tragen den natürlichen Gegebenheiten nicht Rechnung. Der Eingriff, den ich über »meinem« Gebiet vornehme, hat sehr oft Folgen, die weit über die Grenzen dieses Territoriums hinausreichen. Von den heute bereits praktisch anwendbaren Techniken ist einzig und allein die Nebelauflösung von nur lokaler Bedeutung. Wolkenimpfen zur Vermehrung von Niederschlägen kann, wie wir gesehen haben, Fernwirkungen über mehrere hundert Kilometer haben (vgl. S. 119 f.). In einem kleinen Land wie Israel bedeutet das bereits zwangsläufig grenzüberschreitende Wirkungen. Beeinflussung der Großwetterlage und des Klimas, wie sie vielleicht in einigen Jahrzehnten möglich sein werden, wirken sich auf noch viel größere Räume aus. So gesehen ist das Wetter also ein »Besitz« der ganzen Menschheit, und mit den sich daraus ergebenden völkerrechtlichen Problemen werden wir uns im Schlußabschnitt dieses Buches noch zu beschäftigen haben.
Für den inneren Gebrauch in einzelnen Staaten sollte man nach meiner Überzeugung davon ausgehen, daß das Wetter ein *Allgemeingut* ist, über das der einzelne nicht ohne Rücksicht auf die Interessen seiner Mitbürger verfügen darf. Die historische Entwicklung, wie wir sie beschrieben haben, hat es mit sich gebracht, daß in den USA die *angewandte* Wettermacherei vorwiegend auf privatwirtschaftlicher Grundlage betrieben wird, während wissenschaftliche Experimente von Forschungsinstitutionen und Behörden durchgeführt werden. Es gibt keine zentrale Planung, sondern die »Wetterpolitik« entwickelt sich stückweise und zufällig aus den unkoordinierten Aktivitäten der verschiedensten öffentlichen und privaten Stellen, die jeweils nur ihre eigenen Aufgaben und Interessen im Auge haben[74]. Daß dies ein unbefriedigender Zustand ist, wird auch von amerikanischen Fachleuten klar ausgesprochen: »So wie bei praktisch allen früheren Techniken hat man auch bei der Wetterbeeinflussung die Entwicklung sich selbst überlassen – ohne ausdrückliche Berücksichtigung der Bedürfnisse und Wert-

vorstellungen der Gesellschaft«, schreiben R. G. Fleagle und Kollegen in einer Studie über Wetterbeeinflussung im öffentlichen Interesse. »Es ist hoch an der Zeit, daß die Gesellschaft ihren Anspruch auf den Fahrersitz anmeldet und das Lenkrad fest in die Hand nimmt. Wir haben dazu noch die Möglichkeit, wenn wir rasch und weise handeln.«[75]

So wie die Dinge in den USA heute vor sich gehen, wird die Wettermacherei in vielen Fällen ausschließlich nach den kommerziellen Interessen des Auftraggebers – einer Elektrizitätsgesellschaft, einer Gruppe von Landwirten usw. – geplant und durchgeführt, und die Interessen anderer werden meist nur dann berücksichtigt, wenn sie imstande sind, sich mit genügender Lautstärke zu Wort zu melden. Eine den Interessen der Allgemeinheit entsprechende »Wetterpolitik« wäre jedoch wahrscheinlich am ehesten dann gewährleistet, wenn zumindest die Richtlinien weder von den Interessenten an den »Produkten« der Wettermacherei bestimmt werden, noch von selbstherrlich entscheidenden Behörden, sondern von einer Institution, die der Öffentlichkeit Rechenschaft ablegen muß.

Nun ist in einem demokratischen Staat jede Behörde der Öffentlichkeit zumindest indirekt rechenschaftspflichtig, weil sie ja einer Regierung untersteht, die ihrerseits einer gewählten Volksvertretung verantwortlich ist. Da aber das Wetter jeden unmittelbar betrifft, sind wohl auch Formen der *direkten* Mitbestimmung aller Betroffenen wünschenswert. Selbstverständlich ist es nicht möglich, über jede Einzelentscheidung der Wetterbeeinflussung eine Volksabstimmung durchzuführen, aber es ist deshalb noch lange nicht notwendig, alles nur einem kleinen Kreis von beamteten Experten zu überlassen, »die am besten wissen, was den Interessen der Allgemeinheit entspricht«.

Nur in Ausnahmefällen, schreibt Eugene Haas, sind Wissenschaftler, Beamte und Wettermacher, die ein neues Projekt planen, *wirklich* darüber informiert, was die Einwohner des vorgesehenen Zielgebiets von ihren Absichten halten. Es komme jedoch häufig vor, daß sie *behaupten* zu wissen, »wie die Leute darüber denken«. Wenn man sie fragt, woher sie wissen, ob ihre Behauptungen zutreffen, berufen sie sich auf gelegentliche Gespräche mit Ortsansässigen, aus denen sie verallgemeinernde Schlußfolgerung ziehen. »Wiederholt konnten wir feststellen, daß auch Meteorologen, die sehr strenge wissenschaftliche Anforderungen an die Planung und Durchführung von Wetterbeeinflussungsexperimenten stellen, es bequem finden, viele elementare Grundregeln einer wissenschaftlichen Methodik außer acht zu lassen, sobald es darum geht, aus gesellschaftlichen Fakten Schlußfolgerungen zu ziehen.«[76]

Je mehr die Öffentlichkeit ins Vertrauen gezogen wird und am Entscheidungsprozeß selbst teilnehmen kann, desto geringer sind die Schwierigkeiten und die wissenschaftlich nicht begründeten Vorurteile, mit denen sich die Wettermacher auseinandersetzen müssen. In Süddakota gibt es in jedem Bezirk *gewählte Kommissare*, die darüber zu entscheiden haben, ob der Bezirk an dem von den Behörden des Staates durchgeführten Regenvermehrungs- und Hagelbekämpfungsprogramm teilnehmen will oder nicht. In jedem Distrikt gibt es ein eigenes Beraterkomitee, das eine Einstellung der Impfoperationen anordnen kann, wenn der Boden bereits zu viel Feuchtigkeit enthält oder eine Niederschlagsvermehrung aus irgendwelchen anderen Gründen nicht mehr wünschenswert ist.[77] Dieser Versuch, eine Mitbestimmung der Bevölkerung auf breiter Basis zu sichern, hat sich bestens bewährt.

Häufig umgeben jedoch kommerzielle Wettermacher und auch Behörden, die Wetterbeeinflussungsexperimente durchführen, ihre Tätigkeit mit einem Schleier der Geheimhaltung, damit »schlafende Hunde nicht geweckt werden«[78]. Doch gerade in solchen Fällen kommt es oft zu heftigen Reaktionen der Öffentlichkeit, und die Wettermacher werden dann, so wie in Quebec (vgl. S. 119) für unerwünschte natürliche Wetterentwicklungen verantwortlich gemacht, auf die sie nach Ansicht der Meteorologen keinerlei Einfluß gehabt haben. In Pennsylvania waren beispielsweise die Vorurteile gegen das Wolkenimpfen und das Mißtrauen gegen die Behörden so stark, daß die Armee 1968 verdächtigt wurde, eine Dürreperiode durch geheime Impfversuche ausgelöst zu haben. Eine vom Landwirtschaftsministerium mit Luftaufnahmen durchgeführte Untersuchung über die Verbreitung einer Pflanzenkrankheit in Eichenwäldern mußte damals vorzeitig abgebrochen werden, weil die Farmer die tieffliegenden Flugzeuge für Wettermacher hielten und sie zu beschießen begannen[79].

Es gibt jedoch nicht nur Vorurteile, sondern auch *echte Interessengegensätze*. »Farmer und Ausflügler werden oft verschiedener Meinung über das für Samstag wünschenswerte Wetter sein«, meint Myron Tribus. »Städte mit Schneeräumungsproblemen und nahegelegene Wintersportorte werden einander widerstreitende Wünsche haben.«[80] Daß Landwirte, je nach ihren Produkten, sehr unterschiedliche Wetterinteressen haben, wurde schon mehrfach erwähnt[81].

Die bisherigen amerikanischen Erfahrungen lassen erkennen, daß Gegner und mögliche Geschädigte eines geplanten Wetterbeeinflussungsprogramms nur wenig Aussicht auf Berücksichtigung ihres Anliegens haben, wenn sie nicht über eine starke Organisation oder Interessenvertretung verfügen[82]. Eine institutionalisierte Verankerung des Mitspracherechts der Betroffenen könnte die Rechtsstellung solcher Personen gegenüber einflußreichen Auftraggebern der Wettermacher stärken, sie ist aber deshalb noch nicht unbedingt der beste Weg zu einer maximalen Berücksichtigung des *Allgemeinwohls*, das ja nicht zwangsläufig mit den Interessen der Bewohner im Zielgebiet der Operationen identisch ist.

Es kann, wie wir gesehen haben (vgl. S. 124), Wetterbeeinflussungsmaßnahmen geben, die bei der Bevölkerung des Zielgebiets allgemeine

Zustimmung finden, die aber trotzdem aus höherer volkswirtschaftlicher Sicht nicht sinnvoll sind. Umgekehrt kann Wettermacherei nur einer Minderheit von Personen im Zielgebiet Nutzen bringen und der Mehrheit Schaden, aber sie kann deshalb trotzdem für die Gesamtwirtschaft des Landes von Vorteil sein. Wie soll in solchen Fällen objektiv festgestellt werden, welches die Interessen des Landes sind, und wer soll bestimmen, was getan oder unterlassen werden darf?

Die Nutznießer der Niederschlagsvermehrung befinden sich in vielen Fällen *außerhalb* des Zielgebietes, und es kann sich dabei wie im Fall New York um sehr viele Menschen handeln. Bei Impfprogrammen für Wasserkraftwerke sind nicht nur diese selbst – und indirekt ihre Kunden – Nutznießer, sondern in weiterer Sicht das ganze Land, das weniger Erdöl einzuführen braucht, wenn es mehr Strom aus Wasserkraft erzeugen kann. Gleichzeitig gibt es aber im Zielgebiet und auch in Gebieten, wo Fernwirkungen des Impfens auftreten, Gemeinden und Einzelpersonen, die echten Nachteil erleiden und daher Anspruch auf Schadensersatz haben. Man müßte also Möglichkeiten finden, wie solche Geschädigte zu ihrem Recht kommen können, ohne daß man ihnen unerfüllbare Aufgaben der Beweisführung auferlegt. Man muß sich schließlich auch klar werden, ob nur rein materielle Schäden abgegolten werden sollen oder auch andere – etwa zusätzliche Regentage, denen der Besitzer eines Wochenendhauses im Zielgebiet ausgesetzt ist.

Wo die Wettermacherei kommerziell betrieben wird, also vor allem in den USA, stellt sich die Frage, wer diese Tätigkeit ausüben darf und ob er dazu einen Befähigungsnachweis (gleichsam einen »Führerschein«) benötigt. Die einschlägigen Bestimmungen der einzelnen amerikanischen Bundesstaaten sind auch in diesem Punkt sehr unterschiedlich[83]. Ebenso uneinheitlich sind die Bestimmungen über das Ausmaß der Haftpflicht von Wettermachern sowie über obligatorische Haftpflichtversicherungen[84]. Inwieweit ein Wettermacher seinem Auftraggeber haftbar ist und im Falle von Kunstfehlern zu Schadenersatzleistungen herangezogen werden kann, ist ungeklärt.

In den meisten anderen Ländern wird die Wettermacherei ausschließlich von Wissenschaftlern ausgeübt, die im Auftrag von Forschungsstellen oder Behörden arbeiten. Auch das bedeutet nicht, daß sich die in diesem Abschnitt behandelten Probleme sozusagen alle von selbst erledigen, denn Wissenschaftler und Beamte verfügen auch nicht über Geheimrezepte, nach denen sie immer ganz genau wissen, was im Interesse der Allgemeinheit erforderlich ist – obwohl sie oft so tun, als wüßten sie es ganz genau. Außerdem lassen auch sie sich in ihrer Tätigkeit nicht nur ausschließlich vom Allgemeinwohl leiten, sondern – wie alle Menschen – auch von ihren persönlichen Interessen und denen ihres Amtes oder ihrer Organisation.

Gesetze, die eine private kommerzielle Wettermacherei ausdrücklich verbieten, gibt es meines Wissens nirgends – in den kommunistischen

Ländern läßt sich allerdings ein solches Verbot wahrscheinlich indirekt aus allgemeinen Wirtschaftsgesetzen ableiten. Es wäre wohl kein Bruch mit mitteleuropäischen Rechtstraditionen, wenn man bei der Entwicklung eines neu zu schaffenden »Wetterrechts« ausdrücklich festlegen würde, daß die Ausübung der Wetterbeeinflussung ausschließlich wissenschaftlichen und öffentlich-rechtlichen Institutionen vorbehalten ist. Die damit verbundenen Gefahren der Schwerfälligkeit und Bürokratisierung sind wahrscheinlich noch immer ein kleineres Übel als die Begleiterscheinungen, die sich bei einer Kommerzalisierung des Wettermachens zwangsläufig einstellen.

Juristische und völkerrechtliche Probleme der Hurrikanbeeinflussung

Im Jahre 1964 bewegte sich der Hurrikan »Cleo« die Ostküste von Florida entlang nach Georgia und richtete schweren Sachschaden in mehreren großen Gemeinden der beiden Staaten an. »Hätte man damals die Zugbahn des Sturmes auch nur um 10 Grad ablenken können«, erklärt Professor Sewell, »wären diese Gemeinden verschont geblieben, doch leider hätte der Wirbelsturm dann wahrscheinlich statt dessen die Stadt Georgetown in South Carolina heimgesucht. Die Gesamtschadenssumme wäre in diesem Fall noch immer beträchtlich geringer gewesen als bei dem nicht umgelenkten Sturm, doch die Verteilung der Verluste wäre völlig anders gewesen.«[85]
Die Möglichkeit, daß man in näherer Zukunft vielleicht tatsächlich imstande ist, die Zugbahn eines Hurrikans zu beeinflussen, rollt viele schwerwiegende juristische und völkerrechtliche Fragen auf, die angesichts der Größe dieses Naturereignisses weit über das hinausgehen, was wir in früheren Abschnitten behandelt haben. Zunächst: wer soll die Entscheidung treffen, daß ein Wirbelsturm umgelenkt wird, insbesondere dann, wenn auch der umgelenkte Sturm zwar weniger, aber doch Sachschäden und möglicherweise auch Personenschäden anrichten wird?
Sewell sieht für die USA drei Alternativen: der Präsident, ein Amt der Bundesregierung oder eine eigens für diesen Zweck geschaffene Behörde[86]. Man könnte sich auch vorstellen, daß der Präsident die Entscheidung aufgrund der Vorschläge eines eigenen Beratergremiums fällt, und daß vielleicht auch die betroffenen Bundesstaaten in einem solchen Gremium oder einer entscheidungsbefugten Behörde vertreten sein könnten. Es ist aber offensichtlich, daß Entscheidungen rasch und ohne langes Hin- und Herfeilschen gefällt werden müssen, weil sonst die Gelegenheit, die Route des Sturmwirbels überhaupt zu beeinflussen,

verpaßt werden könnte. Fleagle und Kollegen vertreten in ihrer Studie über Wetterbeeinflussung in öffentlichem Interesse die Auffassung, daß Entscheidungen dieser Art jedenfalls nur auf höchster Regierungsebene gefällt werden können[87].

Die nächste, nicht minder schwierige Frage ist die, *nach welchen Gesichtspunkten* die Entscheidung zur Umlenkung eines Hurrikans ge-

Abbildung 16: Die Zugbahn des Hurrikans »Cleo« und die Auswirkung, die eine Änderung der Zugbahn um 10 Grad gehabt hätte. (Nach W. R. D. Sewell, op. cit.)

troffen werden sollte. Daß es vernünftiger ist, wenn ein Sturm keine Großstadt, sondern nur eine Kleinstadt zerstört, scheint einem Außenstehenden klar – obwohl nicht damit zu rechnen ist, daß die Bewohner der betroffenen Kleinstadt dafür uneingeschränktes Verständnis haben werden. Aber in der Praxis werden die Alternativen nicht immer so eindeutig sein. Soll man eine Stadt opfern, um, sagen wir, das Raketenstartgelände von Kap Kennedy oder einen wichtigen Militärstützpunkt zu retten? Soll man einem Großbetrieb mit kostspieligen Anlagen vor einer menschlichen Ansiedlung den Vorzug geben? In Dollars gerechnet kostet es mehr, wenn der Betrieb zerstört wird, aber wenn der Sturm die Ansiedlung heimsucht, bringt das wesentlich mehr in Geld nicht meßbares menschliches Leid – und kostet wahrscheinlich mehr Wählerstimmen. Wird ein Präsident einer an sich vernünftigen Umlenkung eines Wirbelsturms zustimmen, wenn dabei die Güter seiner eigenen Familie zerstört werden? Würden seine Ratgeber ihm überhaupt einen solchen Vorschlag machen?

Das alles sind Fragen, die in der einschlägigen Literatur nirgendwo gestellt werden, die sich aber geradezu aufdrängen. Irgendwelche Formen der Mitbestimmung der Betroffenen sind bei der Hurrikanumlenkung schon wegen der kurzen Zeit, die zur Verfügung steht, ganz bestimmt nicht möglich – und man kann auch verschiedener Meinung sein, ob das in einem solchen Fall wünschenswert und fruchtbar wäre. Man kann sich nur vorstellen, daß diejenigen, die solche Entscheidungen zu fällen haben, der Öffentlichkeit nachträglich Rechenschaft ablegen müssen; und daß man im Gesetz bestimmte Grundprinzipien festlegt, nach denen die Entscheidungen zu fällen sind – obwohl kein noch so detailliertes Gesetz alle in der Praxis eintretenden Möglichkeiten voraussehen kann.

Daß Menschen, die durch einen umgelenkten Wirbelsturm Verluste erleiden, dafür entschädigt werden sollten, wird von allen Autoren anerkannt, die sich mit dieser Frage beschäftigt haben. Aber wer soll diese Entschädigungen zahlen? Jene, die von der Umlenkung profitiert haben? Oder der Staat, also die Steuerzahler? Personenschäden können bei rechtzeitiger Sturmwarnung und Evakuierung wahrscheinlich weitgehend vermieden werden. Wenn aber doch welche eintreten, wie sollen sie abgegolten werden? Und welche Konsequenzen ergeben sich aus all diesen Fragen für Versicherungsgesellschaften, beziehungsweise was soll das Gesetz ihnen vorschreiben?

Professor Hunt von der University of Washington vertritt die Ansicht, daß Opfer einer Naturkatastrophe, wie sie ein Hurrikan darstellt, *auf jeden Fall* Hilfe von der öffentlichen Hand erhalten sollten, gleichgültig, ob es sich nun um einen »natürlichen« oder einen umgelenkten Wirbelsturm handelt[88]. Aber öffentliche Katastrophenhilfe deckt meist nur einen Teil des erlittenen Schadens (außer bei jenen, die »gute Beziehungen« haben), während die Opfer eines umgelenkten Sturms einen begründeten Rechtsanspruch auf volle Kompensation des Schadens geltend machen können.

Weitere sehr komplizierte Probleme ergeben sich daraus, daß die Hurrikane, wie schon erwähnt, für viele Gebiete die wichtigsten Niederschlagsbringer sind (vgl. S. 93). 1966 gab es beispielsweise den schweren Hurrikan »Inez« im Golf von Mexiko, der sich der Küste der USA näherte. Angesichts dieser Bedrohung, meint Walter O. Roberts, der erste Direktor des Center for Atmospheric Research in Boulder, Colorado, wären damals nur wenige Leute davor zurückgeschreckt, den Wirbelsturm aufzulösen, wenn man dazu nur imstande gewesen wäre. Doch bald darauf zog der gleiche Sturmwirbel über das ausgedörrte Hochland von Mexiko und brachte dort so viel Regen, daß eine gute Maisernte für das laufende Jahr und auch noch für das nächste gesichert war[89].

Ganz abgesehen von der sich hier andeutenden Möglichkeit internationaler Verwicklungen gibt es das gleiche Problem auch für weite Gebiete im Süden und Osten der USA selbst. Eine hochgelehrte und langatmige Studie des Stanford Research Institute über Probleme der Hurrikanbeeinflussung nach Gesichtspunkten der Entscheidungstheorie zeichnet sich dadurch aus, daß sie diese Frage überhaupt nicht berücksichtigt und daher zu völlig verzerrten Ergebnissen kommt[90]. Tatsächlich ist der ökonomische Nutzen der Hurrikanniederschläge oft größer als alle Sturmschäden[91], und eine Umlenkung des Sturms bedeutet selbtverständlich auch Umlenkung des Niederschlagsfeldes. Haben dann jene, die um »ihren« Niederschlag gebracht wurden, Anspruch auf Schadenersatz?

Eine Reihe von weiteren Fragen werden von Fleagle und Kollegen aufgeworfen – aber ebenfalls nicht beantwortet: Wer ist für die Folgen verantwortlich, wenn die Wettermacher bei der »Bearbeitung« eines Hurrikans einen Kunstfehler begehen? Oder wenn sich der Sturm ohne erkennbares Verschulden der Wettermacher nach dem Eingriff anders verhält als erwartet? Kann eine Regierung, die über die Möglichkeit verfügt, einen Wirbelsturm zu beeinflussen, wegen Unterlassung zur Verantwortung gezogen werden, wenn sie aus irgendwelchen Gründen davor zurückschreckt, von dieser Möglichkeit Gebrauch zu machen[92]?

Die Aussicht, daß man in den USA vielleicht Techniken zur Linderung oder Umlenkung von Wirbelstürmen entwickeln wird, hat auch in anderen von solchen Naturerscheinungen geplagten Ländern – sowohl im karibischen Raum als auch in Südostasien – beträchtliches Interesse ausgelöst. Es ist offensichtlich, daß sich aus Versuchen, die in irgendeiner Weise das Wetter in anderen Ländern beeinflussen, internationale Verwicklungen und Schadenersatzansprüche ergeben können. Von mehreren Seiten ist daher schon vorgeschlagen worden, daß die USA einen Meinungsaustausch mit möglicherweise betroffenen Staaten in die

Wege leiten und sich um den Abschluß eines Abkommens bemühen sollten, in dem diese Fragen geregelt werden[93].

Aus der Tatsache, daß die USA derartige Versuche der Hurrikanbeeinflussung seit vielen Jahren durchführen; daß das amerikanische Verteidigungsministerium ganz offiziell an ihrer Finanzierung beteiligt ist (und insgeheim wahrscheinlich auch der CIA); daß amerikanische Fachleute wiederholt die Möglichkeit der Umlenkung von Wirbelstürmen und die sich daraus ergebenden Folgen diskutiert haben; daß Gordon MacDonald ausdrücklich auf die militärische Anwendungsmöglichkeiten einer solchen Umlenkung verweist (vgl. S. 97) — aus all dem ergibt sich nahezu zwangsläufig die Vermutung, daß derartige Techniken auch schon tatsächlich, zumindest versuchsweise, angewandt worden sind. Ist es angesichts der Geschichte der amerikanisch-kubanischen Beziehungen in den letzten Jahrzehnten ein Wunder, wenn in Havana gelegentlich der Verdacht geäußert wird, daß amerikanische Militärs bemüht sind, Hurrikane vorsätzlich in Richtung Kuba zu lenken[94]?

Man stelle sich vor, daß ein Hurrikan, der sich der Südspitze Floridas nähert, plötzlich seine Zugbahn ändert und Havana verwüstet. Wer wird bereit sein zu glauben, daß dies bloß ein Zufall gewesen sei, eine Laune der Natur? Obwohl es dann und wann, wie erwähnt, Fälle einer plötzlichen Zugbahnänderung unbeeinflußter Wirbelstürme gegeben hat (vgl. S. 45), wird zumindest die Vermutung laut werden, daß es sich hier um eine bösartige Manipulation des CIA gehandelt habe. Einen solchen Verdacht, auch wenn er völlig unbegründet ist, zu zerstreuen, würde, wie der amerikanische Politologe Holden ausführt, sehr schwer fallen, denn ein kleines Entwicklungsland wie Kuba verfügt im allgemeinen nicht über die Fachleute, die imstande wären, die Stichhaltigkeit solcher Vermutungen zu beurteilen[95]. Die bloße Tatsache, daß mit Hurrikanumlenkung experimentiert wird, trägt also zwangsläufig ein neues Element des Mißtrauens in die zwischenstaatlichen Beziehungen, das, wenn überhaupt, nur durch internationale Abmachungen und Kontrollmechanismen beseitigt werden kann.

»Die größte Bedrohung des Friedens durch die Wetterwaffen«, schreibt die amerikanische Politologin Edith Brown-Weiss, »geht vielleicht nicht vom tatsächlichen Einsatz dieser Techniken aus, sondern von den Befürchtungen und Spekulationen, die bei den Staaten darüber entstehen, was andere mit diesen Mitteln gegen sie unternehmen könnten. Es wird möglich werden, widrige Wetter- oder Klimaveränderungen anderen anzulasten. Sobald die Staaten Wetter und Klima einmal als potentielle Waffen betrachten, wird sich die Politisierung aller Wetter- und Klimabedingungen schwerlich verhindern lassen, und dies kann nur die Konflikte und Spannungen vermehren, die sich aus Katastrophen wie etwa Mißernten im Gefolge von Dürrezeiten oder Überschwemmungen ergeben.«[96]

Waffenstillstand an der Wetterfront?

»Die Wetterbeeinflussung begann 1946 mit dem ›Project Cirrus‹ als ein militärisches Forschungs- und Entwicklungsprogramm«, schreiben Edith Brown-Weiss und W. Henry Lambright in ihrem Beitrag zur Konferenz in Fort Lauderdale, 1974. »Die Militärstellen haben die Forschungs- und Entwicklungsarbeiten auf diesem Gebiet seit damals ständig fortgesetzt und auch einige operative Anwendungsprogramme durchgeführt. In vieler Hinsicht laufen diese Forschungen parallel mit jenen der zivilen Gemeinschaft.«[97]

Auf den ersten Blick, meinen die beiden Forscher, sehen die militärischen Ausgaben auf diesem Gebiet »bescheiden« aus. Nach offiziellen Angaben betrugen sie in den Jahren 1970 bis 1974 jährlich jeweils etwa 1,5 bis 2 Millionen Dollar, wovon der Großteil für Nebelauflösung auf Militärflugplätzen verwendet wurde. Laut Fleagle und Kollegen gibt es allerdings Hinweise, daß in diesen Angaben »nur ein Bruchteil« des tatsächlichen Aufwands des Verteidigungsministeriums für Wettermacherei angeführt ist[98].

Zunächst sind in dieser Aufstellung nicht die Betriebskosten für die Flugzeuge enthalten, die vom Verteidigungsministerium für das »Project Stormfury« (Hurrikanbeeinflussung) zur Verfügung gestellt werden; es handelt sich dabei um Beträge von 1 bis 1,5 Millionen Dollar pro Jahr[99]. Nicht eingeschlossen sind in dieser Aufstellung ferner die Kosten für Regenmacherei im Vietnamkrieg, die bis zur Einstellung der Operationen im Jahre 1972 alljährlich etwa 3,6 Millionen Dollar betrugen[100]. Außerdem werden von der dem Verteidigungsministerium unterstehenden Advanced Research Projects Agency (ARPA) Jahr für Jahr etwa 3,3 Millionen Dollar für Forschungen an einem weltweiten Klimamodellprogramm ausgegeben, das die Möglichkeit geben soll, die Wirkungen von Klimabeeinflussungsmaßnahmen vorauszusagen und von anderen Ländern insgeheim durchgeführte Maßnahmen rasch zu entdecken[101]. Genauere Auskünfte über dieses unter dem Code-Namen »Nile Blue« laufende Projekt hat das Verteidigungsministerium bisher beharrlich verweigert[102]. Schließlich und endlich sind laut Brown-Weiss und Lambright die Ausgaben für Programme und Einrichtungen zur Entwicklung von Wetterbeeinflussungstechniken im amerikanischen Verteidigungshaushalt weit verstreut und das tatsächliche Potential zur Entwicklung neuer Waffen sei dadurch verborgen. Durch Kombination derzeit getrennter Elemente könnte es rasch möglich werden, neue Waffensysteme zu entwickeln[103].

Die Militärbehörden waren die ersten und lange Zeit die einzigen Dienststellen des amerikanischen Regierungsapparats, die sich mit Wettermacherei beschäftigten, und das hat der Entwicklung dieses Forschungsgebiets selbstverständlich seinen Stempel aufgedrückt. »Wie bei

der Entwicklung anderer Techniken hatte das Militär auch auf diesem Gebiet freie Hand für die Forschung und die Entwicklung neuer Techniken, die als Waffen geeignet sein könnten, ohne daß es irgendeine zentral durchgeführte Untersuchung gab, ob es überhaupt wünschenswert sei, diese neue Technik im militärischen Arsenal zu haben«, erklären Brown-Weiss und Lambright. Wenn aber neue Waffen einmal vorhanden sind, dann würden sie, wie sich in Vietnam gezeigt habe, nur allzuleicht eingesetzt, ohne daß man sich Gedanken über die Folgen eines solchen Vorgehens mache[104].
Daß sich zivile Dienststellen überhaupt mit Problemen der Wetterbeeinflussung zu beschäftigen begannen, ist vor allem dem Druck einiger Senatoren aus den wasserarmen Staaten im Westen der USA zuzuschreiben. Ebenso haben diese Politiker auch dem Wetterdienst und wissenschaftlichen Körperschaften wie der National Science Foundation oder der Akademie der Wissenschaften die Beschäftigung mit diesem zunächst als »unseriös« angesehenen Gebiet buchstäblich aufgezwungen[105]. Als Ergebnis dieses Druckes der Senatoren gibt es in den USA heute zwar eine Reihe von nicht-militärischen Behörden, die sich mit Einzelaspekten der Wettermacherei beschäftigen und sie auch im Rahmen ihrer Aufgaben anwenden, es gibt jedoch noch immer kein »Nervenzentrum«, das alle diese Aktivitäten lenkt und eine gesamtstaatliche »Wetterpolitik« entwickelt[106]. »Mangels einer gesamtstaatlichen Ausrichtung für die Wetterbeeinflussungsforschung gibt es defacto-Ausrichtungen, wie sie sich aus einer bestimmten Machtverteilung innerhalb der Bürokratie in einem bestimmten Moment ergeben«, meinen Brown-Weiss und Lambright. »Dieses Tauziehen kann schließlich und endlich zu Ergebnissen führen, die dem Allgemeinwohl des Landes und dem der internationalen Gemeinschaft entsprechen, aber das wäre eher ein Glücksfall als die Folge bewußter systematischer Planung.«[107]
Selbst innerhalb des militärischen Bereichs hat es nach Ansicht dieser beiden Wissenschaftler keine einheitlich ausgerichtete Forschungs- und Entwicklungs*politik* hinsichtlich der Wetter- und Klimabeeinflussung gegeben, und Fleagle und Kollegen behaupten, daß das Hurrikanbeeinflussungsprojekt »Stormfury« von jeweils nur kleinen Gruppen im Verteidigungs- und im Handelsministerium in die Wege geleitet wurde[108]. Der früher erwähnte Pentagonspezialist Canan sieht die Lage allerdings anders. Er schreibt, daß schon Mitte der sechziger Jahre die gesamte militärische Wetterbeeinflussungsforschung im Cambridge Research Laboratory am Luftstützpunkt Hanscom, Massachusetts, konzentriert wurde; das Laboratorium unterstehe dem Vereinigten Generalstab mit Beteiligung des CIA, und diese Regelung sei vom Weißen Haus unter Johnson und später unter Nixon gebilligt worden[109].
Wie nicht anders zu erwarten, finden sich auch Juristen, die fein säuberlich erklären, warum die militärisch orientierte Forschung auf die-

sem Gebiet notwendig und sogar unerläßlich sei. Auch wenn ein Staat selbst der Meinung sei, daß ein Verzicht aller Staaten auf die Anwendung der Wetterbeeinflussung als Waffe wünschenswert wäre, liest man da, könnte er Anlaß zur Befürchtung haben, daß diese Technik in anderen Ländern zu einer wichtigen, ja sogar zu einer totalen Waffe entwickelt würde. Da es keine höhere Macht gebe, die Recht und Gesetz in der internationalen Arena aufrechterhalte, müsse sich jeder Nationalstaat zum Schutz seiner Sicherheit und seines Überlebens vor allem auf seine eigene Stärke und die seiner Alliierten stützen. Da man sich nicht darauf verlassen könne, daß andere Länder die Wetterwaffe nicht entwickeln, habe jeder Staat einen rationalen Grund dafür, diese Waffe selbst zu entwickeln[110].

Es ist die bekannte Teufels-Logik des Kalten Krieges, nach der auf beiden Seiten immer schrecklichere Waffen entwickelt wurden *und weiter entwickelt werden*, weil man ja nicht wissen könne, ob nicht die andere Seite ... Als Ergebnis dieser Entwicklung wird die militärische Macht beider Supermächte immer größer, ihre nationale Sicherheit – und mit ihr die Überlebenschancen der ganzen Menschheit – jedoch von Jahr zu Jahr kleiner[111].

Selbstverständlich muß man annehmen, daß auch in der Sowjetunion aufgrund genau der gleichen Überlegungen Wetter- und Umweltwaffen entwickelt wurden und werden, nur wird dort jede solche Tätigkeit mit einem dichten Schleier der Geheimhaltung umgeben, während es die Tradition des amerikanischen politischen Stils mit sich bringt, daß man solche Fragen in den USA öffentlich diskutiert. Ob es auch noch weitere Länder gibt, die sich mit militärischen Anwendungen der Wettermacherei beschäftigen, ist mir nicht bekannt.

In den USA sind allerdings verhältnismäßig früh, vor allem von naturwissenschaftlicher Seite her, auch schon andere Töne zu vernehmen gewesen. Einerseits machte man sich Sorgen, daß durch die starke Beteiligung der Militärs an der Wetterbeeinflussung die für die tägliche Arbeit der Wetterdienste und für die weitere Forschung so ungemein wichtige internationale Kooperation der Meteorologen empfindlich gestört werden könnte. Andererseits wurde die Befürchtung laut, daß man mit der militärischen Anwendung verhältnismäßig harmloser Techniken wie der Nebelauflösung oder der Regenvermehrung zur Behinderung gegnerischen Nachschubs die ersten Schritte auf einem verhängnisvollen Weg gehe, der zum Einsatz immer schrecklicherer Wetter- und Umweltwaffen führen könnte – so wie im Ersten Weltkrieg die militärische Anwendung von Tränengas der erste Schritt auf dem Wege zum Einsatz von Senfgas und anderen Giftgasen gewesen ist[112].

Die unter dem Vorsitz von Gordon MacDonald in den sechziger Jahren gebildete Kommission der amerikanischen Akademie der Wissenschaften, die sich mit Perspektiven der Wetterbeeinflussung beschäftigte, forderte deswegen schon damals eine öffentliche Erklärung des Präsidenten oder des Kongresses, in der der Welt verkündet werden sollte, daß die USA die Wettermacherei nur für friedliche Zwecke betreiben wollten und für internationale Zusammenarbeit auf diesem Gebiet einträten. Doch das State Department hielt zu jenem Zeitpunkt (1966) einen solchen Schritt für »verfrüht«[113].

MacDonald gab sich jedoch damit nicht zufrieden. Offenbar war er zutiefst beunruhigt von dem Gedanken, daß die Militärs Ideen verwirklichen könnten, die er ihnen möglicherweise selbst als ehemaliger Vizepräsident des Institute for Defense Analyses eingegeben hatte. In seinem schon erwähnten, 1968 veröffentlichten Beitrag zu einem Buch über die Gefährlichkeit moderner Waffen[114] versuchte er, die Öffentlichkeit über die grauenerregenden Möglichkeiten der Wetter- und Umweltkriegführung zu alarmieren. Er war auch der Initiator einer Stellungnahme amerikanischer Wissenschaftler gegen die Anwendung der Wetterwaffe in Vietnam, die unter anderem von 22 Nobelpreisträgern unterzeichnet war[115].

Wahrscheinlich ist es auch vor allem MacDonalds Bemühungen zu danken, daß sich der amerikanische Senat mit diesen Fragen zu beschäftigen begann. Hauptsprecher in diesen Angelegenheiten wurde Senator Claiborne Pell, Demokrat aus Rhode Island, der mehrmals Vertreter des Pentagon über die Anwendung des Wolkenimpfens in Vietnam befragte, darauf aber lange Zeit nur ausweichende Antworten erhielt (vgl. S. 85).

Im März 1972 brachte Pell einen Antrag ein, demzufolge sich die USA um den Abschluß eines internationalen Vertrages über das Verbot von Wetter- und Umweltkriegführung bemühen sollten. Der Antrag wurde unter anderem von so prominenten Politikern unterstützt wie von Ex-Vizepräsident Humphrey, dem demokratischen Präsidentschaftskandidaten für 1972, McGovern, und Senator Edward Kennedy. Nach Behandlung im außenpolitischen Ausschuß des Senats wurde er schließlich mit 82 gegen 10 Stimmen angenommen. Der vorgeschlagene Vertragstext sieht vor, daß alle Formen von Wetter- und Umweltkriegführung einschließlich Wolkenimpfen, Umlenkung von Wirbelstürmen und Klimabeeinflussung sowie die künstliche Auslösung von Erdbeben oder Meeresflutwellen (Tsunamis) zu militärischen Zwecken und auch Forschungs- und Entwicklungsarbeiten, die diesen Zielen dienen, verboten werden sollen[116]. Er enthält faktisch die ganze Liste der von MacDonald beschriebenen Wetter- und Umweltwaffen. Bestimmungen über die Kontrolle der Einhaltung des Vertrags sind in dem Entwurf nicht enthalten. Laut Edith Brown-Weiss wären jedoch zumindest gröbere Verstöße durch Aufnahmen der Wettersatelliten, Bodenbeobachtungen und Vergleiche mit Angaben der Wetterprognose-Computer feststellbar[117].

In der UdSSR sind die entsprechenden Diskussionen nicht öffentlich geführt worden, und man ist daher auf Berichte aus zweiter Hand angewiesen. Der zweifellos gut informierte Direktor des Stockholmer Internationalen Friedensforschungsinstituts (SIPRI), Frank Barnaby, schreibt, daß Akademiemitglied Professor Fedorow, den er als »Chefberater der Sowjetregierung in Fragen Umweltkriegführung« bezeichnet, »einer der führenden sowjetischen Befürworter des Verbots von geophysikalischen Waffen« ist[118]. Jedenfalls tritt Fedorow in seinem von uns mehrfach zitierten Beitrag zu dem Sammelband von Hess sehr nachdrücklich für internationale Zusammenarbeit im Bereich der Wetter- und Klimabeeinflussung ein. Die Menschheit, schreibt er, müsse in dieser Frage »eine einige Front« bilden. »Es gibt keine andere Alternative. Es ist nichts Absurdes in den Träumen vom ›Kampf um meteorologische Vorherrschaft‹. Die Sowjetwissenschaftler haben tiefstes Interesse an der Beendigung des Wettrüstens, der Abrüstung und der Aufrechterhaltung des Friedens.«[119]

Man kann es vielleicht als ein Ergebnis der parallel laufenden Bemühungen MacDonalds, Fedorows und Gleichgesinnter ansehen, daß beim Nixon-Breschnjew-Treffen in Wladiwostok im Juli 1974 unter anderem auch vereinbart wurde, einen sowjetisch-amerikanischen Meinungsaustausch über diesen Fragenkomplex aufzunehmen. Die Sowjets warteten allerdings das Ergebnis dieser Gespräche nicht ab. Schon im September 1974 brachten sie im Alleingang in der UNO-Vollversammlung einen Vorschlag für eine internationale Konvention ein, nach der die Beeinflussung der Umwelt einschließlich Wetter und Klima »zu militärischen oder anderen mit der internationalen Sicherheit oder der menschlichen Wohlfahrt und Gesundheit unvereinbaren Zwecken« verboten werden soll[120].

»Für das Pentagon war das nicht mehr als ein typisch russisches Manöver«, schreibt Canan. »Ob die Sowjets nun bei der Erforschung von Methoden, die Elemente zu mißbrauchen, in Führung wären oder im Hintertreffen, sie würden auf jeden Fall Vorteile haben. Wenn sie in Führung wären, würde das Inkrafttreten eines solchen Vertrags ihnen ermöglichen, in Führung zu bleiben. Wären sie jedoch im Hintertreffen – was wahrscheinlich der Fall ist – könnten sie einfach den Vertrag brechen, um aufzuholen. Bei der letzteren Hypothese wird selbstverständlich vorausgesetzt, daß das Pentagon den Vertrag nicht brechen und die einschlägigen Forschungs- und Entwicklungsarbeiten einstellen würde.«[121]

In dem allgemeinen weltpolitischen Klima von 1974/75 konnten sich jedoch die »Falken« auf beiden Seiten nicht durchsetzen. Sowohl im Weißen Haus als auch im Kreml war man auf Entspannung eingestellt und nicht zuletzt aus Gründen der jeweiligen innenpolitischen Konstellation an sichtbaren Entspannungserfolgen interessiert.

Jedenfalls haben beide Supermächte im August 1975 auf der Genfer Abrüstungskonferenz gleichlautende Entwürfe für einen Vertrag über das Verbot der Umweltkriegführung eingebracht. Darin ist vorgesehen, daß sich die vertragschließenden Staaten verpflichten, »auf die militärische oder sonstige feindselige Anwendung von Techniken der Umweltbeeinflussung zu verzichten, die weitverbreitete, langandauernde oder schwere Wirkungen haben und einem anderen Unterzeichnerstaat des Vertrags Zerstörung oder Schaden zufügen würden«. Als Umweltbeeinflussung wird »die vorsätzliche Manipulation natürlicher Prozesse« einschließlich Wetter, Klima, Erdbeben, Flutwellen sowie Störungen des ökologischen Gleichgewichts bezeichnet. Dieser gegenüber früheren Entwürfen etwas bescheidenere, aber daher vielleicht realistischere Text ist zu dem Zeitpunkt, da dieses Buch geschrieben wird, Verhandlungsgegenstand in Genf.

Die Bedeutung eines solchen Vertrages im Gesamtkomplex der internationalen Abrüstungsbemühungen darf nicht überschätzt werden. Er würde einerseits den Verzicht auf Waffen bringen, die nur von untergeordneter Bedeutung sind, wie etwa das Wolkenimpfen zur Behinderung gegnerischen Nachschubs, andererseits auch den Verzicht auf furchtbare Terrorwaffen, die wahrscheinlich noch gar nicht entwickelt und jedenfalls nicht erprobt sind, deren Zuverlässigkeit außerdem zweifelhaft ist und bei denen man zum Teil nicht sicher sein kann, ob ihre Anwendung nicht vielleicht auch das eigene Land in Mitleidenschaft ziehen würde. Die schlimmste Bedrohung des Fortbestands der Menschheit sind heute nicht die hypothetischen Umweltwaffen der Zukunft, sondern die bereits vorhandenen Kernwaffen der Gegenwart, deren Beförderungsmittel immer mehr perfektioniert und automatisiert werden. Und solange es keine echte Begrenzung des atomaren Wettrüstens gibt, können Verträge über Randbereiche wie die Umweltkriegführung unter Umständen sogar dazu beitragen, die Aufmerksamkeit der Weltöffentlichkeit davon abzulenken, daß es in den *entscheidenden* Fragen keine Fortschritte gibt.

Dennoch wäre es wohl nicht richtig, einer Konvention über das Verbot der Umweltkriegführung einfach jeden positiven Wert abzusprechen. Gerade weil es sich um furchtbare, aber nicht erprobbare und wahrscheinlich unzuverlässige Waffen handelt, bestehen Aussichten, daß ein solcher Vertrag auch eingehalten würde – so wie das Verbot der Anwendung von Giftgas im Zweiten Weltkrieg im wesentlichen eingehalten wurde.

Da es zum gegenwärtigen Zeitpunkt ein so starkes militärisches Interesse an diesem Forschungsbereich gibt, besteht zwangsläufig eine Atmosphäre des Mißtrauens. Der vertraglich vereinbarte Verzicht auf alle Formen der Umweltkriegführung würde eine fruchtbare weltweite Zusammenarbeit zur friedlichen Nutzung der Wetter- und Klimabeeinflussung wesentlich erleichtern.

Weltwetterbehörde — ein Schritt zur »Weltregierung«?

»Es ist klar, daß ein langfristiges Programm der Wetterbeherrschung und Klimabeeinflussung unmittelbare Auswirkungen auf die zwischenstaatlichen Beziehungen haben kann«, heißt es im Bericht der MacDonald-Kommission der amerikanischen Akademie der Wissenschaften. »Es kann zum wirtschaftlichen und sozialen Fortschritt weniger entwickelter Länder beitragen, von denen viele mit Problemen eines feindseligen Klimas und einer unausgeglichenen Wasserversorgung zu kämpfen haben. Es kann, was noch wichtiger ist, *zur Entwicklung gemeinsamer Interessen aller Länder beitragen* und so einen Anreiz zur Herausbildung *neuer Formen der internationalen Zusammenarbeit* darstellen.«[122]

In gleichem Sinne schreibt auch Professor Fedorow: »Das Problem globaler oder regionaler Klimaveränderung ist seinem Wesen nach international und erfordert gemeinsame Anstrengungen und ein koordiniertes Vorgehen aller Länder.«[123]

Grundsätzlich war man sich auch auf der von der UNO einberufenen Umwelt-Konferenz in Stockholm, 1973, darüber einig, daß die Atmosphäre der ganzen Menschheit gehört und daher nicht von einem Land einseitig und ohne Rücksicht auf die Interessen anderer Länder verändert werden sollte. Aber tatsächlich können schon heute praktisch anwendbare Formen des Wolkenimpfens Fernwirkungen haben, die in kleineren Ländern weit über die Landesgrenzen hinausreichen (vgl. S. 121), und Versuche zur Beeinflussung der Großwetterlage und des Klimas sowie die Wirbelsturmbeeinflussung werden ganz zweifellos viele Länder betreffen. Es ist also offensichtlich notwendig, für solche Aktivitäten völkerrechtlich anerkannte internationale Regulationsmechanismen zu schaffen. Schon 1967 hat W. O. Roberts vom Center for Atmospheric Research in Boulder, Colorado, darauf hingewiesen, daß diese Fragen möglichst bald geregelt werden sollten, weil es leichter sein werde, zu internationalen Vereinbarungen zu gelangen, solange die wissenschaftlich-technische Entwicklung noch in Fluß ist[124]. Ein solches Abkommen *vor* dem Abschluß eines Vertrags über das Verbot von Wetter- und Umweltkriegführung zu erwarten, wäre jedoch kaum realistisch. »Die Suche nach Bestimmungen, die die friedliche Anwendung der Wettertechnologie regeln, müssen sich an Initiativen anschließen, die den militärischen Einsatz verhindern sollen, oder mit ihnen Hand in Hand gehen«, meint Edith Brown-Weiss[125].

Oberstes Gebot einer solchen internationalen Übereinkunft müßte sein, daß Versuche und erst recht operative Projekte, die Einfluß auf das Wetter oder Klima anderer Länder haben könnten, nur mit ausdrücklicher Billigung dieser Länder durchgeführt werden dürfen — oder, wo immer möglich, als internationale Projekte mit *aktiver Beteiligung* aller betroffenen Länder. Man wird, wohl am besten im Rahmen der Weltorganisation für Meteorologie (WMO), eine internationale Behörde schaffen müssen[126], in der geplante Projekte zunächst einmal von hochqualifizierten Experten eingehend geprüft und Einwände gründlich erörtert werden. Da kleinere wirtschaftlich schwache Länder wahrscheinlich gar nicht über eine ausreichende Zahl von Fachleuten verfügen, die solche Projekte und all ihre möglichen Folgen sachkundig beurteilen können, ist es um so wichtiger, daß sich die internationale Behörde selbst einen Stab von Experten schafft, die sich nicht als Vertreter ihrer Heimatländer verstehen, sondern als Sachwalter der Interessen der Menschheit und insbesondere der schwächeren Länder. Selbstverständlich sollten einem solchen Stab nicht nur Meteorologen angehören, sondern auch Wirtschaftsfachleute, Ökologen, Mediziner, Juristen und andere, die imstande sind, die Auswirkung von Wetter- und Klimabeeinflussungsprojekten auf die verschiedensten Bereiche des natürlichen und gesellschaftlichen Lebens zu beurteilen – und womöglich auch vorauszusehen.

Projekte von mehr als rein lokaler Bedeutung sollten überhaupt nur dann zulässig sein, wenn sie vorher von einer solchen »Weltwetterbehörde« geprüft und bestätigt wurden. Die Unterlagen und Ergebnisse solcher Operationen müßten allen Mitgliedstaaten zugänglich sein. Es wäre erwägenswert, eigene Inspektoren der Behörde zu schaffen, die – ähnlich wie die Inspektoren der Internationalen Atomenergiebehörde (IAEA) auf dem Gebiet der Reaktortechnik – die Einhaltung der im »Weltwettervertrag« festgelegten Regeln überwachen. Da in der Wetterbeeinflussungstechnik weit weniger »Geschäftsgeheimnisse« und kommerzielle Interessen großer Konzerne stecken als in der Nukleartechnologie, würde die Verwirklichung einer internationalen Kontrolle von dieser Seite her wahrscheinlich nicht auf sehr große Hindernisse stoßen.

Die Schaffung eines derartigen Überwachungsmechanismus könnte wesentlich dazu beitragen, die von Edith Brown-Weiss gefürchtete »Politisierung« aller Wettervorgänge (vgl. S. 147) zu entschärfen. Unter den Augen fachkundiger Inspektoren wäre es kaum möglich, subversive Projekte zum Schaden anderer Länder als Operationen zur Verbesserung des heimischen Klimas zu tarnen. Andererseits könnten Beschuldigungen, daß eine Wetterkatastrophe durch Manipulation eines feindlich eingestellten Staates herbeigeführt wurde, objektiv geprüft und ungerechtfertigte Verdächtigungen entkräftet werden. Auch die Weiterführung von Forschungs- und Entwicklungsarbeiten, die vorwiegend militärischen Zwecken dienen, wäre unter solchen Bedingungen zumindest sehr erschwert.

Schließlich müßten im Rahmen einer internationalen Übereinkunft auch Regeln über Entschädigungszahlungen festgelegt werden, wenn ein Projekt trotz vorheriger eingehender Prüfung nicht so abläuft wie vorgesehen, und einem Land dadurch Nachteile erwachsen. Was eine Folge der Launen der Natur und was eine Folge menschlicher Eingriffe ist, wird sich auch im internationalen Bereich nicht immer leicht feststellen lassen, doch muß man Voraussetzungen schaffen, daß es trotzdem in der Praxis möglich ist, Ansprüche geltend zu machen, wenn aller Wahrscheinlichkeit nach eine Schädigung eingetreten ist. Vielleicht könnte man im Rahmen der Weltwetterbehörde von Haus aus einen Fonds schaffen, zu dem alle Mitgliedstaaten beitragen und der zur Deckung solcher Ansprüche herangezogen werden kann.

Die Bedeutung einer völkerrechtlichen Regelung der Wettermacherei sollte nicht überbewertet werden. In der Welt von heute sind internationale Organisationen ziemlich schwach – jedenfalls schwächer als die Staaten, die ihnen angehören. In der Weltwetterbehörde würden voraussichtlich jene Staaten tonangebend sein, die diese neuen Techniken entwickelt haben und sie nun selbstverständlich vor allem zum eigenen Nutzen anwenden wollen, während jene, die von solchen Projekten vielleicht geschädigt werden könnten, wahrscheinlich weniger Einfluß haben würden. Trotzdem ist auch eine unvollkommene Regelung noch immer besser als ein allgemeines internationales Freistilringen in einem vom Völkerrecht nicht erfaßten Raum.

Ein zwischen einzelnen Staaten abgeschlossener Vertrag, wie immer er auch im Detail aussieht, wird den Problemen der Beeinflussung von Großwetterlage und Klima niemals in vollem Umfang gerecht werden können. Denn im Grunde genommen handelt es sich hier um eine Technik, über die die ganze Menschheit entscheiden müßte. Doch im heutigen weltpolitischen System werden Entscheidungen, die auf lange Sicht von größter Bedeutung für die Entwicklung unserer Umwelt, ja sogar für das Überleben der Menschheit sein können, in viel zu kleinen Einheiten, nämlich in einzelnen Staaten gefällt. Diese lassen sich dabei in erster Linie von ihren eigenen Interessen leiten, während das Allgemeinwohl der Menschheit immer nur am Rande berücksichtigt wird. Das auf Nationalstaaten beruhende Weltsystem ist also für die sinnvolle Anwendung der Wetterbeeinflussung in großem Maßstab – und auch für viele andere Techniken, die nach weltweiter Planung verlangen würden – nicht mehr die beste Lösung[127].

So führen die Überlegungen über die Zukunftsperspektiven der Wettermacherei an eines der großen Probleme unseres Zeitalters heran. Die naturwissenschaftlich-technische Entwicklung geht in atemberaubendem Tempo vor sich und schafft immer mehr Möglichkeiten, die sich nur im Weltmaßstab richtig anwenden lassen – und immer mehr Probleme, die nur im Weltmaßstab gelöst werden können; und die Entwicklung der Waffentechnik würde erst recht eine Weltordnung erfordern, in der Kriege nicht mehr möglich sind. Aber sowohl die bestehenden Institutionen als auch die Zielvorstellungen in den Köpfen der Menschen haben mit dieser Entwicklung nicht Schritt gehalten. Selbst verhältnismäßig kleine Länder wie Nordirland, Zypern oder der Libanon sind nicht imstande, das humane Zusammenleben von Mehrheit und Minderheit in einer für beide Teile befriedigenden Weise zu lösen. Ist es unter solchen Umständen überraschend, wenn die bestehenden Nationalstaaten davor zurückschrecken, ihre Macht an eine »Weltgemeinschaft« abzugeben, in der ein heute souveränes Volk leicht zu einer unterdrückten Minderheit werden könnte[128]?

Auf höherer Ebene steht die Menschheit heute vor ähnlichen Problemen wie am Ausgang des Mittelalters, als die damals bestehende feudalstaatliche Ordnung zu eng wurde. In einem langen, qualvollen und blutigen Prozeß haben sich in der Folge schließlich zentralisierte Nationalstaaten herausgebildet, die den neuen Gegebenheiten besser gerecht wurden. Hand in Hand damit ist auch ein Nationalbewußtsein entstanden: das im Mittelalter kaum vorhandene Bewußtsein, daß man (beispielsweise) Deutscher ist und nicht bloß Hesse, Bayer oder Sachse, und der Wunsch, einen Staat aller Deutschen zu schaffen. Konflikte zwischen Bayern und Hessen oder zwischen einem Land und der Bundesregierung können selbstverständlich weiterhin auftauchen, aber es ist für uns heute schon schlechthin undenkbar, daß ein derartiger Konflikt zu einer bewaffneten Auseinandersetzung werden könnte.

Man kann sich vorstellen, daß in Zukunft einmal in ähnlicher Weise ein weltbürgerliches Bewußtsein entstehen wird, das *höheren Rang* hat als die Tatsache, daß jemand als Deutscher, Russe oder Algerier geboren wurde; und daß eine Zeit kommen wird, in der Kriege überhaupt undenkbar sein werden – eine Erinnerung an eine barbarische Vergangenheit.

»Der Weltfriede ist nicht das goldene Zeitalter, sondern sein Herannahen drückt sich in der allmählichen Verwandlung der bisherigen Außenpolitik in Welt-Innenpolitik aus,« erklärte der Physiker und Philosoph Carl Friedrich von Weizsäcker 1964, als ihm der Friedenspreis des deutschen Buchhandels verliehen wurde. »Es sind noch keine hundert Jahre verflossen, seit zum letztenmal deutsche Staaten gegeneinander Krieg führten. Der jungen Generation von heute ist das schon fast unvorstellbar. Wir müssen hoffen, daß denen, die in hundert Jahren jung sein werden, die vergangenen Kriege zwischen Deutschland und Frankreich, ja die Möglichkeit eines Krieges zwischen Amerika und Rußland so unbegreiflich sein werden wie unserer Jugend der politische Zustand Deutschlands, der durch die Kriege von 1866 und 1870 beendet wurde.«[129]

Wir leben in einer Übergangsperiode, in der dieses neue weltbürgerliche Bewußtsein erst allmählich heranreifen muß; und wenn der Übergangsprozeß ebenso langwierig, qualvoll und blutig wird wie der vom Feudalismus zur heutigen Weltordnung, dann besteht die Gefahr, daß sich die Menschheit im Zuge dieser Auseinandersetzungen selbst vernichtet – entweder durch einen weltweiten Atomkrieg oder auch schleichend durch eine immer weiter um sich greifende Zerstörung ihrer Umwelt.

Wenn die Menschheit sich nicht selbst auf den Aussterbeetat setzen will, dann wird sie die Macht der Nationalstaaten nach und nach beschneiden und den Einflußbereich internationaler Institutionen vergrößern müssen. Die der wissenschaftlich-technischen Entwicklung innewohnenden Sachzwänge lassen keine andere Wahl. Wenn es überhaupt eine Zukunft gibt, dann wird sie nicht den Staaten gehören, die heute noch die Stärkeren sind, sondern jenen zur Zeit noch sehr schwachen weltumspannenden Organismen, die – auch wenn sie heute noch von ihren Mitgliedstaaten beherrscht werden – morgen Keimzellen für eine neuartige weltweite Planung und Zusammenarbeit werden können.

Die Idee, daß sich die »Weltregierung« der Zukunft nicht so sehr auf dem politischen Parkett entwickelt, als vielmehr gleichsam »durch die Hintertür« aus spezialisierten internationalen Fachorganisationen, klingt utopisch. Wer die tägliche Praxis der Weltgesundheitsorganisation, der Welternährungs- und Landwirtschaftsorganisation, der UNESCO, der Internationalen Atomenergiebehörde und ähnlicher Institutionen aus eigener Anschauung kennt, kann sich nur schwer vorstellen, daß diese Organisationen, in denen heute vor allem Politik der Mitgliedstaaten gemacht wird, allmählich zu »Weltministerien« werden und Hoheitsrechte übernehmen könnten, die heute der Souveränität einzelner Staaten unterstellt sind. Aber ohne ein Streben nach utopisch anmutenden Lösungen gibt es wohl überhaupt keinen Ausweg aus der tiefen Krise, in der sich die gegenwärtige Weltordnung befindet, weil sie der technisch-wissenschaftlichen Entwicklung nicht mehr gerecht werden kann. Der »Realismus« des Wettrüstens und der engstirnigen Forcierung kleinkarierter nationalstaatlicher Interessen kann letztlich nur in den Weltuntergang führen.

In dieser »utopistischen« Perspektive, in der die Hoffnung auf ein Überleben der Menschheit nicht aufgegeben ist, könnte auch die heute noch nicht existierende, aber unbedingt zu schaffende »Weltwetterbehörde« eine wichtige, ja vielleicht sogar eine beispielgebende Rolle spielen. Denn es bestehen einige gute Voraussetzungen dafür, daß gerade diese Institution zu einer »Weltbehörde neuen Typs« werden und jene »neuen Formen der internationalen Zusammenarbeit« verwirklichen könnte, von denen in dem eingangs zitierten Dokument der amerikanischen Akademie der Wissenschaften die Rede ist.

Die Meteorologie braucht in ihrer täglichen Praxis eine gute Zusammenarbeit der Wetterdienste aller Staaten, großer und kleiner. Nur aus einer Wetterkarte ohne »weiße Flecken« kann man eine einigermaßen zuverlässige Prognose erstellen. Meteorologen bringen daher gleichsam als Teil des in ihrem Fach benötigten Arbeitsstils eine bestimmte Aufgeschlossenheit für internationale Kooperation mit, die das gute Funktionieren einer Weltwetterbehörde sehr erleichtern könnte.

Wettermacherei und die Herstellung der dafür erforderlichen Geräte ist kein sehr großes Geschäft. Anders als etwa auf dem Gebiet der Nukleartechnik gibt es hier keine Mammutkonzerne, die sowohl am Wettrüsten als auch an der möglichst ungehemmten Ausbreitung der friedlichen Nutzung der Technik ungeheure Summen verdienen und die daher ihren ganzen Einfluß aufbieten, um internationale Vereinbarungen zu hintertreiben, die ihren kommerziellen Interessen widersprechen würden.

Im strategischen Denken spielen Wetter- und Umweltwaffen bei weitem keine so zentrale Rolle wie Kernwaffen. Wenn es überhaupt noch Hoffnungen gibt, daß irgendwo ein echter erster Schritt zur Beschränkung des Wettrüstens getan werden könnte, sind die Chancen hier viel größer als im nuklearen Bereich. Und damit gäbe es vielleicht auch die Aussicht, den Einfluß des militärisch orientierten Denkens in diesem Forschungsgebiet zurückzudrängen.

So gesehen beständen für die erfolgreiche Tätigkeit einer künftigen Weltwetterbehörde wesentlich bessere Voraussetzungen als für die Tätigkeit der Internationalen Atomenergiebehörde (IAEA), deren Wirksamkeitsbereich von Haus aus in zweifacher Weise eingeschränkt ist: einerseits, weil die bestehenden Atommächte in diesem Rahmen eine privilegierte Stellung genießen und Kontrollen durch die IAEA nicht unterworfen sind; andererseits, weil sich eine Reihe von Staaten wie Indien, Südafrika, Israel und andere die Möglichkeit offenhalten wollen, Atommächte zu werden, und daher dem Atomsperrvertrag nicht beigetreten sind und meist auch keine Kontrollabkommen mit der Atomenergiebehörde abgeschlossen haben.

In einer Weltwetterbehörde, die nach Abschluß eines Vertrags über das Verbot von Wetter- und Umweltkriegführung geschaffen würde, müßte es keinen vertraglich festgelegten Unterschied zwischen »Wettermächten« und anderen Ländern geben. Die Behörde könnte ihre Kontrolltätigkeit in gleicher Weise auf *alle* Teilnehmerstaaten ausdehnen, den friedlichen Einsatz der neuen Techniken in aller Welt lenken und koordinieren und Hand in Hand damit darüber wachen, daß sie nicht für militärische Zwecke mißbraucht werden. Gibt es überdies keine Sonderprivilegien für »Wettermächte«, dann ist auch der Anreiz für andere Länder nicht so groß, sich die Möglichkeit der Entwicklung dieser Waffen offenzuhalten. So besteht die Chance, daß nach und nach alle Staaten der Welt der Weltwetterbehörde beitreten würden.

Das alles sind im Augenblick nur Hoffnungen oder Utopien. Der Vertrag über das Verbot von Wetter- und Umweltwaffen ist zu dem Zeitpunkt, da diese Zeilen geschrieben werden, noch nicht abgeschlossen, und auch wenn es dazu kommt, ist es bis zur Errichtung einer Weltwetterbehörde noch ein langer Weg. Aber die Möglichkeit, diesen Weg

zu gehen, ist offen. Und so scheint es bei aller wohlbegründeten Skepsis doch nicht ganz unrealistisch, darauf zu hoffen, daß diese Idee verwirklicht werden kann.
Versuche zur Beeinflussung der Großwetterlage oder des Klimas müssen der Natur der Sache nach weltweit geplant werden. Man kann sie nicht so anlegen, daß beispielsweise die Staaten des Ostblocks – oder die der NATO – ausgespart bleiben. Man kann ihre Ergebnisse nur dann genau beurteilen, wenn man in allen betroffenen Ländern Daten sammelt und diese gemeinsam verarbeitet. Ob solche Versuche überhaupt sinnvoll und wünschenswert sind, ist heute noch sehr umstritten und müßte erst in gründlicher – internationaler! – Vorarbeit geklärt werden. Wenn aber das Ergebnis einer solchen Untersuchung positiv ausfällt, dann spricht sehr viel dafür, auch die Durchführung von Anfang an als ein echt internationales Unternehmen in die Wege zu leiten. Eine solche gemeinsame weltweite Bemühung könnte fühlbar zum Abbau des zwischen den Staaten bestehenden Mißtrauens und zur Entwicklung neuer gemeinsamer Interessen aller Länder beitragen. So könnten die Wettermacher vielleicht auch das weltpolitische Klima positiv beeinflussen und ein wenig mithelfen, daß ein Weg gefunden wird, der herausführt aus der hoffnungslosen Welt der »Realisten« – zu jenem heute noch utopisch anmutenden Zustand, in dem es keine Kriege mehr gibt.

Anhang

Anmerkungen

Wetter auf Bestellung

1 J. Eugene Haas in W. N. Hess (Hrsg.), *Weather and Climate Modification*, New York 1974, S. 791.
2 *New Scientist*, 22. März 1973, S. 674.
3 Siehe Robert D. Elliot in Hess (Hrsg.), op. cit., S. 48 f., sowie Horace A. Byers, ebd., S. 22.
4 Siehe W. R. D. Sewell in Sewell (Hrsg.), *Modifying the Weather*, Univ. of Victoria, 1973, S. 1.
5 Siehe Robert G. Fleagle, James A. Crutchfield und andere, *Weather Modification in the Public Interest*, Univ. of Washington, 1974, S. 28 f.
6 M. T. Charak, M. T. DiGiulian, *Weather Modification Activity Reports*, NOAA, Rockville 1974, S. 3 ff.
7 E. K. Fedorow in Hess (Hrsg.), op. cit., S. 394 ff.
8 Siehe E. J. Smith in Hess (Hrsg.), op. cit., S. 432 ff., A. Gagin/J. Neumann, ebd., S. 454 ff., sowie L. Facy, *Proc. of the WMO/IAMAP Scient. Conf. on Weather Mod., Taschkent, 1973;* WMO, 1974, S. 8 ff.
9 In der Weltorganisation für Meteorologie (WMO) hat sich eine eigene Arbeitsgruppe »Wolkenphysik und Wetterbeeinflussung« mit der Einschätzung des gegenwärtigen Standes und der Möglichkeiten der Wetterbeeinflussung beschäftigt. Eine deutsche Übersetzung ihres vom Exekutiv-Ausschuß der WMO gebilligten Berichts ist in *Naturw. Rdsch.* 2/1976, S. 48 f., erschienen.
10 Siehe Haas in Hess (Hrsg.), op. cit., S. 791.
11 Siehe Sewell, op. cit., S. 41.
12 Eine umfassende Darstellung von Möglichkeiten der Wetter- und Umweltkriegführung gibt Gordon J. F. MacDonald, in dem Sam-

melband N. Calder (Hrsg.), *Unless Peace Comes*, London 1968; deutsch unter dem Titel *Eskalation der neuen Waffen*, München 1969, S. 190 ff. Siehe auch *New Scientist*, 17. Juni 1967, S. 628.

I Wissenschaftliche und technische Voraussetzungen

1 G. Fischer in *Umschau* 9/1975, S. 266 ff.
2 Die Angaben in diesem und den folgenden Absätzen sind dem vorerwähnten Aufsatz von G. Fischer entnommen.
3 L. Kletter, *Naturw. Rdsch.* 3/1962, S. 90 ff.
4 Joanne Simpson/A. A. Dennis in Hess (Hrsg.), op. cit., S. 241.
5 Ebd., S. 238.
6 Gagin/Neumann in Hess (Hrsg.), op. cit., S. 468.
7 P. Grosberg, *The Changing Role of the Textile Engineer*, Leeds Univ. Pr. 1965, S. 11; hier zitiert nach J. R. Ravetz, *Die Krise der Wissenschaft*, Neuwied 1973, S. 365 (Fußnote).
8 Zitiert nach H. R. Byers in Hess (Hrsg.), op. cit., S. 15.
9 Siehe J. Simpson/A. Dennis in Hess (Hrsg.), op. cit., S. 232, sowie G. MacDonald in Calder (Hrsg.), op cit., S. 193, und *Umschau* 11/1968, S. 352.
10 Siehe Gagin/Neumann in Hess (Hrsg.), op. cit., S. 457.
11 Zitiert nach Hess (Hrsg.), op. cit., S. 227 f.
12 Über die Probleme der statistischen Anlage und Auswertung von Wetterbeeinflussungsexperimenten siehe G. W. Brier in Hess (Hrsg.), op. cit., S. 206 ff., sowie *Preprints, IV. Conf. on Weather Modif., Fort Lauderdale, Nov. 1974*, Am. Met. Soc., Boston 1974, S. 290 ff.
13 D. Rottner und andere, *J. Appl. Met.*, 14 (1975), S. 939 ff. Dieses Heft ist eine auf Ergebnissen der Konferenz von Ft. Lauderdale beruhende Sondernummer, die ausschließlich Problemen der Wetterbeeinflussung gewidmet ist.
14 Simpson/Dennis in Hess (Hrsg.), op. cit., S. 269.
15 Ebd., S. 270.
16 Siehe St. A. Chagnon, Jr., über die Beurteilung des »Project Whitetop« in *Proc. of the WMO/IAMAP Conf., Taschkent, 1973*, op. cit., S. 415.
17 Siehe *Naturw. Rdsch.* 2/1976, S. 49. Zu diesem Thema siehe auch Myron Tribus, in einem bahnbrechenden Beitrag auf der II. Nat. Conf. on Weather Modif., Santa Barbara, April 1970; wiedergegeben in *Science*, 10. April 1970, S. 201 ff.
18 Siehe die Ausführungen des australischen Wolkenphysikers J. Warner, *Proc. WMO/IAMAP Conf. Taschkent, 1973*, op. cit., S. 43 ff.
19 J. Simpson, *J. Appl. Met.*, 14 (1975), S. 663.

20 Siehe A. Berson, *Wissenschaftliche Luftfahrten, II*, Braunschweig 1900, S. 192, sowie A. Wagner, *Sitzungsber. d. österr. Akad. d. Wiss., naturw.-math. Kl.*, Wien 1908.

21 A. Wegener, *Thermodynamik der Atmosphäre*, Leipzig 1911.

22 Siehe Tor Bergeron, *Geof. Publ.* 5, Nr. 6, 1928, sowie *Proc. Verb., Ass. Met., Int. Union Geodäsie u. Geophysik, 5. Gen. Vers. Lissabon, 1933;* Paris 1935, S. 156 ff., und W. Findeisen, *Meteorol. Ztg.* 55 (1938), S. 121 ff., und 56 (1939), S. 365 ff.

23 T. Bergeron, *Ber. d. Deutschen Wetterdienstes*, 12 (1950), S. 225 ff.

24 H. G. Houghton, *Bull. Am. Met. Soc.*, 19 (1938), S. 152 ff.; G. C. Simpson, *Quart. Journ. Royal Met. Soc.*, 67 (1941), S. 99 ff.

II Methoden und Anwendungsmöglichkeiten

1 H. R. Byers in Hess (Hrsg.), op. cit., S. 21; diesem Beitrag über die Geschichte der Wetterbeeinflussung sind auch viele andere Angaben zu diesem Abschnitt entnommen. Zur Geschichte der kommerziellen Wettermacherei siehe den Beitrag von R. D. Elliot im gleichen Band, S. 45 ff. Siehe ferner I. Langmuir, *Coll. Works*, Bd. 10 u. 11, New York 1961, sowie *Trans. N. Y. Acad. Sc.*, 14/I (1951), S. 40 ff.; V. J. Schaefer, *Science*, 104 (1946), S. 457 ff., sowie *Bull. Am. Met. Soc.*, 49, S. 338; B. Vonnegut, *Chem. Revs.*, 44 (1949), S. 177 ff.

2 M. Holden in Sewell (Hrsg.), op. cit., S. 277. (Vgl. Einleitung, Anm. 4.)

3 Tor Bergeron, *The Problem of Artificial Control of Rainfall on the Globe*, in *Tellus*, 1 (1949), Nr. 1 u. Nr. 3.

4 Zusammenfassung bei J. D. Lackner, *Precipitation Modification*, US Nat. Techn. Inf. Serv. PB 201 534, US Dep. of Commerce, 1971, Abschn. V.

5 B. N. Leskow, *Proc. WMO/IAMAP Conf., Taschkent, 1973*, S. 143 ff.

6 Siehe B. A. Silverman/A. I. Weinstein in Hess (Hrsg.), op. cit., S. 378.

7 H. A. Chary u. andere, *Seventh Ann. Rep. on the Air Weather Service Modif. Progr.*, AWS-TR-74-254, Juli 1974, S. 12.

8 Siehe Silverman/Weinstein, op. cit., S. 371.

9 Angaben nach L. Facy, *Proc. WMO/IAMAP Conf., Taschkent, 1973*, op. cit., S. 8 f., sowie nach Silvermann/Weinstein, op. cit., S. 380.

10 B. A. Silverman/A. I. Weinstein, *Proc. Conf. Taschkent*, op. cit., S. 21 ff.

11 Siehe Facy, op. cit., und Silverman/Weinstein in Hess (Hrsg.), op. cit., S. 369.
12 Siehe R. I. Sax in *J. Appl. Met.*, 14 (1975), S. 667.
13 H. A. Chary, AWS, op. cit., S. 10.
14 Siehe I. W. Litwinow in J. Sedunow (Hrsg.), *Cloud Physics and Weather Modification*, russ. Orig. Moskau 1970; engl. Übers. Jerusalem 1974, S. 28 f.; sowie Silverman/Weinstein in Hess, op. cit., S. 367 f.
15 Siehe G. Müller und Mitarb., *Preprints, Conf. Ft. Lauderdale, 1974*, op. cit., S. 286 ff., sowie *Umschau* 19/1974, S. 616 f.
16 *Summary Report, Weather Modification, Fisc. Year 1972*, NOAA, US Gov. Pr. Off., Washington 1973, 20 402, S. 39.
17 J. A. Crutchfield in Sewell (Hrsg.), op. cit., S. 205.
18 Siehe R. G. Fleagle in Fleagle (Hrsg.), *Weather Modification – Science and Public Policy*, Univ. of Washington Pr. 1968, S. 9.
19 H. Byers in Hess (Hrsg.), op. cit., S. 32.
20 Siehe ebd. sowie *Wiss. Mittlg. d. Eidgen. Techn. Hochschule Zürich*, 7/1955, und H. W. Sansom, *Proc. Int. Conf. on Cloud Phys., Toronto, 1968*, S. 768 ff.
21 B. Federer, *Umschau* 21/1967, S. 707.
22 Ebd.
23 N. Sch. Bibilaschwili u. Koll., *Proc. Conf. Taschkent 1973*, op. cit., S. 333 ff.
24 G. K. Sulakwelidse u. Mitarb. in Hess (Hrsg.), op. cit., S. 421 f.
25 J. C. Thams und Mitarb., *Veröff. d. Schweiz. Met. Zentralanst.*, 2/1966; über Fernwirkungen siehe J. Neyman/E. Scott, *Proc. Conf. Taschkent 1973*, op. cit., S. 455 ff.
26 Siehe H.Byers, op. cit., S. 32; J. Dessens, *Proc. Int. Conf. Toronto 1968*, op. cit., S. 773; H. Grandoso, J. Iribarne, *Z. Ang. Math. Phys.* 14 (1963), S. 549 ff.
27 H. G. Müller, *Promet*, 4/1972.
28 E. K. Fedorow in Hess (Hrsg.), op. cit., S. 397.
29 Ebd.
30 M. W. Bujkow/E. E. Kornjenko, *Proc. Conf. Taschkent, 1973*, cit., S. 239 ff.
31 I. Burtsew u. andere, ebd., S. 192, 195.
32 W. F. Hitschfeld, *J. Appl. Met.*, 14 (1975), S. 655 f.
33 L. Krastanow/K. Stantschew, *Proc. Conf. Taschkent, 1973*, op. cit., S. 239 ff.
34 Angaben bei A. Dennis/R. A. Schleusener, ebd., S. 330 ff.; sowie in *Summary Rep. 1972*, op. cit., S. 55 ff.
35 St. Chagnon, Jr., *Proc. Conf. Taschkent, 1973*, op. cit., S. 420.
36 J. R. Miller/R. Schleusener/A. Dennis, *J. Appl. Met.*, 14 (1975), S. 755 ff.; sowie Dennis u. andere, ebd., S. 959.

37 J. J. Gajworonsky u. Koll., *Proc. Conf. Taschkent, 1973,* op. cit., S. 220; Krastanow/Stantschew, ebd., S. 241.
38 *Umschau* 1/1969, S. 27.
39 M. Tribus, *Science*, 10. April 1970, S. 206.
40 W. Hitschfeld, op. cit., S. 655.
41 I. Burtsew und andere, op. cit., S. 190 ff.
42 G. Sulakwelidse u. Mitarb., op. cit., S. 413, 428 f.
43 L. Katschurin u. Mitarb., *Proc. Conf. Taschkent, 1973,* op. cit., S. 236 f.
44 J. Sedunow, *WMO*, Comm f. Atm. Sc. – Versailles, Nov. 1973 (*CAS-VI/Inf. 7*, 16. Jan. 1974, S. 8).
45 H. K. Weickmann in Hess (Hrsg.), S. 126 f.
46 Details findet man im *Summary-Report, 1972*, S. 40 ff., sowie in laufend erscheinenden Veröffentlichungen des Nat. Centre f. Atm. Res. über das NHRE.
47 J. Neyman/E. Scott, *J. of the Amer. Stat. Ass.*, 56 (1961), S. 580.
48 J. Warner, *Proc. Conf. Taschkent, 1973,* op. cit., S. 43 ff.
49 J. Neyman/E. Scott, *Science*, 163 (1969), S. 1445.
50 St. Chagnon, *Proc. Conf. Taschkent, 1973,* op. cit., S. 415; siehe I. Teil. S. 32.
51 Siehe J. Flueck, *Final Rep. on Project Whitetop*, part V, Univ. of Chicago 1971.
52 L. O. Grant in *J. Appl. Met.*, 14 (1975), S. 659.
53 R. D. Elliot in Hess (Hrsg.), op. cit., S. 55.
54 Ebd., S. 57.
55 Ebd., S. 81.
56 *Final Rep. of the Advisory Comm. on Weather Control*, US Gov. Pr. Off., 1958.
57 L. O. Grant, op. cit., S. 660.
58 Siehe M. Tribus, op. cit., S. 203; sowie L. O. Grant in Hess (Hrsg.), op. cit., S. 282 ff.
59 Siehe L. O. Grant, ebd., S. 308 ff., sowie in *J. Appl. Met.* 14 (1975), S. 660.
60 R. D. Elliot/W. Shaffer, *Preprints, Conf. Ft. Lauderdale*, 1974, S. 496 ff.
61 P. V. Hobbs, *J. Appl. Met.*, 14 (1975), S. 783 ff.
62 H. K. Weickmann in Hess (Hrsg.), op. cit., S. 318 ff.; M. Tribus, op. cit., S. 205; sowie *Umschau* 15/1971, S. 575.
63 J. Simpson/A. Dennis in Hess (Hrsg.), op. cit., S. 229.
64 J. Simpson, *J. Appl. Met.*, 14 (1975), S. 662 u. 664 f.
65 J. F. Hitschfeld, op. cit., S. 657.
66 Eine gute Übersicht findet man bei J. D. Lackner, op. cit., Abschn. IV.
67 Siehe zum Beispiel den oben erwähnten Bericht von J. Flueck (vgl.

Anm. 51) sowie A. Gagin/J. Steinhorn, *Proc. Conf. Taschkent, 1973*, S. 103 ff., bes. S. 122 f.

68 Siehe J. D. Lackner, op. cit., IV/14 f., sowie E. E. Kornjenko u. Koll., *Proc. Conf. Taschkent, 1973*, op. cit., S. 51 ff.

69 E. Fedorow, op. cit., S. 395 f.; siehe auch *Umschau*, 1/1968, S. 9 ff., wo ein Vortrag Fedorows auf dem V. WMO-Kongreß, April 1967, wiedergegeben ist.

70 J. Simpson in Hess (Hrsg.), op. cit., S. 247 ff.

71 Ebd., S. 253, 255, 259.

72 Ebd., S. 240.

73 J. Simpson/W. L. Woodley, *J. Appl. Met.*, 14 (1975), S. 738.

74 Ebd.; siehe auch J. Simpson in Hess (Hrsg.), op. cit., S. 279.

75 J. Simpson, *J. Appl. Met.*, 14 (1975), S. 665.

76 Siehe *Summary Rep., 1972*, op. cit., S. 24; K. R. Biswas und andere, *J. Appl. Met.*, 6 (1967), S. 914; J. Simpson/A. Dennis in Hess (Hrsg.), op. cit., S. 243 f.

77 H. Byers in Hess (Hrsg.), op cit., S. 27.

78 J. Simpson/A. Dennis, ebd., S. 270 f.

79 H. Byers, op. cit., S. 6.

80 I. W. Litwinow in Sedunow (Hrsg.), op. cit., S. 30 ff.; N. I. Wulfson/M. L. Lewin, *Proc. Conf. Taschkent, 1973*, S. 255 ff.

81 J. Simpson/A. Dennis, op. cit., S. 272 f.

82 W. M. Frank/W. M. Gray, *Preprints, Conf. Ft. Lauderdale*, 1974, S. 193.

83 J. Simpson/A. Dennis, op. cit., S. 272.

84 Siehe ebd., S. 270; sowie auch J. Huff in *J. Appl. Met.*, 14 (1975), S. 978.

85 J. Sedunow, op. cit., S. 10 (vgl. Anm. 44).

86 E. S. Artsybaschew und Koll., *Proc. Conf. Taschkent, 1973*, op. cit., S. 265 f.

87 Siehe *Umschau* 25/1968, S. 795 (E. G. Bowen, *Science Journal*, Aug. 1967), sowie Elliot in Hess (Hrsg.), op. cit., S. 48.

88 A. Gagin/J. Neumann in Hess (Hrsg.), op. cit., S. 462.

89 Siehe J. D. Lackner, op. cit., Abschn. VI.

90 Ebd., VI, S. 19.

91 H. Byers, op. cit., S. 14.

92 *Summary Report, 1972*, op. cit., S. 24 u. 16.

93 R. G. Fleagle und Koll., op. cit., S. 65 (vgl. Einleitung, Anm. 5).

94 G. J. F. MacDonald, op. cit. (vgl. Einleitung, Anm. 12).

95 *Weather and Climate Modification – Problems and Prospects*, Nat. Ac. Sc./Nat. Res. Counc. 1350, Washington, 1966. In dieser Kommission, in der Gordon J. F. MacDonald den Vorsitz führte, hat auch der schon erwähnte Wolkenphysiker James E. McDonald eine wichtige Rolle gespielt.

96 G. J. F. MacDonald, op cit., S. 195.

97 Siehe Buchausgabe: *The Pentagon Papers*, Boston 1971, S. 281 ff.
98 *New Scientist*, 4. Mai 1972, S. 281.
99 *New Scientist*, 12. Oktober 1972, S. 110.
100 Einen ausführlichen Bericht über dieses »Hearing« findet man in *Science*, 7. Juni 1974, S. 1059 ff.
101 J. W. Canan, *The Superwarriors; The Phantastic World of Pentagon Superweapons*, New York 1975, S. 358.
102 D. M. Fuquay in Hess (Hrsg.), op. cit., S. 604.
103 Siehe G. Dawson, ebd., S. 598 ff.
104 Ebd., S. 601.
105 Eine kurze Zusammenfassung gängiger Theorien findet man in G. Breuer, *Luftionen und Gesundheit*, in *Naturw. Rdsch.* 5/1974, S. 194 f.
106 D. Fuquay, op. cit., S. 607 ff.
107 I. I. Gajworonsky u. Koll., *Proc. Conf. Taschkent, 1973*, op. cit., S. 267 ff.
108 Über »chaff seeding« siehe H. W. Kasemir, ebd., S. 289 f., sowie in Hess (Hrsg.), op. cit., S. 612 ff.
109 Ebd., S. 622 ff.
110 Siehe H. Riehl in *Umschau* 13/1965, S. 385 ff., sowie R. C. Gentry, in Hess (Hrsg.), op. cit., S. 500 ff.
111 Ebd., S. 497 ff.
112 Siehe Fleagle und Koll., op. cit., S. 6.
113 Siehe W. O. Roberts, in H. J. Taubenfeld (Hrsg.), *Weather Modification and the Law*. New York 1968, S. 10, sowie auch J. A. Crutchfield in Sewell (Hrsg.), op. cit., S. 209 (vgl. Einleitung, Anm. 4).
114 R. C. Centry, op. cit., S. 507 ff.; siehe auch H. F. Hawkins in *Umschau*, 1/1973, S. 24 f.
115 Siehe R. I. Sax, *J. Appl. Met.*, 14 (1975), S. 665; sowie R. C. Gentry, op. cit., S. 499.
116 R. I. Sax, op. cit., S. 666.
117 W. M. Gray/W. M. Frank, *Preprints, Conf. Ft. Lauderdale, 1974*, S. 192 f.
118 Siehe H. Riehl, op. cit., S. 387.
119 *New Scientist*, 30. August 1973, S. 503.
120 G. J. F. MacDonald, op. cit., S. 196.
121 R. Davies-Jones/E. Kessler in Hess (Hrsg.), S. 590.
122 T. J. Henderson/W. J. Carley, *Preprints, III. Conf. on Weather Modif., Rapid City, 1972*, Am. Met. Soc. Boston, 1972, S. 333 ff.
123 D. Davies, *Preprints, Conf. Ft. Lauderdale, 1974*, op. cit., S. 334 ff.
124 J. Simpson/A. Dennis in Hess (Hrsg.), S. 277 f.
125 W. M. Gray/W. M. Frank, op. cit., S. 192 ff.

126 Siehe E. K. Fedorow, op. cit., S. 394, sowie I. W. Litwinow in Sedunow (Hrsg.), op. cit., S. 28 ff.
127 H. Faust, *Naturw. Rdsch.*, 1/1964, S. 21.
128 M. J. Sallinger/J. M. Gunn, *Nature*, 256 (1975), S. 369.
129 D. Winstanley, *Nature*, 244, S. 464; 245, S. 190 (beide 1973).
130 H. Dietrich, *Umschau* 6/1975, S. 182.
131 B. M. Gray, *Weather*, 30, S. 359.
132 Siehe dazu J. Smagorinsky in Hess (Hrsg.), op. cit., S. 633 ff.
133 W. H. MacCrea, *Nature*, 255 (1975), S. 607; G. E. Williams, *Earth and Plan. Sc. Let.*, 26 (1975), S. 361.
134 J. Kennet/R. Thunell, *Science*, 187 (1975), S. 487.
135 G. J. F. MacDonald, op. cit., S. 199 ff.; A. T. Wilson, *Nature*, 201 (1964), S. 147 ff.
136 St. A. Chagnon, Jr., *J. Appl. Met.*, 14 (1975), S. 654.
137 Ebd., S. 653.
138 Es handelt sich um die am MIT erstellte *Study of Critical Envoronmental Problems* (SCEP); deutsche Zusammenfassung in *Umschau*, 9/1971, S. 305 ff.
139 24. Pugwash-Konferenz über Wissenschaft und Weltprobleme. Baden b. Wien, Aug./Sept. 1974; siehe auch *Naturw. Rdsch.* 12/1975, S. 439. Die Puwash-Konferenzen sind inoffizielle Aussprachen zwischen führenen Wissenschaftlern aus Ost und West, die sich vor allem mit Abrüstungsfragen beschäftigen. Pugwash ist ein kanadischer Badeort, wo 1957 die erste dieser Konferenzen stattgefunden hat.
140 *Naturw. Rdsch.*, 12/1973, S. 535 f.
141 Siehe dazu auch G. Breuer, *Die Herausforderung. Energie für die Zukunft – Gefahren und Möglichkeiten*, München 1975, S. 185 ff., wo eine ausführliche Darstellung der mit einem steigenden Energiekonsum verbundenen Umweltprobleme gegeben wird.
142 Siehe zum Beispiel W. W. Kellog/S. H. Schneider, *Science*, 27. Dezember 1974, S. 1163 ff., sowie Fedorow, op. cit., S. 400.
143 Ebd.
144 W. M. Gray/W. M. Frank, op. cit., S. 193.
145 E. K. Fedorow, op. cit., S. 399.
146 T. Bergeron, *Possible Man-made Great-scale Modification of Precipitation and Climate in Sudan, Physics of Precipitation*, AUG Monograph, 5 (1960), S. 399 f.
147 M. I. Budyko, *Proc. Sympos. Arctic Heat Budget, Santa Monica, Calif., 1966*, S. 3 ff.
148 Zusammenfassung bei W. W. Kellog/S. H. Schneider, op. cit., S. 1169.
149 K. Aargaard/L. K. Coachman, *Eos*, 56 (1975), S. 484. Siehe auch *Naturw. Rdsch.*, 12/1975, S. 450.
150 E. .K Fedorow, op. cit., S. 399.

151 P. M. Borrissow, *Isw. Akad. Nauk SSSR*, Ser. Geophys. 2 (1969), S. 47 ff.
152 Zitiert laut St. A. Chagnon in Sewell (Hrsg.), S. 161 (vgl. Einleitung Anm. 4).
153 W. W. Kellog/S. H. Schneider, op. cit., S. 1169.
154 Ebd., S. 1170.
155 Siehe den SCEP-Bericht, op. cit. (*Umschau* 9/1971, S. 306 f.).
156 Siehe *Naturw. Rdsch.* 4/1975, S. 129 f. u. 6/1975, S. 215 f., sowie *New Scientist*, 2. Oktober 1975, S. 7 ff.
157 G. J. F. MacDonald, op. cit., S. 199.

III Probleme und Gefahren

1 Siehe Barbara C. Farhar, *Preprints, Conf. Ft. Lauderdale*, 1974, op. cit., S. 552.
2 Siehe S. Krane/J. E. Haas, ebd., S. 570 ff., sowie J. E. Haas in Hess (Hrsg.), op. cit., 798 ff.
3 J. E. Haas, ebd.
4 Siehe dazu I. Burton in Sewell (Hrsg.), op. cit., S. 68 f. (vgl. Einleitung, Anm. 4).
5 Siehe A. Meadows u. Mitarb., *Die Grenzen des Wachstums*, Stuttgart 1972, sowie M. Mesarovic/E. Pestel, *Menschheit am Wendepunkt*, Stuttgart 1974.
6 Eine ausführliche Darlegung dieser Gedankengänge findet man in M. Nicholson, *Umweltrevolution*, München 1970.
7 Siehe dazu auch G. Breuer, *Die Herausforderung*, op. cit., S. 210 ff. (vgl. II, Anm. 141).
8 W. R. D. Sewell in Sewell (Hrsg.), op. cit., S. 40 ff.
9 Ebd., S. 42.
10 Siehe dazu auch M. Holden in Sewell (Hrsg.), op. cit., S. 306: »Die Politik wird in Hinblick auf mögliche Anwendung [der Wettermacherei] diskutiert; man geht von der Annahme aus, daß erwünschte Resultate folgen werden und schenkt möglichen ökologischen Nachteilen nur wenig Beachtung.«
11 D. E. Mann in *Bull. of the Amer. Met. Soc.*, Juli 1968, S. 690 ff., insbes. 707 ff. Zu diesem Prozeß siehe auch A. Morris in Taubenfeld (Hrsg.), op. cit., S. 163 ff. (vgl. II, Anm. 113). Morris war in diesem Gerichtsverfahren der Anwalt der Pacific Gas & Electric Company.
12 R. D. Elliot, der Leiter dieser Firma, in Hess (Hrsg.), S. 82.
13 Siehe R. D. Elliot, ebd., S. 84, sowie W. R. D. Sewell in Fleagle (Hrsg.), op. cit. S. 98 f. (vgl. II, Anm. 18).
14 B. C. Farhar, op. cit., S. 557.

15 G. W. Brier/L. O. Grant/P. W. Mielke, Jr., *Preprints, Conf. Ft. Lauderdale, 1974,* op. cit., S. 510 ff.
16 L. O. Grant in Hess (Hrsg.), op. cit., S. 315.
17 Siehe dazu auch Brier/Grant/Mielke, *Proc. Conf. Taschkent, 1973,* op. cit., S. 439 ff.
18 Brier u. Koll., *Preprints, Conf. Ft. Lauderdale, 1974,* op. cit., S. 512.
19 Ebd., S. 513 f.
20 Siehe J. Simpson/A. Dennis in Hess (Hrsg.), op. cit., S. 274 ff.
21 J. E. Haas in Hess (Hrsg.), op. cit., S. 801.
22 Siehe dazu auch J. A. Crutchfield in Sewell (Hrsg.), op. cit., S. 198.
23 Ch. F. Cooper in Sewell (Hrsg.), op. cit., S. 116 f.
24 J. A. Crutchfield, ebd., S. 192.
25 Zur Frage regionale und nationale Interessen siehe ebd., S. 196 f.
26 R. G. Fleagle und Koll., op. cit., S. 39 (vgl. Einleitung, Anm. 5); Ch. F. Cooper in Sewell (Hrsg.), op. cit., S. 127; J. A. Crutchfield, ebd., S. 195; W. R. D. Sewell, ebd., S. 34.
27 J. E. Haas in Hess (Hrsg.), op. cit., S. 788.
28 I. Burton in Sewell (Hrsg.), op. cit., S. 58; J. A. Crutchfield, ebd., S. 197.
29 Ch. F. Cooper, ebd., S. 114 ff.; I. Burton, ebd., S. 51 ff. u. 73.
30 Siehe J. A. Crutchfield, ebd., S. 187 ff., sowie in Fleagle (Hrsg.), op. cit., S. 111 ff.
31 R. D. Elliot, op. cit., S. 84.
32 Ebd.
33 Siehe W. R. D. Sewell in Sewell (Hrsg.), S. 23.
34 Ebd., S. 327.
35 Ch. F. Cooper/W. C. Jolly, *Ecological Effects of Weather Modification,* Univ. of Michigan, 1969 (siehe auch *Nat. Techn. Inf. Serv.* PB 185 767), S. 61.
36 Ebd., S. 51.
37 Ebd., S. 61 f.
38 J. Simpson in Hess (Hrsg.), op. cit., S. 262 f.
39 J. A. Crutchfield in Fleagle (Hrsg.), op. cit., S. 110.
40 Ch. F. Cooper/W. C. Jolly, op. cit., S. 2 f.
41 Ebd., S. 91 ff.
42 Ebd., S. 123.
43 *Summary Report, 1972,* op. cit., S. 146, 150.
44 Siehe dazu auch Ch. F. Cooper in Sewell (Hrsg.), op. cit., S. 102.
45 Ch. F. Cooper/W. C. Jolly, op. cit., S. 113, 115.
46 Ebd., S. 83 f.
47 Ebd., S. 34 ff., 44.
48 Ebd., S. 120 ff.
49 J. A. Crutchfield in Fleagle (Hrsg.), op. cit., S. 113 f.

50 Ch. F. Cooper/W. C. Jolly, op. cit., S. 74 ff.
51 Ebd., S. 48 ff., 62 f.
52 Ebd., S. 7, 144 f., 89 ff.
53 *Bull. Ecol. Soc. of Amer.*, März 1966, S. 39 ff.
54 Angaben bei Cooper in Sewell (Hrsg.), op. cit., S. 118 ff., sowie in *Summary Rep., 1972*, S. 148 ff.
55 R. B. Standler/B. Vonnegut, *J. Appl. Met.*, 11 (1972), S. 1388.
56 D. A. Klein/E. M. Molise, *Preprints, Conf. Ft. Lauderdale, 1974*, S. 529 ff.
57 Ch. F. Cooper in Sewell (Hrsg.), S. 120.
58 Siehe z. B. G. K. Sulakwelidse und Mitarb. in Hess (Hrsg.), op. cit., S. 418.
59 Siehe F. Barnaby, *New Scientist*, 1. Januar 1976, S. 8.
60 R. W. Johnson in Taubenfeld (Hrsg.), op. cit., S. 76 f.
61 R. W. Johnson in J. D. Lackner, op. cit., Abschn. IX, S. 9 (vgl. II, Anm. 4).
62 Siehe *Rep. of the Spec. Comm. on Weather Mod.*, Nat. Sc. Found. 66–3, Washington 1966, S. 102.
63 R. S. Hunt in Fleagle (Hrsg.), op. cit., S. 132.
64 Ebd., S. 128.
65 Siehe M. B. Fiering u. Koll., *Decision and Instit. Aspects of Weather Mod.*, US Nat. Techn. Inf. Serv., PB 201 101, S. 3–6.
66 L. W. Weisbecker, *Technology Assessment of Winter Orographic Snowpack Augmentation in the Upper Colorado River Basin*, Stanford Res. Inst., EGU-1037, 1972. Siehe auch *Summary Rep.* 1972, op. cit., S. 145.
67 Siehe R. D. Elliot, op. cit., S. 83, sowie R. J. Davis, *Preprints, Conf. Ft. Lauderdale, 1974*, op. cit., S. 559 f.
68 R. J. Davis, ebd.
69 R. J. Davis in Hess (Hrsg.), S. 770 ff.; R. D. Elliot, ebd., S. 83; R. G. Fleagle und Koll., op. cit., S. 44.
70 R. S. Hunt in Fleagle (Hrsg.), op. cit., S. 125; R. J. Davis in Hess (Hrsg.), op. cit., S. 769 f.
71 Ebd., S. 768; R. S. Hunt, op cit., S. 126.
72 M. Tribus, *Science*, 10. April 1970, S. 209.
73 Siehe auch R. W. Johnson in Lackner, op. cit., IX, S. 14, sowie auch H. J. Taubenfeld in W. R. D. Sewell (Hrsg.), *Human Dimensions of the Atmosphere*, Nat. Sc. Found., US Gov. Print. Off., Washington 20 402, 1968, S. 99 f.
74 Siehe Edith Brown-Weiss/W. Henry Lambright in *Preprints, Conf. Ft. Lauderdale, 1974*, S. 535.
75 R. G. Fleagle u. Koll., op. cit., S. 64, 80.
76 J. E. Haas in Hess (Hrsg.), op. cit., S. 806 f.
77 Ebd., S. 792.
78 Ebd., S. 808.

79 R. D. Elliot, ebd., S. 83.
80 M. Tribus, op. cit., S. 209.
81 Weitere Beispiele findet man bei Haas in Hess (Hrsg.), op. cit., S. 788 ff.
82 Ebd., S. 807.
83 R. J. Davis, ebd., S. 778.
84 Ebd., S. 775, wo auch über australische Gesetze zu dieser Frage berichtet wird.
85 W. R. D. Sewell in Fleagle (Hrsg.), op. cit., S. 101.
86 Ebd.
87 Fleagle u. Koll., op cit., S. 39.
88 R. S. Hunt in Fleagle (Hrsg.), op. cit., S. 137.
89 W. O. Roberts in Taubenfeld (Hrsg.), op. cit., S. 9.
90 R. A. Howard u. Koll., *Science,* 16. Juni 1972, S. 1191 ff.; siehe dazu auch R. W. Kates, Zuschrift an *Science,* 9. Juli 1972.
91 W. O. Roberts, op. cit., S. 10.
92 R. G. Fleagle u. Koll., op. cit., S. 45 f.
93 Ebd., S. 48; siehe auch E. Brown-Weiss/W. H. Lambright, op. cit., S. 539.
94 Siehe J. C. Oppenheimer/W. H. Lambright, *Southern California Law Review*, 45/2 (Spring 1972), S. 570 ff.
95 M. Holden in Sewell (Hrsg.), op. cit., S. 304.
96 E. Brown-Weiss in *Survival,* Int. Inst. for Strategic Stud., März 1975; deutsche Übersetzung in *Technologie und Politik,* Reinbek b. Hamburg, Nr. 3, Dezember 1975, S. 50 f.
97 E. Brown-Weiss/W. H. Lambright, op. cit., S. 537.
98 R. G. Fleagle und Koll., op. cit., S. 62.
99 Ebd., S. 27 f.
100 *Science,* 7. Juni 1974, S. 1061; siehe auch dieses Buch S. 86.
101 E. Brown-Weiss/W. H. Lambright, op. cit., S. 537.
102 M. Holden, op. cit., S. 305.
103 E. Brown-Weiss/W. H. Lambright, op. cit., S. 537.
104 Ebd.
105 M. Holden, op. cit., S. 280 ff.
106 Siehe Gordon J. F. MacDonald in Fleagle (Hrsg.), op. cit., S. 82 ff.; R. G. Fleagle und Koll., op. cit., S. 64 f.
107 E. Brown-Weiss/W. H. Lambright, op. cit., S. 537.
108 R. G. Fleagle u. Koll., op. cit., S. 65.
109 J. W. Canan, op. cit., S. 357 (vgl. II, Anm. 101).
110 Rita Taubenfeld in H. J. Taubenfeld (Hrsg.), *Controlling the Weather*, New York 1970, S. 49, 61.
111 Siehe dazu auch J. B. Wiesner/H. F. York, Mitarbeiter am Atombombenprojekt und Berater mehrerer amerikanischer Präsidenten in Sicherheitsfragen, die speziell zur Frage des Atomwettrüstens in einem vielbeachteten Artikel im *Scientific American*, Oktober

1964, geschrieben haben: »Beide Partner des Rüstungswettlaufs sind mit dem Dilemma ständig wachsender militärischer Macht und ständig schwindender nationaler Sicherheit konfrontiert. Es ist unser wohlerwogenes, auf unsere berufliche Erfahrung gestütztes Urteil, daß es für dieses Dilemma keine technologische Lösung gibt. Wenn die Größmächte weiter nur nach Lösungen im Bereich von Wissenschaft und Technik suchen, werden die Resultate die Situation nur verschlimmern. Der deutlich voraussagbare Verlauf des Rüstungswettlaufs ist eine ständig offene Spirale abwärts ins Nichts.«

112 Siehe R. G. Fleagle u. Koll., op. cit., S. 49.

113 Siehe Nat. Ac. Sc., op. cit., S. 26 ff. (vgl. II, Anm. 95), sowie D. E. Mann in Taubenfeld (Hrsg.), 1968, op. cit., S. 156 f.

114 G. J. F. MacDonald, op. cit. (vgl. Einleitung, Anm. 12).

115 Siehe J. W. Canan, op. cit., S. 357 f.

116 92. Kongreß, 2. Session, Senats-Resolution 281; voller Text siehe *Summary Rep., 1972*, S. 214 ff.

117 E. Brown-Weiss, op. cit., S. 53.

118 F. Barnaby, *New Scientist*, 1. Januar 1976, S. 7. Das SIPRI ist eine auf Anregung der Pugwash-Konferenzen (vgl. II, Anm. 139) geschaffene Institution.

119 E. K. Fedorow, op. cit., S. 401.

120 UN Document A/C 1/L675, v. 24. September 1974.

121 J. W. Canan, op. cit., S. 360.

122 NAS-NRC 1350, op. cit. (vgl. II, Anm. 95); die Hervorhebungen stammen vom Autor dieses Buches.

123 E. K. Fedorow, op. cit., S. 400 f.

124 W. O. Roberts, op. cit., S. 17; im gleichen Sinne äußerte sich auch T. F. Malone, siehe *Science*, 19. Mai 1967, S. 900.

125 E. Brown-Weiss, op. cit., S. 56.

126 Einen dahingehenden Vorschlag der Organisation „Weltfriede durch Weltrecht« erwähnt R. J. Davis in Hess (Hrsg.), op. cit., S. 785.

127 Siehe dazu auch Rita Taubenfeld, op. cit., S. 92 f., Anm. 2 und 3.

128 Siehe ebd.

129 C. F. von Weizsäcker, *Bedingungen des Friedens*, Göttingen 1964.

Verzeichnis zitierter Autoren

In dieses Verzeichnis wurden nur Autoren aufgenommen, deren Arbeiten sich unmittelbar mit Wetter- oder Klima*beeinflussung* beschäftigen.

Erklärung der Fachausdrücke

Auge (eines Wirbelsturms): Die nahezu windstille Zone im Inneren eines Sturmwirbels, in der sehr tiefer Luftdruck herrscht; sie ist umgeben vom »Augenwall«, in dem die Stürme die größte Heftigkeit erreichen. Siehe S. 93.

Cirruswolken: Zarte weiße Feder- oder Schäfchenwolken in großer Höhe, die aus Eiskristallen bestehen.

Cumulonimbuswolken: Sehr große, massige und dichte, von unten gesehen schwarze, in große Höhen reichende Wolken, die oft Niederschläge bringen. Gewitter entstehen in diesem Wolkentyp.

Cumuluswolken: Haufenwolken; nach oben quellend (Quellwolken). Je nach den meteorologischen Bedingungen ist ihr Verhalten sehr unterschiedlich; viele lösen sich rasch wieder auf, manche werden zu großen Cumulonimben.

Dynamisches Wolkenimpfen: Beeinflussung einer Wolke in einer Weise, die nicht die *sofortige* Niederschlagsbildung zum Ziel hat, sondern eine Verstärkung der inneren Dynamik und des Wachstums der Wolke, infolge einer sehr rasch vor sich gehenden Kristallisation unterkühlter Wassertropfen, wobei große Mengen von latenter Wärme frei werden. Siehe S. 49, 77, sowie Stichwort *Wolkenimpfen.*

Hurrikan: Über dem tropischen Atlantik entstehender großräumiger und langlebiger Wirbelsturm. In Südostasien bezeichnet man gleichartige Stürme als Taifune. Siehe S. 93.

Inversion (Umkehrung): Vom Normalzustand abweichende Schichtung der Atmosphäre, bei der in einer bestimmten Höhe wärmere Luftmassen *über* kälteren liegen.

Kondensationskerne: In der Atmosphäre vorhandene (feste) Teilchen, an denen sich Wasserdampf niederschlagen und Tröpfchen bilden können. Siehe S. 36.

Konvektive Wolken: Wolken, die durch den Aufstieg (Konvektion) warmer (vom Boden her erwärmter) Luft entstehen.

Kristallisationskerne (Eiskeime): In der Atmosphäre vorhandene feste Teilchen, an denen unterkühlte Wassertröpfchen Eiskristalle bilden können. Sie sind um so wirksamer, je besser ihre Struktur der Kristallstruktur des Eises entspricht. Siehe S. 38.

Latente Wärme: Die bei der Verdunstung von Wasser vom Wasserdampf aufgenommene Wärme, die bei der Kondensation bzw. Kristallisation wieder an die Umgebung abgegeben wird. Siehe S. 36.

Mathematisches Modell: Darstellung von natürlichen, technischen, gesellschaftlichen oder sonstigen Vorgängen in einem System von Gleichungen, die man meist einem Computer eingibt. Anhand des Modells kann man Prognosen über das künftige Verhalten des dargestellten

Systems erstellen und die voraussichtlichen Auswirkungen von Eingriffen in das System beurteilen. Siehe S. 21.

Ökologie: Lehre vom Zusammenleben verschiedener Arten (Pflanzen, Tiere, Mikroorganismen) und den dabei auftretenden Wechselbeziehungen zwischen den verschiedenen Arten in einem bestimmten gemeinsamen Lebensraum (Ökosystem), etwa einem Wald.

Orographische Wolken: Wolken, die sich infolge der Bodengestalt bilden, insbesondere, wenn ein Luftstrom von einem Gebirge zum Aufsteigen gezwungen wird. Siehe S. 34 f., 67.

Overseeding (übermäßiges Impfen): Einbringung einer so großen Zahl von Kristallisationskernen in eine Wolke, daß sich sehr kleine Eiskristalle bilden, die weit weggetragen werden oder überhaupt nicht zu Boden fallen. Siehe S. 47; 71 f.

Ozonschicht: Region in der Atmosphäre mit dem Schwerpunkt in etwa 30 km Höhe, wo sich unter dem Einfluß der ultravioletten Sonnenstrahlung Ozon (dreiatomiger Sauerstoff) bildet. Ozon schirmt seinerseits die Erdoberfläche vor dieser für Lebewesen gefährlichen Strahlung ab. Siehe S. 111.

Spitzenwirkung: Ionisierung (elektrische Aufladung) der Luft in der Nähe von spitzen Gegenständen. Siehe S. 89 f.

Stratuswolken: Von unten gesehen graue hochnebelartige oder als Nebel am Boden aufliegende Wolkenschicht.

Taupunkt: Jener Punkt, bei dem die Luftfeuchtigkeit 100 % erreicht, bzw. übersteigt und sich der in der Luft enthaltene Wasserdampf an festen Gegenständen als Tau oder an Kondensationskernen als Wassertröpfchen niederschlägt. Der Taupunkt wird von zwei verschiedenen Größen, der Temperatur und der in der Luft enthaltenen absoluten Feuchtigkeitsmenge, bestimmt. Siehe S. 35.

Tornado: Heftiger kleinräumiger kurzlebiger Wirbelsturm über dem nordamerikanischen Festland. Siehe S. 98.

WMO (World Meteorological Organisation): Die Weltorganisation für Meteorologie, in der die Wetterdienste der einzelnen Länder zusammenarbeiten.

Wolkenimpfen: Einführung von Substanzen in eine Wolke, die Niederschlagsbildung auslösen sollen. Am häufigsten wird Silberjodid verwendet, eine im Wasser nicht lösliche Substanz, bei der die räumliche Anordnung und der Abstand der Atome der des Eises sehr ähnlich ist und die daher die Bildung von Eiskristallen aus unterkühlten Tropfen fördert.

Zufallszuordnung (Randomisierung): Methode zur statistisch einwandfreien Durchführung von Experimenten an variablen natürlichen Objekten. Dabei wird eine vom Versuchsleiter nicht beeinflußbare zufällige Auswahl einer Serie von Versuchsobjekten und einer Serie von unbehandelten Kontrollobjekten bestimmt. Siehe S. 30.